Stefan Röger
Niko Dragoudakis
Frank Morelli

**Projekt- und Investitions-
controlling mit SAP R/3®**

Aus dem Bereich IT erfolgreich nutzen

Kostenstellenrechnung mit SAP R/3®
von Franz Klenger und Ellen Falk-Kalms

Produktionscontrolling mit SAP®-Systemen
von Jürgen Bauer

Controlling mit SAP R/3®
von Gunther Friedl, Christian Hilz und Burkhard Pedell

Die Praxis des E-Business
von Helmut Dohmann, Gerhard Fuchs und Karim Khakzar

Geschäftsprozesse mit Mobile Computing
von Detlef Hartmann

Datenschutz als Wettbewerbsvorteil
von Helmut Bäumler und Albert von Mutius

Projektkompass eLogistik
von Caroline Prenn und Paul van Marcke

Datenschutz beim Online-Einkauf
von Alexander Roßnagel

Integriertes Knowledge Management
von Rolf Franken und Andreas Gadatsch

CRM-Systeme mit EAI
von Matthias Meyer

Sales and Distribution with SAP®
von Gerhard Oberniedermaier und Tamara Sell-Jander

Marketing-Kommunikation im Internet
von Dirk Frosch-Wilke und Christian Raith

Handbuch Web Mining im Marketing
von Hajo Hippner, Melanie Merzenich und Klaus D. Wilde

Hacker, Cracker, Datenräuber
von Peter Klau

Die Praxis des Knowledge Managements
von Andreas Heck

Best-Practice mit SAP®
von Andreas Gadatsch und Reinhard Mayr

Handbuch Web Mining im Marketing
von Hajo Hippner, Melanie Merzenich und Klaus D. Wilde

Aktives Projektmanagement für den IT-Bereich
von Erik Wischnewski

CAD mit CATIA® V5
von Michael Trzesniowski

B2B-Erfolg durch eMarkets und eProcurement
von Michael Nenninger und Oliver Lawrenz

Projekt- und Investitionscontrolling mit SAP R/3®
von Stefan Röger, Niko Dragoudakis und Frank Morelli

www.vieweg-it.de

Stefan Röger
Niko Dragoudakis
Frank Morelli

Projekt- und Investitionscontrolling mit SAP R/3®

Erfolgreiche Realisierung
mit den Modulen PS® und IM®

Bibliografische Information Der Deutschen Bibliothek
Die Deutsche Bibliothek verzeichnet diese Publikation in der Deutschen Nationalbibliografie;
detaillierte bibliografische Daten sind im Internet über <http://dnb.ddb.de> abrufbar.

Warennamen werden ohne Gewährleistung der freien Verwendbarkeit benutzt.

SAP R/3®, mySAP.com®, ABAP/4®, SAP-GIU®, SAP APO®, SAP Business Information Warehouse® und SAP Business Workflow® sind eingetragene Warenzeichen der SAP Aktiengesellschaft Systeme, Anwendungen, Produkte in der Datenverarbeitung, Neurottstr. 16, D-69190 Walldorf. Die Autoren bedanken sich für die freundliche Genehmigung der SAP Aktiengesellschaft, die genannten Warenzeichen im Rahmen des vorliegenden Titels verwenden zu dürfen. Die SAP AG ist jedoch nicht Herausgeberin des vorliegenden Titels oder sonst dafür presserechtlich verantwortlich. Für alle Screen-Shots des vorliegenden Titels gilt der Hinweis: Copyright SAP AG.

Microsoft®, Windows®, Windows NT®, EXCEL® sind eingetragene Warenzeichen der Microsoft Corporation.

Bei der Zusammenstellung der Informationen zu diesem Produkt wurde mit größter Sorgfalt gearbeitet. Trotzdem sind Fehler nicht vollständig auszuschließen. Verlag und Autoren können für fehlerhafte Angaben und deren Folgen weder eine juristische Verantwortung noch irgendeine Haftung übernehmen. Für Hinweise und Verbesserungsvorschläge sind Verlag und Autoren dankbar.

1. Auflage Januar 2003

Alle Rechte vorbehalten

© Springer Fachmedien Wiesbaden 2003
Ursprünglich erschienen bei Friedr. Vieweg & Sohn Verlagsgesellschaft mbH, Braunschweig/Wiesbaden, 2003

www.vieweg-it.de

Das Werk einschließlich aller seiner Teile ist urheberrechtlich geschützt. Jede Verwertung außerhalb der engen Grenzen des Urheberrechtsgesetzes ist ohne Zustimmung des Verlags unzulässig und strafbar. Das gilt insbesondere für Vervielfältigungen, Übersetzungen, Mikroverfilmungen und die Einspeicherung und Verarbeitung in elektronischen Systemen.

Umschlaggestaltung: Ulrike Weigel, www.CorporateDesignGroup.de

ISBN 978-3-528-05785-5   ISBN 978-3-663-11175-7 (eBook)
DOI 10.1007/978-3-663-11175-7

Vorwort

Die SAP AG als größtes deutsches Software-Unternehmen gründet seinen Erfolg auf einer wesentlichen Idee und deren Umsetzung: Die durchgängige Abbildung aller betriebswirtschaftlichen Vorgänge eines Unternehmens. Die Standardsoftware R/3 bietet für die verschiedenen betriebswirtschaftlichen Aufgabenbereiche ein eigenes Modul an. Die verschiedenen Module sind vollständig miteinander integriert. Somit steht ein branchenneutrales ganzheitliches System zur Verfügung, das auf der Grundlage einer einheitlichen Datenbasis alle betriebswirtschaftlichen Aufgaben erfüllt.

Modul PS Das Modul PS (Projektsystem) unterstützt die Planung, Durchführung und Steuerung von Projekten und ist somit für ein umfassendes Projektmanagement zuständig. Die Entwicklung eines Projektstrukturplans bis zur Ebene der Arbeitspakete und die Abbildung der zugehörigen Projektorganisation werden durch das Modul unterstützt. Die Integration des Projektsystems mit dem internen Rechnungswesen ist aus kaufmännischer Sicht am ausgeprägtesten. Dies wird dadurch verdeutlicht, dass das Projektsystem ohne den Einsatz des CO-Moduls (Controllings) nicht genutzt werden kann. Aber auch die Integration des Projektsystems mit dem IM-Modul (Investitionsmanagement) ist sehr bedeutsam.

Modul IM Das Modul IM (Investitionsmanagement) unterstützt mit seinen Berichten die Verwaltung und Steuerung von übergreifenden Investitionsbudgets. Neben der projektorientierten Analyse im Modul PS eröffnet IM die Möglichkeit einer dv-gestützten, gesamtheitlichen Berichterstattung über alle Investitionsprojekte eines Unternehmens. Dabei werden nicht nur Investitionen im buchhalterischen Sinne verstanden. Im Investitionsmanagement werden alle Maßnahmen abgebildet, die zuerst Kosten verursachen und erst zu einem späteren Zeitpunkt Erträge erzielen. Solche Maßnahmen können Instandhaltungsprojekte, aber auch Projekte aus dem Bereich Forschung und Entwicklung betreffen.

Zur Durchführung dieser Investitionsmaßnahmen benutzt die Anwendung über die Integration die Komponenten PS. Die Integration mit dem Modul PS ist also in der Praxis jedes Unternehmens von großer Bedeutung. Investitionscontrolling ist in vielen Fällen mit Projektcontrolling verbunden.

Noch immer fehlt in der mittlerweile umfangreichen Literatur zu R/3 eine zusammenhängende Darstellung beider Module und ihrer Integration. Der vorliegende Titel will diese Lücke mit dem Schwerpunkt auf dem Modul PS schließen. Großen Wert wurde dabei auf die praktische Anwendung des vermittelten Wissens gelegt.

Über das Buch   Das Buch demonstriert den erfolgreichen Einsatz und das Customizing der Module PS und IM von SAP R/3 im Releasestand 4.5B, das bei der Planung, Durchführung und Steuerung von Projekten unterstützt. Anwendungsbereiche und Funktionalitäten der Module werden dargestellt und parallel die grundlegenden Begriffe und Verfahren der Projektsteuerung erklärt. Anhand eines Anwendungsbeispiels wird der Leser Schritt für Schritt an die selbständige Anwendung der Module herangeführt. Das Kapitel über Customizing zeigt, wie die Module PS und IM an die Erfordernisse einer jeden Unternehmung individuell angepasst werden können. Zudem wird auf andere Module verwiesen, die für die Projektsteuerung genutzt werden können.

Aufbau   Auf eine klare Darstellung wurde viel Wert gelegt. Ein speziell entwickeltes Leitsystem für das Anwendungsbeispiel ermöglicht es dem Leser, sehr schnell Lösungen für seine konkrete Problemstellung zu finden. Dabei werden die Themen in sinnvollen und praxisrelevanten Einheiten präsentiert und durch Symbole übersichtlich strukturiert. Zu jedem Thema gibt es zunächst einen Schnelleinstieg. Dieser zeigt dem fortgeschrittenen Anwender in Kurzform die Schritte zur Problemlösung auf. Der Anfänger wird diesen Bereich überspringen und erst beim zweiten Durcharbeiten oder beim späteren Nachschlagen zu schätzen wissen. Anschließend folgt eine kurze Darstellung der theoretischen Grundlagen, die die Problemstellung in den Zusammenhang des Anwendungsbeispiels stellt. Daraufhin wird die Aufgabe konkret formuliert. Es folgt eine ausführliche Darstellung der Lösungsschritte.

Screenshots aus R/3 verdeutlichen die Step-by-step-Darstellung. Am Ende jedes Themas wurden Tipps und Tricks für ein effizientes Arbeiten zusammengestellt, die unter anderem auch einen Verweis auf die für das jeweilige Kapitel notwendigen Customizing-Einstellungen enthalten. Somit ist ein chronologisches als auch ein selektives Lesen ohne Schwierigkeiten möglich.

Was ist neu – SAP R/3 4.5 auf SAP R/3 4.6?

EnjoySAP

Die EnjoySAP Initiative stellt den Anwender in den Mittelpunkt der Betrachtung. Das Release 4.6 wurde folglich in enger Zusammenarbeit mit den Anwendern entwickelt. Ziel dieses gemeinsamen Engagements war eine Software, die leichter zu bedienen und damit auch leichter zu erlernen ist. Erreicht wurde dies vor allem durch die Optimierung der Benutzerfreundlichkeit des R/3-Systems.

Die Änderungen betreffen das Erscheinungsbild (SAP GUI / Layout) und die Benutzerergonomie sowie die Funktionen.

Mehr Übersicht und Orientierung durch Neugestaltung SAP GUI / Layout

Ab Release 4.6 wird Ihnen das SAP Easy Access Menü angeboten. Dieses Easy Access Menü ist wesentlich einfacher zu bedienen, als das bisherige Arbeitsplatzmenü.

Dazu wurden die einzelnen Anwendungsfenster neu gestaltet – auch solche Elemente, wie Icons oder Scrollbars. Neu sind die Bildelemente (Gruppenrahmen, Drucktasten, Blätterleisten usw.) sowie die praktische Bildaufteilung: Bilder, die früher hintereinander gelagert waren, sind jetzt von einem Bild aus über Register zu erreichen.

Außerdem werden nun wichtige Bildbereiche durch Farben deutlicher hervorgehoben. Mussfelder, die bisher mit einem Fragezeichen gekennzeichnet wurden, erkennen Sie jetzt an einem Kästchen mit einem Häkchen.

In der Symbol- und Drucktastenleiste wurden neue Schaltflächen integriert. Funktionen, die sich auf ein Fensterobjekt beziehen, werden jetzt als Funktionstasten innerhalb dieses Arbeitsbereiches angeboten.

Leichteres und schnelleres Arbeiten durch Optimierung der Funktionen

Im Zuge der Umstellung von den Bereichsmenüs auf das Easy Access Menü wurden die Menüs im Projektsystem umstrukturiert und auf der ersten Stufe auf die folgenden sieben Punkte zusammengefasst: Grunddaten, Controlling, Termine, Fortschritt, Ressourcen, Material und Infosystem.

Ein direkter Zugriff auf Knoten ermöglicht ein schnelles Handling.

Ab Release 4.6 wird Ihnen ein rollenorientiertes Menü angeboten, wenn Sie sich am SAP-System anmelden (sofern Ihnen die Systemverwaltung eine Rolle bzw. eine Rollenkombination zugewiesen hat). Sie erhalten Ihre Benutzerrolle(n) in Form vorkonfigurierter Schablonen, die Sie nach Bedarf ändern und erweitern können. Sie können sich beispielsweise eine eigene Favoritenliste anlegen mit den von Ihnen am häufigsten benötigten Transaktionen, Dateien und Web-Adressen.

Das Standardmenü ist auf die jeweilige Rolle zugeschnitten und ermöglicht Ihnen somit ein einfaches Auffinden von Funktionen.

Die Projektverdichtung erfolgt über die Stammdatenfelder. Der Vorteil: Sie können so den Vererbungsverlauf der Stammdatenfelder getrennt von dem eigentlichen Verdichtungsverlauf durchführen. Wenn Sie in einem früheren Release die Verdichtung im Einsatz hatten, dann sind die Projekte über die Klassifizierung verdichtet worden. SAP empfiehlt Ihnen, die Projekte auf die Verdichtung über Stammdatenfelder umzustellen. Die Verdichtung über Klassifizierung wird von SAP nur noch mittelfristig unterstützt.

Inhaltsverzeichnis

1 Projektmanagement und Projektcontrolling 1

Aktueller Stellenwert von Projekten und
Projektcharakteristika 1

Problemfelder für das Projektmanagement 3

Projektmanagement 4

    Aufgaben, Charakteristika und Formen des
    Projektmanagement 4

    Integration von Claim Management und
    Konfigurationsmanagement 7

Projektcontrolling 9

2 Grundlagen zum Modul PS 15

Allgemeines zum Modul Projektsystem 15

Projektdefinition 15

Projektstrukturplan 16

Stammdaten/Operative Kennzeichen 17

    Stammdaten 17

    Operative Kennzeichen 17

    Organisationsdaten 18

    Benutzerfelder 18

Abrechnungsvorschrift 19

Kostenplanung 21

Statusverwaltung 22

    Systemstatus 22

    Anwenderstatus 23

Verdichtungsmerkmale 23
Realisierung 24
Berichterstattung 24
    Strukturübersichtsbericht 26
    Strukturorientierter Bericht 26
    Kostenartenorientierter Bericht 26
    Einzelpostenbericht 27
Dokumentation 28
Konsistenzprüfung 28
Änderungshistorie 29
    Historie der Änderungsbelege zu
    den Strukturplanwerten 29
    Historie der Änderungsbelege zu den Stammdaten 30
    Historie der Änderungsbelege zu
    den Statusinformationen 30
    Historie der Änderungsbelege zu den Kostenarten- und
    Leistungsaufnahmeplanwerten 30
Planversion und Projektversion 31
Schnittstellen 31
    Schnittstelle zu Microsoft Projekt 32
    Schnittstelle zu Microsoft Access 32
    Schnittstelle zu Tabellenkalkulationsprogrammen 33
Projektplantafel 33
    Anzeigebereiche 33
    Vorgangsplanung 34
    Terminierung 35
    Meilensteine 37
    Neuterminierung anhand von Ist-Terminen 37
Terminplanung 38

3 Anwendungsfall Modul PS 39

Projektdefinition 39
Abrechnungsvorschrift 45
Statusverwaltung 50
    Systemstatus 51
    Anwenderstatus 54
Verdichtungsmerkmale 63
Realisierung 67
Berichterstattung 70
    Strukturübersichtsbericht 70
    Strukturorientierter Bericht 74
    Kostenartenorientierter Bericht 77
    Ist-Einzelpostenbericht 80
    Plan-Einzelpostenbericht 85
Dokumentation 89
Konsistenzprüfung 96
    Folgende Prüfungen sind im Detail möglich 96
    Zu prüfende Objekte 96
Änderungsbelege 97
    Historie der Änderungsbelege zu den
    Strukturplanwerten 97
    Historie der Änderungsbelege zu den Stammdaten 101
    Historie der Änderungsbelege zu den
    Statusinformationen 105
Schnittstellen 111
Projektplantafel 114
Terminplanung 118

4

Grundlagen zum Modul IM	123
Allgemeines zum Modul Investitionsmanagement	123
Einzelkomponenten des Investitionsmanagements	124
Investitionsprogramme	124
Investitionsmaßnahmen	128
Informationssystem	129
Maßnahmenanforderungen	129
Zuordnung von Investitionsmaßnahmen zum Investitionsprogramm	129
Funktionen der Komponente Investitionsmanagement	130
Investitionsplanung	130
Investitionsprogrammbudgetierung	131
Statusverwaltung	133
Abschreibungsvorschau	133
Funktionsumfang	133
Abschreibungsparameter	134
Verfügungen auf Investitionsmaßnahmen	134
Informationssystem	134
Informationssystem Investitionsprogramm	135
Informationssystem Investitionsmaßnahmen	135
Informationssystem Anlagenbuchhaltung	135
Jahreswechsel	135

5

Anwendungsfall Modul IM 137

Investitionsprogramme.. 137
    Stammdaten 137
    Programmposition 140
    Pflege der Benutzerfelder 146

Zuordnung von Investitionsmaßnahmen zum
Investitionsprogramm... 150

Investitionsplanung 158
    Maßnahmenbasierte Bottom-Up-Planung 158
    Programmbasierte Bottom-Up-Planung 161
    Kombinierte Bottom-Up-Planung 166
    Planversion... 172

Investitionsprogrammbudgetierung 176
    Programmbasierte Budgetierung mit separater
    Maßnahmenbudgetierung 176
    Maßnahmenbasierte Budgetierung mit Budgetverteilung . 180

Statusverwaltung 184

Abschreibungsvorschau 186

Informationssystem 191

Jahreswechsel 195

6 Integration 199

Investitionsmaßnahmen 200

    Innenaufträge 200

    Investitionsprojekte 200

Zuordnung von Investitionsmaßnahmen zum Investitionsprogramm.. 201

Maßnahmenbasierte Bottom-Up-Planung............................. 201

    Programmbasierte Budgetierung mit separater Maßnahmenbudgetierung.. 202

    Maßnahmenbasierte Budgetierung mit Budgetverteilung . 203

Abschreibungsvorschau 204

    Funktionsumfang.. 204

    Abschreibungsparameter.. 205

Abrechnung und Aktivierung von Investitionsmaßnahmen.. 205

    Direktaktivierung.. 206

    Abrechnung und Aktivierung auf Anlage im Bau 207

Verfügbarkeitsüberwachung.. 208

    Aktive Verfügbarkeitskontrolle 208

    Passive Verfügbarkeitskontrolle.. 209

Informationssystem 209

    Informationssystem Investitionsprogramm 210

    Informationssystem Investitionsmaßnahmen..................... 211

7

Customizing 215

  Allgemeines zum Customizing 215
  Übergreifende Customizingeinstellungen 218
    Buchungskreis 218
    Kostenrechnungskreis 220
    Werk 223
    Kostenstelle 225
    Kostenarten 227
    Kontenplan 229
    Leistungsart 231
  Customizingeinstellungen im Modul PS/IM 233
    Projektprofil 233
    Projektart 236
    Projektverdichtung 237
    PSP-Terminierung 240
    Anwenderstatusschema 243
    Versionsprofil 246
    Plantafelprofil 248
    Netzplanprofil 251
    Planprofil PS 254
    Planprofil IM 257
    Budgetprofil PS 260
    Budgetprofil IM 263
    Programmart 266
    Zuordenbare operative Objekte 269
    Versionsprofil 271
    Benutzerfelder 275

Investitionsprofil	277
Projektcodierung	279
Verantwortliche	281
Feldschlüssel	283
Abrechnungsprofil / Verrechnungsschema / Ergebnisschema	286
Zu den Autoren	287
Sachwortverzeichnis	289

1 Projektmanagement und Projektcontrolling

> Dieses Kapitel gibt eine Einführung in das Projektmanagement / Projektcontrolling. Die Zielsetzung besteht darin, dem Leser sowohl grundlegende als auch aktuelle Aspekte des Projektmanagement und des Projektcontrolling zu vermitteln.

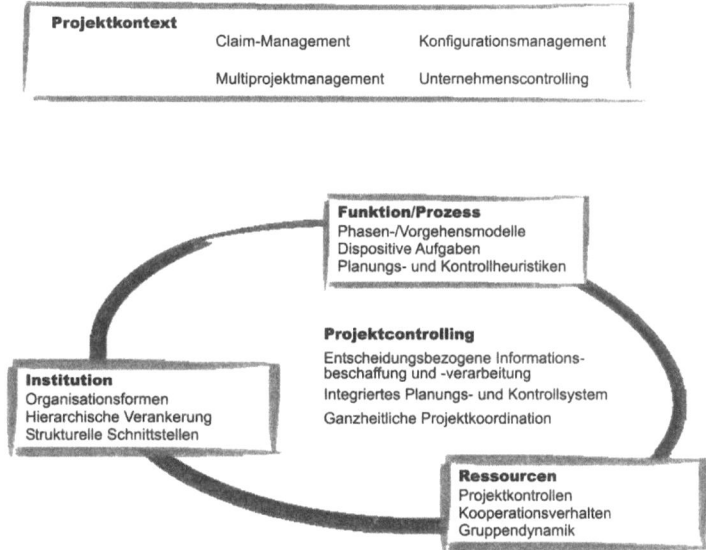

Abb. 1.1: Integriertes Projektmanagement und Projektcontrolling

Aktueller Stellenwert von Projekten und Projektcharakteristika

Neue Aufgabenstellungen und Anforderungen an Unternehmen wie Supply Chain Management, Customer Relationship Management und Business Intelligence als Wegbereiter für unternehmensübergreifende Kooperationen führen nachhaltig zu diversen Projekteinsätzen.

Die internetbasierte E-Commerce-Thematik mit dem New Economy-Gedankengut (z. B. Portale, Marketplaces) als Basis der Geschäftsmodelle von morgen lässt gar einen steigenden Bedarf an Projektabwicklungen prognostizieren. Schließlich sollen Projekte die Anpassungsfähigkeit eines Unternehmens oder Unternehmensverbundes gewährleisten.

Projektbegriff Der Projektbegriff wird seit jeher mit äußerst unterschiedlichen Bedeutungsinhalten verknüpft. So fallen beispielsweise Projekte des Anlagenbaus wie die Errichtung von Kraftwerken oder Hochspannungsanlagen ebenso wie die Gestaltung von Multimedia-Applikationen unter diesen Sachverhalt. Während in den Bereichen der Industrie und des Gewerbes sowohl Planung als auch Ausführung im Projektbegriff enthalten sind, versteht man im Architektur- und im Bauingenieurwesen darunter ausschließlich die Planung.

Generell gelten Projekte als innovative Aufgabenkomplexe bzw. als Investitionen in die Zukunft, die innerhalb eines begrenzten Zeithorizonts mit limitierten Ressourcen durchzuführen sind. Betriebliche Routinearbeiten wie Sachbearbeitertätigkeiten werden hiervon abgegrenzt. Projekte lassen sich durch zahlreiche Merkmale (z. B. Umfang, Dauer, Spezifika, Komplexität, Schwierigkeit, Bedeutung, Risiko, Kosten, Kontinuität, Intensität, Anzahl, Führungsverständnis, eingesetzte Technologie, Projektleiterpersönlichkeit, Zentralisierungsgrad der Projektleitung, Finanzierung, Internationalität, unternehmensinterner vs. -externer Bezug) charakterisieren, die typischerweise in unterschiedlicher Gewichtung auftreten und je nach ihrer Ausprägung Einfluss auf Projektorganisation und -ablauf ausüben. Die isolierte Betrachtungsweise einzelner Merkmale reicht dabei jedoch keinesfalls zur Beurteilung eines Projekts aus. Vielmehr müssen die einzelnen Merkmale in ihren wechselseitigen Zusammenhängen erfasst werden, damit aus den Mosaiksteinen ein ganzheitliches Bild entsteht.

Problemfelder für das Projektmanagement

Projekte als zeitlich begrenzte, neuartige Vorhaben lassen sich nur schwer in traditionelle (Stab-/)Linienorganisationsstrukturen integrieren. Da die Schaffung einer Projektorganisationsstruktur für ein Unternehmen jedoch einen Fremdkörper darstellt, bereitet deren Integration häufig Schwierigkeiten. Die Arbeit von Projekteinheiten neben den Linieneinheiten macht Unternehmensprozesse intransparenter. „Wildwuchs" durch separat initiierte Projekte kann zu Doppelarbeiten führen und Konflikte provozieren. Eine wesentliche Problemursache für das Scheitern oder das „stille Versanden" von Projekten liegt in der mangelhaften Ausbildung von Strukturgegebenheiten. So erhält die Projektleitung in diesen Fällen typischerweise keine hinreichende Unterstützung auf der politischen Ebene oder es bestehen Unklarheiten über die Verantwortlichkeit für die Projektsteuerung. Ferner ist die Verständigung zwischen Projekt („Theoretiker") und Linie („Frontkämpfer") oft nicht gegeben und führt deshalb zu Konflikten. Organisationsprinzipien wie „mache Betroffene zu Beteiligten" bleiben in diesem Kontext unberücksichtigt.

Weitere Problemfelder Weitere Problemfelder im Projekt ergeben sich, wenn die Definition des Auftrags bzw. der Anforderungen unzureichend erfolgt. Fehlende, mangelhafte oder nicht akzeptierte Ziele führen zu einer unzureichenden Vorgehenssteuerung. Die inadäquate Berücksichtigung von Lebensphasen eines Projekts führt dazu, dass Vorgehensweisen zur Vereinfachung – wie das Prinzip „vom Groben zum Detail" oder die Möglichkeit zum Lernen in Iterationen (evolutionäres Detaillieren und Realisieren) – nicht genutzt werden. Ein Überangebot an (komplexen) Methoden und Werkzeugen führt schnell zu unmethodischem, zufallsbetontem Handeln. Zusätzliche Gefahren entstehen durch lückenhafte Projektdokumentationen.

Projektrisiken ergeben sich auch dann, wenn die Motivation / Qualifikation von Projektträgern und -beteiligten mit Mängeln behaftet ist. Ebenso erweist sich nur verbal vorhandene oder personenabhängige Information und Kommunikation als problematisch (Cliquenbildung).

Projektmanagement

Aufgaben, Charakteristika und Formen des Projektmanagement

Zur Lösung dieser Problemstellungen bedarf es einer möglichst optimalen Leitung und Steuerung von Projekten. Ein idealer Projektablauf wird im Folgenden kurz dargestellt. Zunächst werden in einer Zielvereinbarung die gewünschten Ergebnisse des Projektes definiert und in einer Leistungsbeschreibung oder einem Pflicht- und Lastenheft schriftlich fixiert. Zur Gestaltung des Aufbaus und des Ablaufs eines Projektes wird eine Aufbauorganisation installiert. Konkrete Aufgaben werden Personen zugeordnet und somit Verantwortlichkeiten und Zuständigkeiten festgelegt. Dies fördert die Motivation und die Identifikation der Projektmitarbeiter mit dem Projekt. Mit der Definition der Ablauforganisation werden Werkzeuge und Verfahren, die auf dem Weg zur Problemlösung zum tragen kommen, definiert. Funktionsgliederung und Prozessgestaltung dienen gemeinsam dazu, die Komplexität eines Projektes beherrschbar zu machen.

Projektlenkung
Die Projektlenkung umfasst die Planung, Überwachung und Steuerung des Projektes. Im Rahmen der Projektplanung werden Zwischenziele und Soll-Vorgaben in Form von Terminen und Kosten festgelegt. Dies ist keine einmalige Aufgabe, sondern ein permanenter Prozess über die gesamte Laufzeit des Projektes. Zur Strukturierung der Aufgaben auf Basis der Funktionsgliederung wird ein Projektstrukturplan erstellt. Darin wird auch die logische Ablauffolge der Arbeitspakete im Rahmen einer Beziehungsstruktur definiert.

Im Rahmen der Projektüberwachung und -steuerung erfolgt der kontinuierliche Abgleich der Soll-Vorgaben mit den Ist-Daten. Bei Abweichung müssen zur Erreichung der Sollvorgaben bzw. des Projektziels entsprechende Maßnahmen veranlasst werden.

Das Projektmanagement fungiert also als spezielle Führungskonstruktion zur Lösung komplexer Aufgaben- und Problemstellungen (vgl. hierzu z. B. die Definition nach DIN 69901: „Gesamtheit von Führungsaufgaben, -organisation, -techniken und -mittel für die Abwicklung eines Projekts"). Dabei kann man grundsätzlich zwischen institutionalen, funktionalen / prozessorientierten und ressourcenorientierten Betrachtungsweisen differenzieren. Das institutionale Projektmanagement bezeichnet die Aufgabenträger, deren hierarchische Einordnung in die Unternehmensstruktur sowie deren Kompetenzen und Verantwortung. Unter dem funktionalen / prozessorientierten Projektmanagement sind die Leitungs- und Koordinationsaufgaben zur Projektplanung, -steuerung und -kontrolle im sachlogisch-zeitlichen Ablauf zu verstehen. Ressourcenorientierte Ansätze beleuchten zum einen Eigenschaften, Rollen (Experten, Champions, Sponsoren) und kapazitive Zuordnungen von internen und externen Mitarbeitern. Zum anderen geht es insbesondere um die Bereitstellung von finanziellen Ressourcen, Sachmitteln und DV-Ressourcen zur Aufgabenbewältigung.

Institutionales Projektmanagement

Aufgabe des institutionalen Projektmanagement ist es, das Projekt in der bestehenden Organisationsstruktur zu verankern und Rahmenbedingungen für die Abwicklung und Führung des Projekts zu schaffen. Hierbei sind zukünftig vermehrt auch virtuelle Unternehmensstrukturen zu berücksichtigen. Als Projektorganisationsformen haben sich idealtypisch die reine Projektorganisation (Task Force), die Matrix-Projektorganisation und die Einfluss- (Stabs-) Projektorganisation herausgebildet. Der Einsatz der reinen Projektorganisation als Maximallösung erfolgt, wenn das Erreichen der Projektziele von großer Tragweite für das Gesamtunternehmen ist. Die Matrix-Projektorganisation lässt sich durch hohe interdisziplinäre Zusammenarbeit unterschiedlicher Fachbereiche charakterisieren. Die Projektorganisation eignet sich zur Schaffung von Freiräumen und Kreativität für Projekte, die den Rahmen herkömmlicher Aufgaben nicht wesentlich übersteigen.

Der Erfolg des Projektmanagement wird wesentlich dadurch beeinflusst, ob es gelingt, die Kompetenzen des Projektleiters und der Linienmanager eindeutig und verbindlich aufeinander abzustimmen. Von großer Bedeutung erweist sich zumeist die Einrichtung eines Lenkungsausschusses, an den der Projektleiter zu berichten hat. Dieses Entscheidungsgremium ist mit den betroffenen leitenden Linienverantwortlichen und mit einem Mitglied der Unternehmensleitung (als Sponsor und Garant für die Durchsetzung von Entscheidungen) zu besetzen.

Funktionales / prozessorientiertes Projektmanagement

Gegenstand des funktionalen / prozessorientierten Projektmanagement ist die Bewältigung der Aufgaben in der zeitlich-sachlogischen Abfolge. Zur Konzeption lassen sich vielfältige Phasen- bzw. Vorgehensmodelle (z. B. Wasserfallmodelle, evolutionäre Modelle bzw. Prototyping, Spiralmodelle, V-Modelle, HOAI) aus Wissenschaft und Praxis einsetzen. Als grundlegende dispositive Aufgaben fungieren Projektplanung, -steuerung und

-kontrolle, deren Bearbeitung sich durch den Einsatz von Heuristiken charakterisieren lässt: Generell sollen bei der Planung die einzelnen Maßnahmen zur Zielerreichung zuerst nur grob geplant und dann im weiteren Verlauf, wenn detaillierte Informationen vorliegen, präzisiert werden. Die Projektsteuerung bezeichnet die Durchsetzung der geplanten Lösungen. Die Projektkontrolle umfasst die Überwachung des Projektablaufs im Hinblick auf Leistung, Qualität, Kosten und Termine. Voraussetzung hierfür ist zum einen die adäquate und aktualisierte Projektplanung nach dem Grundsatz „man kann nur so genau kontrollieren, wie zuvor geplant wurde". Zum anderen erweist sich insbesondere die korrekte Erfassung der Istdaten (z. B. Start- und Endtermine, Mittelverbrauch, Zeitaufwand) als Erfolgsfaktor.

Ressourcenorientiertes Projektmanagement

Inhalt von ressourcenorientierten Ansätze ist die Berücksichtigung typischer Projektrollen: So bringen Experten Fachwissen in das Projekt ein und mächtige Sponsoren sorgen für das Einbringen von Ressourcen. Projekte sind aber im allgemeinen erst dann hinreichend mit Promotoren ausgestattet, wenn Champions unter Einsatz von Sozial- und Methodenkompetenz Experten und Sponsoren zu einer geschlossenen und aktiven Mannschaft integrieren. Gruppendynamische Prozesse lassen sich auf diese Weise von vornherein besser handhaben. Ferner ist zu klären, ob eher partnerschaftliche Kooperation oder Spielregeln der Führerschaft zwischen den beteiligten Projektparteien (z. B. Projektleiter, Projektgruppe, Berater) gelten sollen. Entsprechende Maßnahmen führen zu Motivationssteigerungen, zur vereinfachten Handhabung bzw. Lösung von Konflikten sowie zu einer höheren Akzeptanz bezüglich der Projektergebnisse.

Alle drei Sichten zusammen sind zu einer effektiven (i. S. v. die „richtigen" Ziele verfolgenden) und effizienten (i. S. v. die Ziele „richtig" verfolgenden) Vorgehensweise im Projekt zu verschmelzen. Unter dieser Voraussetzung eignet sich das Projektmanagement zur Bewältigung von außergewöhnlichen Aufgaben. Die Stärke des Projektmanagement liegt zum einen in der produkt- und zielorientierten Arbeitsweise, die zu einer systemtechnischen Denkweise führt. Seine Integrationskraft ergibt sich zum anderen aus der direkten Zusammenarbeit unterschiedlicher Bereiche im Rahmen von flexibel installierbaren Organisationseinheiten.

Multi-Projektmanagement

Zur Sicherung der Verwertbarkeit der Ergebnisse sind neben den Beziehungen innerhalb eines Projektes insbesondere die Interdependenzen zwischen mehreren Projekten zu managen. In vielen Unternehmen werden mehrere Projekte oft gleichzeitig durchgeführt. Multi-Projektmanagement ist stets dann erforderlich, wenn sich diese Projekte Ressourcen teilen und / oder inhaltliche Abhängigkeiten zwischen den Projekten bestehen. Die Aufgabe eines Multi-Projektmanagement besteht hierbei in der Festlegung der Projektpolitik (insbesondere der Projektpriorisierung über Projektportfolios) als Teil der Unternehmenspolitik. Damit wird gewährleistet, dass die Projektauswahl den Zielen und Möglichkeiten eines Unternehmens entspricht. Hierbei lassen sich Lenkungsausschüsse als Koordinationsgremien einsetzen, bei denen das Projektcontrolling adäquat repräsentiert werden muss. Die Gestaltung von Richtlinien für ein einheitliches Projektmanagement (z. B. in Form des Einsatzes konkreter Projektvorgehensmodelle wie ASAP oder Global ASAP) soll für eine effektive und effiziente Projektdurchführung sorgen. Multi-Projektplanung, -steuerung und -kontrolle umfassen in diesem Zusammenhang die Koordination der Projekte untereinander (z. B. im Hinblick auf den Ressourceneinsatz und / oder auf die zeitliche Staffelung).

Integration von Claim Management und Konfigurationsmanagement

Die Intension eines kundenorientierten Projektmanagement führt zu einer Schnittstelle zwischen Projektmanagement und dem internen oder externen Kunden. Aus der Kundenperspektive steht die Akzeptanz nach Abschluss des Projekts im Vordergrund. Als Erfolgskriterium für die Akzeptanzsicherung fungiert der Problemlösungsbeitrag des Projekts für die Kundenzwecke. Die Zielsetzung des Kunden unterliegt jedoch in einer dynamischen Umwelt vielfachen Neudefinitionen, was teilweise Anpassungen des Projektziels erforderlich macht. Zur Sicherung einer Zielkongruenz zwischen Projektmanagement und Kunden ist deshalb die Implementierung eines Claim Management / Konfigurationsmanagement und / oder Änderungs- bzw. Change Management erforderlich.

Claim Management

Claim Management beinhaltet die Verwaltung von Ansprüchen und Gegenansprüchen, die sich aus Abweichungen zu vertraglichen Vereinbarungen zwischen Vertragspartnern oder gegen

Dritte ergeben. Es entstand ursprünglich im internationalen Anlagenbau und Bauwesen als ein Managementkonzept für vertragliche Nachforderungen. Hintergrund war meist eine erhebliche Kostenüberschreitung der Kalkulation des Auftragnehmers. Abweichungen von Planvorgaben werden in diesem Konzept identifiziert und dokumentiert, um die sich daraus ergebenden Forderungen durchzusetzen und Gegenforderungen abzuwehren. Generell fallen unter diesen Sachverhalt finanzielle, terminliche und / oder sachliche Forderungen eines Partners infolge von Abweichungen oder Erschwernissen in Zusammenhang mit der Aufgabenerfüllung. Während in angloamerikanischen Unternehmen Claim Management längst ein wichtiges Instrument zur Sicherung des Projekterfolgs darstellt, haben sich in Deutschland noch keine Standards durchgesetzt.

Konfigurationsmanagement

Beim Konfigurationsmanagement handelt es sich gemäss DIN EN ISO 10007 um eine Management-Disziplin, die technische und verwaltungsmäßige Regeln auf den Produktlebenslauf einer Konfigurationseinheit von seiner Entwicklung über Herstellung und Betreuung anwendet. Als Hauptziel des Konfigurationsmanagement kann die Herstellung von Transparenz über die gegenwärtige Konfiguration eines Produkts und den Stand der Erfüllung seiner physischen und funktionellen Forderungen durch formal und inhaltlich korrektes Dokumentieren gelten. Beim V-Modell, einem generischen Vorgehensmodell zur Entwicklung von IT-Systemen, zielt beispielsweise der Einsatz von Konfigurationsmanagement darauf ab, jederzeit ein Hardware- oder Software-Produkt im Hinblick auf seine funktionellen und äußeren Merkmale identifizieren zu können. Teilweise wird in diesem Zusammenhang gesondert von Änderungs- bzw. Change Management gesprochen. Dieser Sachverhalt bezeichnet die Aufgabe, alle Änderungen zu identifizieren, zu beschreiben, zu klassifizieren, zu bewerten, zu genehmigen und einzuführen. Aus wissenschaftlicher Sicht handelt es sich hierbei jedoch um einen Teilaspekt des Konfigurationsmanagement. Ferner lässt sich aus der Zielkongruenz zwischen Claim Management und Konfigurationsmanagement ein integriertes Konzept ableiten, in dem sich der Erfassungs- und Bewertungsteil des Claim Management aus den Änderungsdaten der Konfigurationsbuchführung bedient.

Projektcontrolling

Das Projektcontrolling leistet Servicefunktionen gegenüber dem (Projekt-) Management. Seine Zielsetzung besteht darin, die informationellen Rahmenbedingungen der Projektführung zu verbessern und diese von zeitintensiven Informationsbeschaffungs- sowie -verarbeitungsaufgaben, der Gestaltung von Projektplanungs- und Kontrollsystemen und der Projektkoordination zu entlasten. Ein integriertes, system- und entscheidungsbezogenes Projektcontrolling leistet einen zentralen Beitrag zum Erfolg bzw. zur ganzheitlichen Steuerung entsprechender Projektvorhaben. Es lässt sich einerseits aus institutionaler und ressourcenorientierter Sicht sowie andererseits aus funktionaler / prozessorientierter Perspektive beschreiben.

Aufgaben des Projektcontrolling

Die Aufgaben des Projektcontrolling werden im institutionalen Sinne typischerweise nicht von den betroffenen Fachabteilungen, sondern von einer gesonderten Projektcontroller-Stelle durchgeführt. Im Hinblick auf die zweckmäßige organisatorische Verankerung gilt es, verschiedene Fragen abzuklären: So ist die hierarchische Stellung eines Projektcontrollers festzulegen. Ferner sind die fachliche und disziplinarischen Über- bzw. Unterordnungsverhältnisse zu bestimmen. Drittens hat eine Zuordnung von Kompetenzen zur Projektcontrolling-Stelle zu erfolgen. Schließlich geht es um die Regelung des Verhältnisses zum Unternehmenscontrolling, z. B. wie das Projektcontrolling auf entsprechende Leistungen des Zentral- bzw. Bereichscontrolling zugreifen kann.

Die Lösung der institutionellen Fragestellungen ist eng verknüpft mit der ressourcenorientierten Thematik, hinreichend Experten-, Sponsoren- und Champion-Potentiale in das Projekt einzubinden. Die Ausgestaltung der institutionellen Regelungen sollte dazu dienen, Landkarten für die Einbeziehung von Promotoren zu schaffen. Durch die Interaktion von zentralen und von dezentralen Controlling-Einheiten können top-down und bottom-up Unterstützungspotentiale geschaffen werden.

Bereitstellung eines Planungs- und Kontrollsystems

Projektcontrolling umfasst in einer funktionalen / prozessorientierten Sicht sowohl die auf ein Einzelprojekt bezogenen Aufgaben als auch die Bereitstellung eines Planungs- und Kontrollsystems, das die Gesamtheit der Projekte im Unternehmen steuerbar macht. Hierbei stellt sich vorrangig die Frage, wie sich ein ergebnisorientiertes Projektcontrolling unter funktionalen /

prozessorientierten und institutionalen Aspekten gestaltet und sich in das permanente, nicht projektbezogene Planungs- und Kontrollsystem des Gesamtunternehmens einbetten lässt. Unter integrativen Aspekten ist die Eingliederung des Projektcontrolling in das umfassende Unternehmenscontrolling ebenso notwendig wie die Darstellung einer lebenszyklusorientierten Projektplanung und -kontrolle, welche die frühzeitige Einbeziehung sämtlicher erfolgsbezogener Effekte der Projektaktivitäten in die Projektsteuerung ermöglicht.

Ressourceneinsatz

Der Ressourceneinsatz für ein Projekt lässt sich in der Regel per se nicht in ein periodenbezogenes Rechnungswesen des Unternehmens integrieren. Aus der wechselnden Beanspruchung der Ressourcen und der oft besonderen wirtschaftlichen Bedeutung von Projekten ergeben sich spezifische Anforderungen an ein Controlling des Projektverlaufs nach Zeit, Aufwand und Arbeitsergebnissen. Daraus folgt zum einen das Erfordernis einer integrierten Betrachtung projektbezogener Leistung, Zeit und Kosten (z. B. durch die Earned-Value-Methode). Zum anderen besteht eine Notwendigkeit zur Berücksichtigung der wertmäßigen Konsequenzen bereits in der Phase der Bereitstellung eines projektbezogenen Planungs- und Kontrollsystems. Die Verwendung leistungsfähiger ERP-Systeme ermöglicht es wiederum, Funktionen (z. B. automatische periodische Ergebnisermittlung oder Generierung von Kennzahlen zum Auftragseingang und -bestand aus projektkontierten Kundenaufträgen) für die Durchführung von Projekt-Periodenabschlüssen zur Datenintegration mit dem Unternehmenscontrolling zu nutzen.

Aufgaben und Methoden des Projektcontrolling lassen sich in Abhängigkeit von der Phase des Projektmanagement (z. B. Organisation und Konzeption, Detaillierung und Realisierung) differenzieren. In den einzelnen Aktionsphasen des Projektcontrolling kommen unterschiedliche Methoden und Verfahren zur Anwendung. Weiterhin kann zwischen einzel- und multiprojektbezogenen Controlling-Funktionen und Instrumenten unterschieden werden.

Projektziele

Im Mittelpunkt der Organisations- und Konzeptionsphase steht die Erarbeitung und Spezifikation der Projektziele, auf deren Basis grundsätzliche Entscheidungen im Hinblick auf die Projektinitiative erfolgen. Dem Projektcontrolling kommt hierbei die Aufgabe zu, die informationellen Grundlagen einer Beurteilung zu schaffen.

Als Instrumente der quantitativen Beurteilung von Projektanträgen und -alternativen stehen insbesondere Investitionsrechnungsverfahren, Kosten-Nutzen-Analysen und Checklisten zur Verfügung. Nutzwertanalysen, die insbesondere für die Evaluation von alternativen Projekten eingesetzt werden können, lassen sich um qualitative Aspekte ergänzen.

Risikoanalyse Eine wichtige Aufgabe des Projektcontrolling stellt die Durchführung einer Risikoanalyse in der konzeptionellen Planungs- und Gestaltungsphase dar. Zur Ermittlung von Risikofaktoren bietet sich neben Expertenbefragungen und dem Aufbau eines projektbezogenen Früherkennungssystems insbesondere die Verwendung der Szenario-Technik an. Ferner sind Planungsprämissen zu dokumentieren und einer laufenden Prämissenkontrolle zu unterziehen.

Informations-objektintegration Bei der Gestaltung und Implementierung eines Projektinformationssystems ist die Integration und Koordination der Einzelbestandteile und des Gesamtsystems mit dem unternehmensbezogenen Informationssystem zu gewährleisten. Zunächst muss geklärt werden, welche Informationen zu einem Dokument oder einem Bericht gehören (Informationsobjektintegration). Als relevant erweist sich in Folge die Klärung der Frage nach der jeweiligen Verantwortlichkeit für die Pflege und Bereitstellung der Dokumente bzw. Berichte (Data Ownership). Ferner sind Sicherungs- und Sicherheitsanforderungen an sowie Lebensdauer und Konsistenz von Dokumenten zu definieren. Im Sinne des Claim Management bzw. des Konfigurationsmanagement sind Versionierungen von Dokumenten durchzuführen. Zusätzlich sind Adressaten und Kanäle für die Informationsverteilung festzulegen und gegebenenfalls durch Workflows zu automatisieren.

Effiziente Projektdokumentation Eine effiziente Projektdokumentation fokussiert auf verdichteten Informationen, die für spätere Projektvorhaben als Erfahrungsgrundlage im Sinne eines organisationalen Lernens bzw. Knowledge Management genutzt werden können. Bei der Dokumentenbearbeitung sind deshalb möglichst unternehmensweit vordefinierte, vereinheitlichte Klassifikatoren (z. B. angelehnt an Business Objekt-Definitionen) zu verwenden. Weiterhin sind – im Sinne der Archivierung – Ablage und Speicherung von Informationen in geeigneten Formaten durchzuführen (Rendition).

1 Projektmanagement und Projektcontrolling

Konstruktion eines PSP als Mehrschrittaufgabe

Im Hinblick auf die Projektplanung gibt das Projektcontrolling einen Planungsrahmen vor, überwacht die Planung, ist beratend und unterstützend bei der Planerstellung tätig und sorgt für eine Koordination der dezentral erarbeiteten Teilpläne. Die Zerlegung der Projektaufgabe in einen Projektstrukturplan (PSP) bildet die Basis für Zeit-, Mengen-, Leistungs- und Kostenplanungen bzw. Ertragsanalysen, deren gewünschte Ausprägungen zu spezifizieren sind. Die Konstruktion eines PSP gestaltet sich typischerweise als Mehrschrittaufgabe in Abhängigkeit von der Verfügbarkeit relevanter Informationen. Idealerweise kann bereits zu Beginn auf generische Vorlagen (Muster-PSP) in Abhängigkeit von der Projektart (z. B. Investitionsprojekt, Kundenprojekt, Entwicklungsvorhaben) oder ähnlichen Kriterien zugegriffen werden. Der jeweils gültige PSP fungiert als Basis für die Erstellung von Machbarkeitsstudien (feasibility studies) oder Risikoanalysen, für die Aufstellung von Liquiditäts- und Finanzplänen (gegebenenfalls in Form unterschiedlicher Planversionen) sowie die Ermittlung und Festlegung von Projektbudgets. Zusammen mit den dokumentierten Zielen, Spezifikationen, Vorgehensweisen und Rahmenbedingungen liefert der PSP einen komprimierten Überblick über das Projekt (master plan). Generell ist in dieser Phase das Projektcontrolling auch für die Darstellung von Alternativen zur Erreichung der Projektziele verantwortlich (z. B. durch Make or Buy-Analysen oder durch Konzepte zur Einbindung externer Partner).

PSP als Grundlage für Gestaltung eines Berichts- und Dokumentationssystems

In der Detaillierungs- und Realisierungsphase liefert der jeweils gültige PSP die Grundlage für die Gestaltung eines Berichts- und Dokumentationssystems. Dabei ist zu beachten, dass die Projektstruktur sich im Ablauf verändern kann, was die Abbildung der Projekthistorie in Form einer Projektversion erforderlich macht. Der PSP ermöglicht eine ergebnisorientierte Arbeitspaketfreigabe, repräsentiert eine Basis für die Einrichtung einer projektbezogenen Kostenrechnung und stellt den Ausgangspunkt für die Planung und Steuerung des Produktionsfaktorbedarfs dar. Aufgabe der Produktionsfaktorbedarfsplanung ist die Ermittlung der für die Projektrealisierung erforderlichen Produktionsfaktoren nach Art, Menge und Zeit. Die Faktorbedarfsplanung ist an dem Lebenszyklus des Vorhaben auszurichten und schließt die Personal- und Sachmittelplanung mit ein. Bei strategischen Projekten ist weiterhin eine Integration der Programm- und Prozessplanung erforderlich.

**Prozess-
planung**

Im Rahmen der Prozessplanung repräsentiert die Bereitstellung und Anwendungsunterstützung von Planungsmethoden wie z. B. Netzplänen, Balkendiagrammen und Meilensteinen eine wichtige Aufgabe des Projektcontrolling. Die Bedeutung der Netzplantechnik im Rahmen des Projektmanagement resultiert zum einen primär aus der logistischen Perspektive der Zeit-, Kapazitätsbedarfs- und Materialbedarfsplanung. Zum anderen ergeben sich durch sie integrierte Anwendungsmöglichkeiten im Hinblick auf die Struktur-, Ergebnis- und Finanzplanung. Weiterhin ermöglichen insbesondere Netzpläne in Verbindung mit Meilensteinen und Statuskonzepten den Einsatz von Workflowtechnologien zur automatisierten Steuerung der arbeitsteiligen Prozesse.

**Kapazitätsbe-
darfsplanung**

Die durch einen Kapazitätsabgleich festgestellten Über- bzw. Unterdeckungen stellen den Ausgangspunkt für Entscheidungen über die Bedarfsdeckung in qualitativer, quantitativer und zeitlicher Hinsicht dar. Die Kapazitätsbedarfsplanung hat gegebenenfalls die Abhängigkeiten zwischen einzelnen Projekten im Rahmen eines Multi-Projektmanagement zu berücksichtigen. Aufgabe eines Multiprojekt-Controlling ist es in diesem Zusammenhang, Ressourcenkonflikte aufzudecken und geeignete Koordinationsmaßnahmen vorzuschlagen.

Die groben Kostenschätzungen aus der Organisations- und Konzeptionsphase sind schrittweise zu detaillieren. Hierbei wirken sich Optionen zur Verwendung von unterschiedlichen Planungsarten (z. B. Gesamt- und Jahresplanung auf der Basis von Strukturwerten, Kostenplanung auf Kostenartenbasis oder Einzelkostenplanung) vorteilhaft aus. Ein integriertes Projektcontrolling hat eine lebenszyklusorientierte und auf Entscheidungssachverhalte und -zeitpunkte ausgerichtete Kostenplanung zu realisieren. Durch sie wird eine „mitlaufende" Kosten-, Ertrags- und Leistungskontrolle möglich.

Parallel zu fortschreitenden Verfeinerungen der Kosten- und Ergebnisplanung müssen Detaillierungen im Bereich der projektbezogenen Finanz- und Liquiditätsplanung vorgenommen werden. Im Rahmen einer lebenszyklusorientierten Finanz- und Liquiditätsplanung sind die projektbezogenen Ein- und Auszahlungsströme nach ihrem zeitlichen Anfall in einem gesamtunternehmensbezogenen Treasury-Management zu erfassen und gegebenenfalls Entscheidungsalternativen zur Handhabung von finanziellen Engpässen bereit zu stellen.

1 Projektmanagement und Projektcontrolling

Ergebnisorientierte Projektsteuerung

Als Basis für die ergebnisorientierte Projektsteuerung fungiert die integrierte und lückenlose Erfassung und Überwachung von Kosten, Leistungen und Terminen (z. B. durch die Earned-Value-Analyse) während des Projektablaufs. Neben der Erstellung von Soll-Ist-Vergleichen für einzelne Projektteilschritte und Teilgrößen erweisen sich – insbesondere für Projekte mit langen Laufzeiten – Soll-Wird-Kontrollen bzw. Forecasts als bedeutsam. Die Ergebnisse sind vom Projektcontrolling für die Adressaten aufzuarbeiten und an diese weiter zu leiten. Dies erfordert sowohl eine periodische und ereignisgesteuerte Erstellung von Berichten als auch die Implementierung eines ergebnisbezogenen Dokumentationsmanagement. Als Methoden kommen hierbei neben der Earned-Value-Analyse auch Meilensteintrend- und Kostentrend-Analysen, die Verwendung von Einzelkennzahlen sowie deren integrative Verknüpfung zu einem Kennzahlen- und Trendanalysesystem in Frage (z. B. Balanced Scorecard).

Zwischen den einzelnen Projektphasen sind Reviews zur Begutachtung der erzielten (Teil-)Ergebnisse im Sinne einer Qualitätsprüfung zu implementieren. Im Mittelpunkt steht hierbei eine lebenszyklusorientierte Erstellung von Projektberichten, die in einem Projektabschlussbericht mündet. Dieser soll systematisch gemachte Erfahrungen erfassen und wertvolle Informationen für das Management zukünftiger Projekte liefern. Als Integrationsrahmen dient bei der Analyse der Abweichungsursachen die Bestimmung von Erfolgs- und Misserfolgsfaktoren, die in Projektdatenbanken hinterlegt werden sollte. Auf dieser Datenbasis lässt sich mit Hilfe flexibler Auswertefunktionen ein Projekt-Benchmarking durchführen.

Vielfältige Controlling- und Integrationsinstrumente

Für die Überwindung von Schnittstellen zwischen Projekten und der Linie, zwischen Projektphasen und einzelnen Arbeitspaketen sowie zwischen verschiedenen Projekten stehen mit der Prozesskostenrechnung, integrativen Ansätzen der Wirtschaftlichkeitsrechnung, dem Target Costing sowie Verfahren des Time-Based-Management vielfältige Controlling- und Integrationsinstrumente zur Verfügung. Strategisch ausgerichtete Informations- und Kennzahlensysteme, Früherkennungssysteme, Portfoliomethoden und Szenarioanalysen können zur Verbesserung eines Projektcontrolling führen. Hierzu erweist sich die Verwendung einer integrierten Projektmanagement-Applikation im Rahmen eines ERP-Systems als wichtiger Baustein für ein effektives und effizientes Projektmanagement.

2 Grundlagen zum Modul PS

Bei SAP R/3 handelt es sich um eine Standardsoftware, die für die verschiedenen betriebswirtschaftlichen Aufgabenbereiche ein eigenes Modul anbietet. Gleichzeitig sind die verschiedenen Module vollständig ineinander integriert. Somit steht ein ganzheitliches System zur Verfügung, das alle betriebswirtschaftlichen Aufgaben erfüllt.

Im Folgenden Kapitel werden wir Sie in die Funktionalitäten des Moduls PS einführen.

Allgemeines zum Modul Projektsystem

Das Modul PS (Projektsystem) unterstützt ein umfassendes Projektmanagement und stellt somit ein wichtiges Werkzeug für ein effektives Projektcontrolling dar.

Unter Projektmanagement versteht man die Gesamtheit von Führungsaufgaben, -organisation, -techniken und -mittel für die Abwicklung eines Projektes.

Projektdefinition

Zu Beginn einer jeden Maßnahme steht die Definition und Gliederung der zur Abwicklung benötigten Strukturen und die Einbindung dieser in die vorhandene Unternehmensstruktur. Die Festsetzung eines Projektes beginnt mit der Projektdefinition.

Die Projektdefinition bildet den Rahmen für ein betriebliches Vorhaben mit einem festgelegten Ziel, das mit vorgegebenen Mitteln erreicht werden soll.

Über die Projektdefinition werden die Rahmenbedingungen eines Projektes festgelegt und dessen Zugehörigkeit zu einem bestimmten Unternehmensbereich definiert. Sie enthält Daten, die für das gesamte Projekt verbindlich sind. So werden die hier gepflegten Werte als Vorschlagswerte auf alle neu angelegten PSP-Elemente innerhalb dieses Projektes übertragen.

Zu diesem Zeitpunkt muss weder der Aufbau noch der Ablauf des Projektes bekannt sein, d. h. es muss noch kein Projektstrukturplan oder Netzplan erstellt werden.

In der Projektdefinition werden organisatorische Daten (wie Kostenrechnungskreis, Buchungskreis, Werk, Geschäftsbereich), Start- und Endtermin, Kalender, Verantwortlichkeiten bzw. Zuständigkeiten (wie verantwortliche Person) und Vorschlagswerte für das Projekt bzw. für die spätere Abwicklung hinterlegt.

Projektstrukturplan

Ein Projektstrukturplan (PSP) ist ein Modell des Projekts, das die zu erfüllenden Projektleistungen hierarchisch darstellt. Er ist ein formales Hilfsmittel, mit dem ein Projekt überschaubar wird:

- Der Projektstrukturplan bildet die Grundlage für die Organisation und Koordination im Projekt.
- Er zeigt den Arbeitsaufwand, Zeitaufwand und Kostenumfang, den ein Projekt beinhaltet.

Der Projektstrukturplan ist die operative Basis für die weiteren Planungsschritte im Projekt, z. B. für die Ablauf-, Kosten-, Termin- und Kapazitätsplanung oder die Kalkulation sowie das Projekt-Controlling.

Der Projektstrukturplan stellt somit das zentrale Instrument in der Projektplanung dar. Alle anderen Pläne leiten sich von ihm ab. Er reduziert die Projektkomplexität und bildet das Projekt ganzheitlich in einer Aufgabenhierarchie (PSP-Elemente) ab.

Im Projektstrukturplan werden die einzelnen Vorhaben und Maßnahmen, die für die Erfüllung des Projekts notwendig sind, in einzelnen Strukturelementen (Teilprojekte, Arbeitspaket, Vorgang) beschrieben und in eine hierarchische Beziehung zueinander gesetzt. Die einzelnen Strukturelemente können, abhängig von der jeweiligen Realisierungsphase des Projekts, schrittweise über einzelne Ebenen immer weiter gegliedert werden, bis der gewünschte Detaillierungsgrad erreicht ist.

Die einzelnen Strukturelemente beschreiben eine Maßnahme oder ein Vorhaben innerhalb des Projektstrukturplans. Die Strukturelemente werden im Projektsystem als Projektstrukturplanelemente (PSP-Elemente) bezeichnet. PSP-Elemente können sein:

- Aufgaben
- Teilaufgaben, die weiter untergliedert werden
- Arbeitspakete

Stammdaten/Operative Kennzeichen

Stammdaten

Um alle anfallenden Aufgaben in der Projektrealisierung steuern zu können, wird eine projektspezifische Organisationsform benötigt, die zwischen den betroffenen Fachbereichen angesiedelt bzw. abgestimmt sein sollte. Diese Organisationsform des Projektes versucht man über die Projektstruktur und deren Strukturdaten (Termindaten, Organisationsdaten, Zuständigkeiten und Steuerungsdaten) abzubilden.

Mit den operativen Strukturdaten wird somit der Aufbau eines Projektes festgelegt. Sie stellen die Grundlagen für die Planung, Durchführung und Steuerung eines Projektes dar. Über diese Strukturdaten (Termindaten, Organisationsdaten, Zuständigkeiten und Steuerungsdaten) wird das Projekt letztendlich beschrieben.

Operative Kennzeichen

So können jedem PSP-Element über die Stammdaten bestimmte betriebswirtschaftliche Eigenschaften zugewiesen und damit die Aufgabe eines PSP-Elementes im Projektverlauf festgelegt werden.

Dies wird im SAP-System mit den sogenannten operativen Kennzeichen umgesetzt. Das System unterscheidet zwischen folgenden operativen Kennzeichen:

- Planungselement: Erlaubt oder verbietet die Planung von Kosten auf einem PSP-Element.

- Fakturierungslement: Erlaubt bzw. verbietet die Planung und Verbuchung von Erlösen.
- Kontierungselement: Erlaubt bzw. verbietet die Verbuchung von Ist-Kosten und Obligos (offene aber noch nicht abgerechnete Bestellungen).

Organisationsdaten

Für die Projektabwicklung sind aber noch weitere Stammdaten erforderlich bzw. sinnvoll.

Um beispielsweise Auswertungen nach bestimmten Kriterien zu realisieren, können in den Organisationsdaten, Daten wie der Kostenrechnungskreis, der Buchungskreis, das Werk, der Geschäftsbereich und Zuständigkeiten gepflegt werden.

Im Bereich der Zuständigkeiten sind Daten wie Projektleiter, Teilprojektleiter, Arbeitspaketverantwortlicher, anfordernde und verantwortliche Kostenstelle zuordenbar. Weiter können Prioritäten und zusätzliche Verdichtungs- bzw. Kategorisierungsmerkmale gesetzt werden.

Über all diese operativen Strukturdaten bzw. Stammdaten können letztlich im Projektinformationssystem Auswertungen und somit unterschiedliche Sichten erzeugt werden.

Benutzerfelder

Die Menge und Art der Informationen, die zu Vorgängen oder PSP-Elementen festgehalten werden sollen, variieren von Anwender zu Anwender und von Unternehmen zu Unternehmen. Informationen, die in dem einen Unternehmen wichtig sind, spielen im anderen keine Rolle. Damit sich der Anwender nicht auf die Standardfelder für die Pflege der Stammdaten beschränken muss, bietet SAP R/3 so genannte Benutzerfelder.

Benutzerfelder dienen dazu, Daten, die in den Standardfeldern der Anwendung nicht unterzubringen sind, zu Vorgängen und PSP-Elementen zu pflegen. Die Benutzerfelder können frei definiert werden. Dies geschieht im Customizing. Generell bietet das System folgende Arten von Feldern:

- Textfelder
- Mengenfelder (für Mengen und deren Einheiten)
- Wertfelder
- Terminfelder
- Ankreuzfelder als Optionsschaltflächen für Auswertungen

Die Benutzerfelder können im System zusätzlich zu den Stammdaten eines PSP-Elements gepflegt werden. Wichtig hierbei ist, dass die Felder nicht auf Richtigkeit geprüft werden, d. h. für den Inhalt sind Sie selbst verantwortlich. Es wird lediglich zwischen der alphanumerischen und der numerischen Eingabe unterschieden.

Über diese selbstdefinierten Felder können dann später Projektauswertungen über das Informationssystem erfolgen, z. B. Auswertungen hinsichtlich der verantwortlichen Person oder Abteilung etc.

Abrechnungsvorschrift

Die Projektrechnung dient dazu, die auf einem Projekt mit den dazugehörigen Vorgängen angefallenen Istkosten periodengerecht abzurechnen und damit das Projekt zu entlasten. Zuvor müssen allerdings im Customizing des Projektsystems einige Einstellungen vorgenommen werden. Folgende Punkte sind hier notwendig:

- Abrechnungskostenarten
- Abrechnungsschemata
- Abrechnungsprofile

Damit Sie PSP-Elemente abrechnen können, müssen Sie außerdem noch in den Stammdaten des PSP-Elements die Abrechnungsvorschriften eintragen. Die Abrechnungsvorschriften werden bei den Stammdaten des PSP-Elements eingepflegt. Bei der Abrechnungsvorschrift handelt es sich um eine Vorschrift, die festlegt, welche Anteile der Kosten auf einem Sender an welche(n) Empfänger abgerechnet werden sollen. Jedem Abrechnungssender wird hierzu eine oder mehrere Aufteilungsregel(n) zugeordnet. Pro Empfänger gibt es normalerweise eine Aufteilungsregel.

Für die Abrechnung von PSP-Elementen müssen zum einen die Abrechnungsvorschriften und zum anderen das Abrechnungsschema gepflegt werden. In der Abrechnungsvorschrift hinterlegen Sie, auf welchen Empfänger wie viele Kosten abgerechnet werden. Als Empfänger stehen bei den PSP-Elementen in der Regel Kostenstellen, Kundenaufträge und Anlagen im Bau zur Verfügung. Die Abrechnung kann zu 100 Prozent an einen einzelnen Empfänger oder auch prozentual verteilt an verschiedene Empfänger erfolgen. Außerdem können Festwerte verrechnet werden. Die Abrechnung kann periodisch erfolgen, dann werden alle Kosten periodengenau dem Empfängerobjekt zugeordnet. Bei der Gesamtabrechnung werden alle bisher angefallenen Kosten dem Empfänger in der laufenden Periode belastet. Wird das PSP-Element nach der Abrechnung weiter belastet, werden bei der nächsten Abrechnung alle neu hinzugekommen Belastungen wiederum ohne Beachtung der Buchungsperiode auf den Empfänger abgerechnet.

Abrechnungsprofil

Im Abrechnungsprofil definieren Sie eine Reihe von Steuerungsparameter der Abrechnung. Das Abrechnungsprofil ist Voraussetzung dafür, dass Sie später im Auftragsstammsatz für einen Sender eine Abrechnungsvorschrift erfassen können.

Ein Verrechnungsschema besteht aus einer oder mehreren Abrechnungszuordnungen. Eine Zuordnung gibt an, welche Kosten unter welcher Abrechnungskostenart an welche Empfängertypen (Kostenstelle, Auftrag etc.) abgerechnet werden sollen. In einer Abrechnungszuordnung haben Sie zwei Alternativen:

- Sie ordnen die Belastungskostenartengruppen einer Abrechnungskostenart zu,
- Sie rechnen kostenartengerecht ab, d. h. Belastungskostenart = Abrechnungskostenart

In dem Verrechnungsschema ordnen Sie also einzelne Kostenarten und Kostenartengruppen einer Umlagekostenart zu. So erhalten Sie Informationen über die Zusammensetzung der Kosten auf einer verdichteten Ebene.

Kostenplanung

Ergebnisschema

Im Ergebnisschema legen Sie fest, welche Kostenartengruppe welchem Wertfeld der Ergebnisrechnung zugeordnet wird. Dies wird als Ergebnisschema-Zuordnung bezeichnet. Die Abrechnung ermöglicht eine Übernahme von Kosten, Erlösen, Erlösschmälerungen und Produktionsabweichungen in die Ergebnisrechnung. Das Ergebnisschema definiert, welche Mengen oder Werte eines Senders im Rahmen der Abrechnung welchen Wertfeldern der Ergebnisrechnung zugeordnet werden sollen.

Kostenplanung

Fortsetzung und Konkretisierung der Zielplanung des Projektes

Die Kostenplanung ist eine Fortsetzung und Konkretisierung der Zielplanung des Projektes, hier am Beispiel der Soll-Vorgaben der Kosten. Sie legt die Kosten fest, die bei der Durchführung eines Projektes voraussichtlich anfallen werden.

Es können folgende Planungsformen verwendet werden:

- Strukturplanung
  Die Kosten werden für die PSP-Elemente eines Projektstrukturplans geschätzt.

- Kostenartenplanung
  Pro PSP-Element werden die geschätzten Kosten weiter nach Kostenarten detailliert.

- Einzelkalkulation
  Kostenplanung für ein PSP-Element eines Projektstrukturplans erfolgt aufgrund einer detaillierten Kalkulation von Leistungen, Materialien und sonstigen Kosten.

Die verschiedenen Planungsformen können alternativ und additiv verwendet werden.

Die Kostenplanung beschäftigt sich mit den Kosten, die bei der Durchführung eines Projekts voraussichtlich anfallen.

In den verschiedenen Projektphasen hat die Kostenplanung verschiedene Zielsetzungen:

- In der Konzeption und Grobplanung dient sie zur Berechnung der Kosten, die für das Projekt anfallen werden.

- Bei der Genehmigung bildet sie die Grundlage für die Budgetvergabe.

- Während der Realisierung dient die Kostenplanung zur Überwachung und Steuerung von Kostenabweichungen.

Bottom-up und top-down

Das Projektsystem unterstützt eine Kostenplanung bottom-up und top-down. Wenn Sie bottom-up planen, werden die Planwerte auf den unteren Planungselementen eingegeben und vom System nach oben aufsummiert. Wenn Sie top-down planen, werden die Planwerte von den oberen auf die unteren Planungselemente manuell verteilt.

Da die Kostenplanung kein einmaliger, sondern ein projektbegleitender Prozess ist, können im Modul PS die verschiedenen Kostenplanungen als Versionen abgelegt werden. Diese Planversionen können geändert, kopiert und im Informationssystem miteinander verglichen werden.

Statusverwaltung

In der Statusverwaltung wird die Bearbeitung des Projekts gesteuert. Mit einem Status wird eine Phase definiert, in der bestimmte betriebswirtschaftliche Vorgänge zu einem Projektstrukturelement erlaubt sind. Von der Systemseite sind bereits Status definiert. Zusätzlich können vom Anwender weitere Status definiert werden.

Systemstatus

Der Systemstatus unterteilt das Projekt in vier Phasen mit folgenden SAP-Statuskennzeichen:

EROF   eröffnet: Initialstatus (keine Ist-Buchungen möglich)

FREI   freigegeben: Buchungen (Rechnungen, Forschungsstunden) sollen auf PSP-Elemente erfasst werden können. Voraussetzung ist, dass die Planungsphase (Solldaten) für Kosten und Termine abgeschlossen ist. Einmal freigegebene PSP-Elemente können nicht wieder in den Status EROF zurückgesetzt werden.

TABG	technisch abgeschlossen (Planwerte nicht mehr änderbar). Voraussetzung ist, dass Bestellanforderungen und Bestellungen erfasst sind. Buchungen (Rechnungen, Forschungsstunden) sind weitgehend abgeschlossen. Es können aber Rechnungen und Stunden (Ist-Daten) weiter erfasst werden. Technisch abgeschlossene PSP-Elemente können wieder freigegeben werden (TABG – FREI) durch Zurücknehmen von „technisch abgeschlossen".
ABGS	abgeschlossen (keine kostenrelevanten Vorgänge mehr möglich). Voraussetzung ist, dass alle Buchungen (Rechnungen, Fakturen, Bestellungen und Forschungsstunden) und Bestellanforderungen vollständig erfasst worden sind. Es können keine Buchungen, keine Planungen und keine Bestellungen mehr erfasst werden. Abgeschlossene PSP-Elemente können wieder in den Status „Technisch Abgeschlossen" (ABGE – TABG) zurückgesetzt werden.

Beim Durchlaufen dieser Phasen wird der Status vom System gesetzt. So wird beim Anlegen eines PSP-Elementes der Initialstatus EROF gesetzt. Der Anwender hat die Möglichkeit den Status auch selbst zu setzen, zu löschen bzw. zurückzusetzen.

Anwenderstatus

Neben dem Systemstatus kann zusätzlich ein Anwenderstatus definiert werden. Hierüber können betriebswirtschaftliche Vorgänge während des Lebenszykluses eines Projektes individuell festgesetzt werden. Dieser Anwenderstatus wird im Statusschema hinterlegt bzw. gepflegt, welches im Customizing (siehe Kap. Projektprofil) eingetragen wird.

Verdichtungsmerkmale

Übersichten bzw. Auswertungen nach gemeinsamen Kriterien

Mit der Projektverdichtung können Übersichten bzw. Auswertungen nach gemeinsamen Kriterien erstellt werden, welche die organisatorischen und inhaltlichen Anforderungen zur Steuerung über mehrere Projekte hinweg abdecken. So sind Sie in der Lage, im Customizing Verdichtungsmerkmale zu definieren. Diese

Merkmale können nun jedem beliebigen PSP-Element zugeordnet werden.

Auf diese Weise können Sie die Kosten aller Projekte nach den zugewiesenen Verdichtungsmerkmalen, z. B. Geschäftsbereiche, Förderprojekte, Verantwortlicher, zusammenfassen und im Informationssystem des Projektsystems auswerten.

Die einzelnen Hierarchiestufen der Verdichtungshierarchie werden über Merkmale definiert.

Unterschieden werden folgende Merkmale:

- Referenzmerkmale
  Beziehen sich auf Felder im Projektstammsatz, z. B. Werk, Verantwortlicher, Geschäftsbereich
- Freie Merkmale
  Sind frei definierbare Merkmale, die im Stammsatz im Standard nicht gepflegt werden, z. B. verantwortliche Abteilung, Förderprojekt

Realisierung

Unter Projektrealisierung versteht SAP R/3 alle Funktionen, die für die Pflege des Projektfortschritts verantwortlich sind. Dies umfasst insbesondere die Ist-Kosten, Kapazitäten und Termine. Dies kann in Form von einer Rückmeldung oder einer Buchung erfolgen. Aus den Rückmeldungen berechnen sich z. B. der Abarbeitungsgrad, der Arbeitsaufwand oder die Restarbeiten. Vor allem die Rückmeldung der Stunden auf ein PSP-Element ist von zentraler Bedeutung in der Phase der Projektrealisierung.

Berichterstattung

Projektinformationssystem

Bestandteil eines effizienten Projektcontrollings ist ein flexibel einsetzbares Projektinformationssystem, das verlässliche Informationen als Grundlage für betriebswirtschaftliche Entscheidungen zur Verfügung stellt. Die Ergebnisse können für eine entscheidungsorientierte Zukunftsrechnung (Fortschrittsanalyse), aber auch als Kontroll-Instrumentarium abgeschlossener Projekte (Dokumentation, Nachtragsaufbereitung, Evaluation) verwendet werden. Das Projektinformationssystem stellt umfangreiche Analysefunktionen in Form von Berichten und Grafiken zum Projektsstatus und Projektfortschritt zur Verfügung und hilft dadurch, bei der Steuerung und Nachbereitung eines Projektes den Überblick zu behalten.

Ziel des Informationssystems

Das Ziel des Informationssystems ist die Erreichung der geplanten Projektergebnisse bezüglich Terminen, Kosten und Leistungen. Mit Hilfe der Projektberichte sollen die notwendigen Entscheidungen dadurch erleichtert werden, dass alle erforderlichen Kriterien schnell zur Verfügung stehen und ihre Auswirkungen auf die Projektparameter abgeschätzt werden können. SAP R/3 unterscheidet zwischen technischen und kaufmännischen Projektberichten:

Technische Projektberichte

Die technischen Projektberichte (Struktur/Termine) decken vorwiegend die Aspekte der technischen Überwachung und Steuerung im Projekt ab. Es können alle oder nur bestimmte Objekte selektiert werden, die zu einem Projekt gehören, z. B. PSP-Elemente, Netzpläne, Vorgänge, PS-Texte oder Materialkomponenten und deren aktuellen Status sowie die hierarchische Beziehung angezeigt werden. Aus den Werten, die gepflegt werden, erstellt das System eine Strukturliste. Von der Strukturliste aus können weitere Übersichten aufgerufen werden. Im Informationssystem: Struktur/Termine können darüber hinaus nicht nur Originaldaten ausgewertet werden, sondern auch Daten aus Simulations- und Projektversionen sowie archivierte Daten.

Kaufmännische Projektberichte

Die kaufmännischen Projektberichte stehen vorwiegend zur Analyse und Überwachung der kaufmännischen Daten zur Verfügung. Mit diesen Auswertungen können Sie sowohl wiederkehrende standardmäßige Auswertungen durchführen als auch eigene Berichte zu speziellen Fragestellungen und Aufgaben erstellen. Sie können sämtliche Daten direkt nach der Erfassung im R/3-System interaktiv analysieren und ihre Entstehung bis auf die Belegebene verfolgen. Sie können die Daten aber auch verdichtet analysieren, z. B. nach Verantwortungsbereichen.

Die Gesamtheit aller Auswertungen wird in Form eines sogenannten Berichtsbaumes zur Verfügung gestellt. Bei diesem Berichtsbaum handelt es sich um eine frei definierbare Struktur, die dazu dient, die Berichte des Projektinformationssystems zentral zu sammeln und hierarchisch zu gliedern. Um die unterschiedlichen Sichten bzw. Auswertungen erstellen zu können, bietet SAP R/3 eine Vielzahl von verschiedenen Berichten an.

2 Grundlagen zum Modul PS

Strukturübersichtsbericht

Im Strukturübersichtsbericht werden die Kosten eines Projektes auf PSP-Element-Ebene dargestellt und in Tabellenform angezeigt. Alle Objekte eines Projektes können dabei sowohl einzeln, als auch in ihrer Gesamtheit (Projektstruktur) angezeigt werden.

Filter- bzw. Selektionsfunktionen

Mit Hilfe von Filter- bzw. Selektionsfunktionen kann eine Selektion nach Status, Arbeitspaketverantwortlichen und verantwortlicher Kostenstelle vorgenommen werden, so dass die Daten dadurch eingegrenzt und gefiltert werden. Die verschiedenen Grafikfunktionen erlauben eine übersichtliche grafische Informationsaufbereitung der Auswertungen. Die Anzeige verschiedener Projektversionen, welche Kopien der Struktur und Strukturdaten zu bestimmten Zeitpunkten darstellen, erfolgt ebenfalls über den Strukturübersichtsbericht.

Strukturorientierter Bericht

Kosten und Erlöse

Im strukturorientierten Bericht werden die Kosten und Erlöse für die einzelnen PSP-Elemente angezeigt. Es können darüber hinaus Informationen (z. B. Plan-Kosten, Ist-Kosten, Budgets etc.) für einzelne Jahre oder den gesamten Zeitraum dargestellt werden. Es stehen außerdem verschiedene Anzeigevarianten bereit, welche die häufigsten Informationsanfragen abdecken (z. B. Plan-/Ist-Abweichung). Innerhalb des strukturorientierten Berichts können mit Hilfe des Navigationsblocks detailliertere Informationen aufgerufen werden, wie beispielsweise die betriebswirtschaftlichen Vorgänge.

Kostenartenorientierter Bericht

Kostenartenplanwert

Im kostenartenorientierten Bericht können Projekte und einzelne PSP-Elemente kostenartengerecht ausgewertet werden. Auf diese Weise können die Kosten eines Projektes aufgeschlüsselt nach Kostenarten (Kostenartenplanwert) angezeigt und analysiert werden. Im kostenartenorientierten Bericht können dabei die Auswertungszeiträume und Abgrenzungskriterien individuell definiert werden. Innerhalb dieses Berichtes sind auch Sortierungs- und Filterfunktionen möglich, die eine gezielte Selektion ermöglichen.

Einzelpostenbericht

Im Einzelpostenbericht können für einzelne Projekte und Kostenarten für einen definierten Zeitraum die einzelnen Buchungssätze (Einzelposten) angezeigt werden. Einzelposten werden bei jeder Buchung von Kosten, Erlösen und Finanzen in SAP R/3 erzeugt. SAP R/3 unterscheidet hierbei zwischen Ist-Einzelpostenberichten, Plan-Einzelpostenberichten und Obligo-Einzelpostenberichten.

Ist-Einzelpostenbericht

Im Ist-Einzelpostenbericht können die gebuchten Belege zu einem PSP-Element angezeigt werden. Im Ist-Einzelpostenbericht gibt es eine Vielzahl von Filter- bzw. Auswertungsmöglichkeiten. Es besteht beispielsweise die Auswahlmöglichkeit verschiedener Anzeigevarianten, die festlegen, welche Felder in der Grundliste des Ist-Einzelpostenberichts angezeigt werden. Die Filter-Funktion schlüsselt den Bericht unter anderem nach Kostenarten, Kostenstellen, Leistungsarten und Lieferanten-Nr, auf. Darüber hinaus kann im Ist-Einzelpostenbericht die Anzeige des Originalbelegs zum Buchungsbeleg vorgenommen werden.

Plan-Einzelpostenbericht

Im Plan-Einzelpostenbericht können die Planwerte zu einem PSP-Element angezeigt werden.

SAP R/3 schreibt bei Änderungen von Planwerten jeweils einen Planungsbeleg, so dass eine Planungshistorie entsteht. Über den Plan-Einzelpostenbericht kann somit jederzeit die Entwicklung der Planwerte zum Projekt nachvollzogen werden.

Obligo-Einzelpostenbericht

Im Obligo-Einzelpostenbericht können alle Obligos angezeigt werden. Unter einem Obligo versteht man eine vertragliche bzw. dispositive Verpflichtung, die buchhalterisch nicht erfasst wird, die jedoch durch verschiedene Geschäftsvorfälle zu Ist-Kosten führt. In der Kostenstellenrechnung können Obligos durch Bestellanforderungen, Bestellungen und Mittelreservierung erzeugt werden.

Dokumentation

Projekttexte

Komplexe Projekte erfordern eine umfangreiche Dokumentation und Bereitstellung von technischen Unterlagen in Form von sogenannten Projekttexten. Projekttexte werden direkt im Projekt für ein Objekt angelegt, z. B. Pflichtenheft, Leistungsbeschreibungen, Beschreibung von Arbeitspaketen, Notizen usw. Sie haben im Projektsystem die Möglichkeit, zu Vorgängen und PSP-Elementen Texte in folgender Form zu hinterlegen:

Langtexte beschreiben ein Objekt. Auf dem Bildschirm sehen Sie in der Beschreibung zum Objekt in der Regel nur die erste Textzeile. Langtexte können Sie zu allen Objekten im Projektsystem erfassen.

Textvorlagen sind Textbausteine zur arbeitsspezifischen Beschreibung von eigenbearbeiteten Vorgängen.

PS-Texte sind frei definierbare Texte zu Vorgängen und PSP-Elementen. Sie werden im PS-Textkatalog verwaltet. Innerhalb des Projektsystems können Sie beliebig viele PS-Texte einem Vorgang bzw. PSP-Element zuordnen. Ein PS-Text kann verschiedenen Projekten zugeordnet und mehrsprachig gepflegt werden.

Konsistenzprüfung

Projektstammdaten

Bei der Anlage komplexer Projekte bzw. Projektstrukturen, z. B. bei Bauprojekten im Schlüsselfertigbau, ist es oft notwendig, nach der Anlage der Projektstruktur eine Konsistenzprüfung bezüglich der Projektstammdaten vorzunehmen; um sicherstellen zu können, dass die Anlage der Projektstruktur erfolgreich umgesetzt wurde. Nur dann kann eine erfolgreiche und inhaltlich korrekte Analyse bezüglich des angelegten bzw. der angelegten Projekte realisiert werden. Das Modul PS bietet hierzu einen Standardreport an, der die zu pflegenden Stammdatenfelder eines Projektes analysiert und Abweichungen bzw. evt. nicht korrekte Eingaben in Berichtsform aufzeigt.

Protokoll

Das Ergebnis des Stammdatenprüfprogramms ist ein Protokoll, dass Ihnen u. a. gefundene Fehler und Inkonsistenzen anzeigt. Es besteht die Möglichkeit, direkt aus dem Protokoll heraus in das betroffene Objekt zu springen, um die Fehler zu überprüfen und ggf. zu korrigieren.

Änderungshistorie

Ein Änderungsbeleg stellt die Protokollierung von Änderungen zu einem betriebswirtschaftlichen Objekt in SAP R/3 dar. Über die Änderungsbelege werden somit automatisch alle durchgeführten Änderungen zu einem PSP-Element dokumentiert. Der Änderungsbeleg setzt sich zusammen aus dem Änderungsbelegkopf, der Änderungsbelegposition und der Änderungsbelegnummer.

Bei den Änderungsbelegen kann unterschieden werden in:
- Änderungsbelege zu den Strukturplanwerten
- Änderungsbelege zu den Stammdaten
- Änderungsbelege zu den Statusinformationen
- Änderungsbelege zu den Kostenarten- und Leistungsaufnahmeplanwerten
- Aufgrund der vorhandenen Änderungsbelege besteht nun die Möglichkeit, sich zu jedem PSP-Element eine Änderungshistorie anzeigen zu lassen. Auf diese Weise ist eine lückenlose Verfolgung aller Änderungen möglich.

Historie der Änderungsbelege zu den Strukturplanwerten

In der Historie der Änderungsbelege zu den Strukturplanwerten sind folgende Informationen enthalten:
- Änderungsnummer des Beleges
- Benutzername der betreffenden Person, die eine Änderung vorgenommen hat
- Betrag zum Beleg
- Erfassungsdatum

Historie der Änderungsbelege zu den Stammdaten

In der Historie der Änderungsbelege zu den Stammdaten sind folgende Informationen enthalten:

- Änderungsnummer des Beleges
- Benutzername der betreffenden Person, die eine Änderung vorgenommen hat
- Erfassungsdatum der Änderung
- Transaktion zur Änderung

Historie der Änderungsbelege zu den Statusinformationen

In der Historie der Änderungsbelege zu den Statusinformationen sind folgende Informationen enthalten:

- Benutzername der betreffenden Person, die eine Änderung vorgenommen hat
- Geänderte Statusanzeige
- Erfassungsdatum der Änderung
- Erfassungsuhrzeit der Änderung
- Transaktion zur Änderung

Historie der Änderungsbelege zu den Kostenarten- und Leistungsaufnahmeplanwerten

In der Historie der Änderungsbelege zu den Kostenarten- und Leistungsaufnahmeplanwerten sind folgende Informationen enthalten:

- Änderungsnummer des Belegs
- Benutzername der betreffenden Person, die eine Änderung vorgenommen hat
- Änderungsbetrag
- Erfassungsdatum zum Beleg

Planversion und Projektversion

Es wird in SAP R/3 zwischen Projektversionen und Planversionen unterschieden:

- Projektversionen sind ein Abbild des Projekts zu einem bestimmten Zeitpunkt oder zu einer bestimmten Aktion. Sie dienen als Grundlage für statistische Auswertungen und können zum Nachweis über den Projektstand in der Vergangenheit herangezogen werden.

- Planversionen werden in der Kostenrechnung erstellt und halten die verschiedenen Kostenplanungen zu einem Projekt fest, z. B. optimistische und pessimistische Planung.

Schnittstellen

Download Aus SAP R/3 können Daten in andere Anwendungen wie Word für Windows oder Excel heruntergeladen werden. Diesen Vorgang bezeichnet man als „Download", der dazu dient, die SAP-Daten weiterzuleiten. Entscheidend beim Download ist die Wahl des Dateiformates, wodurch festgelegt wird, wie und in welchen Anwendungen die Daten weiterverarbeitet werden können.

Es werden standardmäßig vier Formate von SAP R/3 angeboten: „Rich Text Format", „unkonvertiert", „Tabellenkalkulation" und „HTML Format".

Rich Text Format Das Rich Text Format dient der Weiterverarbeitung der Daten in Word für Windows. Dabei werden nicht nur Text, sondern auch Zeichenformate, Tabellen, Rahmen und selbst Papierformate übernommen.

Unkonvertierte Daten Bei unkonvertierten Daten wird ausschließlich Text ohne Formatierungen heruntergeladen. Leerräume in den Zeilen werden nicht mit Tabstopps, sondern mit Leerzeichen aufgefüllt.

Tabellenkalkulation Beim Format Tabellenkalkulation werden in den Leerräumen Tabulatoren eingesetzt, die Excel und Word in Spalten umsetzen können.

HTML Format Im HTML Format werden die Formatierungen durch entsprechende HTML-Tags ersetzt, die eine Darstellung auf einem Internet-Browser ermöglichen.

Im SAP Projektsystem existieren Schnittstellen zu Betriebsdatenerfassungssystemen sowie zu folgenden PC-Produkten:

- GRANEDA
- Microsoft Project (MPX)
- Microsoft Access
- PS-EPS-Schnittstelle zu externen Projektmanagementsystemen
- Tabellenkalkulationsprogramme (XXL-Listviewer, z. B. Microsoft Excel, Lotus 1-2-3 usw.)

In allen genannten PC-Produkten können Sie exportierte Daten weiterverarbeiten.

Schnittstelle zu Microsoft Projekt

Über Dateien im MPX-Format können Sie Daten des SAP-Projektsystems an Microsoft Project oder in andere Projektmanagement-Programme exportieren. Daten aus dem Projektsystem in PC-Programme für Projektmanagement zu exportieren lohnt sich vor allem, wenn Sie die Daten dezentral präsentieren oder weiterverarbeiten möchten.

Um mit Microsoft Project in Verbindung mit dem SAP-Projektsystem zu arbeiten, benötigen Sie Microsoft Project 3.0 oder höher unter Windows.

Schnittstelle zu Microsoft Access

Über die Schnittstelle zu Microsoft Access können Sie nicht nur Daten aus dem Projekt-system an Microsoft Access exportieren. Sie können vor allem auch Rückmeldungen dezentral in Microsoft Access erfassen und an das Projektsystem übertragen. Dabei werden die Rückmeldedaten aus Microsoft Access über einen Remote Function Call in das SAP-System übernommen.

Um mit Microsoft Access in Verbindung mit dem SAP-Projektsystem zu arbeiten, benötigen Sie Microsoft Access 2.0 oder höher unter Windows.

Schnittstelle zu Tabellenkalkulationsprogrammen

Datenübertragungen an Tabellenkalkulationsprogramme sind im Projektsystem sowohl aus der Strukturübersicht des Projektinformationssystems als auch aus den Einzelübersichten möglich. Wenn Sie in einem Tabellenkalkulationsprogramm SAP Daten aus dem Projektsystem laden, rufen Sie automatisch den XXL-Listviewer auf.

XXL-Listviewer Der XXL-Listviewer ermöglicht Ihnen die Präsentation von Daten aus dem Projektsystem in verschiedenen Tabellenkalkulationsprogrammen wie z. B. Microsoft Excel oder Lotus 1-2-3. Er ist eine Sammlung von Routinen (z. B. Excel-Makros), die die Standardfunktionalität des Tabellenkalkulationsprogramms um spezifische Funktionen sowie um eigene Menü- und Symbolleisten erweitern.

Projektplantafel

Die Projektplantafel ist ein graphisches Werkzeug zur Steuerung von Terminen und Kosten. In der Projektplantafel werden die Projektstruktur und die Terminplanung zusammengeführt. Ausgehend von der Projektplantafel kann sowohl die Projektstruktur, als auch ein Netzplan angelegt werden.

Anzeigebereiche

Die Projektplantafel erscheint in einem eigenen Fenster und ist in zwei Anzeigebereiche geteilt:

- Tabellenbereich (Datenblatt)
- Balkendiagrammbereich (GANTT-Diagramm)

Im Tabellenbereich werden in einer Art Datenblatt die Projektstruktur (Vorgänge) und Detaildaten (Termine, Kosten, Verantwortlichkeiten, Abarbeitungsgrad) aufgelistet.

Das GANTT-Diagramm zeigt die Vorgänge als Vorgangsbalken. Die Anordnungsbeziehungen werden durch schwarze Pfeile dargestellt. Die Zeitachse ist in Monate, Wochen und Tage untergliedert. Eine Linie zeigt das aktuelle Datum an.

Der Balken zwischen den beiden Anzeigebereichen lässt sich per Maus verschieben, und innerhalb der Anzeigebereiche kann über die Bildlaufleisten gescrollt werden.

Funktionen zur Steuerung:

- Im Tabellenbereich können direkt die Projektdefinition und -struktur mit Stammdaten angelegt und gepflegt werden.
- Die Vorgänge werden über Anordnungsbeziehungen verbunden.
- Über Vorwärts- und Rückwärtsterminierung können Termine berechnet werden.

Es werden im wesentliche drei Terminierungsformen unterschieden.

- top-down = Plantermine auf den PSP-Elementen bereits über tabellarische Eingabe durchgeführt
- bottom-up = Hochrechnung der Vorgangstermine auf die Projektstruktur
- freie Planung

Vorgangsplanung

Bei der Vorgangsplanung erfolgt eine Detaillierung von Projektstrukturplanungselementen in einzelne Aufgaben (Vorgänge). Dabei sind zunächst die Ecktermine als Planungstermine des PSP-Elements maßgebend für die Vorgangstermine.

Im Modul PS werden folgende Vorgangsarten unterschieden:

- Eigenbearbeitete Vorgänge
- Fremdbearbeitete Vorgänge
- Kostenvorgänge

Bei den eigenbearbeiteten Vorgängen erfolgt die Aufgabendurchführung durch eigene Kapazitäten, während fremdbearbeitete Vorgänge durch Fremdfirmen durchgeführt werden. Ablaufunabhängige Kosten, wie z. B. Reisekosten, können durch Kostenvorgänge dargestellt werden.

Anordnungsbeziehungen

- Normalfolge: Es besteht eine Ende-Anfang-Beziehung, bei welcher der nachfolgende Vorgang zum Ende des Vorgängers beginnt.
- Anfangsfolge: Es besteht eine Anfang-Anfang-Beziehung, bei welcher der Anfang des Nachfolgers mit dem Anfang des Vorgängers verknüpft ist. D. h. die Vorgänge beginnen parallel.
- Endfolge: Es besteht eine Ende-Ende Beziehung, bei welcher das Ende des Nachfolger mit dem Ende des Vorgängers in Zusammenhang steht.
- Sprungfolge. Es besteht während eines Vorgangs eine Beziehung zu einem anderen Vorgang.

Terminierung

Terminierung bedeutet die Ausrichtung der Vorgänge nach Dauer, Anordnungsbeziehung, Terminierungsform und Terminlage. Dabei werden zwei Terminlagen unterschieden:

- früheste Lage: Die Vorgänge werden ausgehend vom frühest möglichen Zeitpunkt angeordnet.
- späteste Lage: Die Vorgänge werden ausgehend vom spätest möglichen Zeitpunkt angeordnet.

Beim Einblenden der frühesten und der spätesten Lage erscheinen pro Vorgang zwei Terminbalken.

Ein terminierter Termin ist ein durch Vorgangsterminierung auf dem PSP-Element ermittelter Termin aus der Vorwärts- und Rückwärtsrechnung. Er wird in der Projektplantafel als Linie dargestellt.

- Vorwärtsterminierung: Terminierungsart im Netzplan, bei der ausgehend vom Eckstarttermin, die frühesten Start- und Endtermine der Vorgänge berechnet werden.
- Rückwärtsterminierung: Terminierungsart im Netzplan, bei der ausgehend vom Eckendtermin, die spätesten Start- und Endtermine der Vorgänge berechnet werden.

Pufferzeiten geben Auskunft über Zeitreserven, die für die einzelnen Vorgänge verfügbar sind. Pufferzeiten werden benutzt, um Vorgänge zwischen den frühesten und spätesten Terminen zu verschieben oder zu verlängern.

Dabei werden zwei verschiedene Pufferzeiten unterschieden:

- Freier Puffer: Der freie Puffer ist die Zeitspanne, aus der ein Vorgang ausgehend von seinen frühesten Terminen in Richtung Zukunft verschoben werden kann, ohne dass die frühesten Termine seiner Nachfolger bzw. der früheste Endtermin des Netzplans davon berührt werden. Der freie Puffer darf nicht kleiner als null oder größer als der Gesamtpuffer sein.

- Gesamtpuffer: Der Gesamtpuffer ist die Zeitspanne, um die ein Vorgang ausgehend von seinen frühesten Terminen (früheste Lage) in Richtung Zukunft verschoben werden kann, ohne dass die spätesten Termine seiner Nachfolger, bzw. der späteste Endtermin des Netzplans davon berührt sind.

Terminierung von Vorgängen unter Berücksichtigung der Termine auf der Projektstruktur (Profil PSP-Terminierung)

- Übernahme der Termine auf Ecktermine
- Reduzierung der vorgegebenen Zeiträume

kritischer Pfad

- Bei der Terminierung ermittelt sich das System den kritischen Pfad aus der Vorwärts- und Rückwärtsrechnung. Dieser Pfad enthält keinerlei Pufferzeiten, d. h. dass jede zeitliche Verschiebung eines Vorganges innerhalb des kritischen Pfades sich auf den Endtermin des Projektes auswirkt.

Terminkreise

- Ecktermine: Um für ein Projekt effizient Termine zu kontrollieren, vergleichen Sie die Ecktermine mit den Ist-Terminen.

- Prognosetermine: Um zu erwartende Einflüsse während der Projektlaufzeit durchzuspielen, ohne die ursprüngliche Terminplanung (Ecktermine) abzuändern, steht der so genannte

Terminkreis der Prognosetermine zur Verfügung. Die geplanten Termine (Ecktermine) können auf den Terminkreis der Prognosetermine übernommen und dort beliebig geändert werden.

- Ist-Termine: erst nach Vorgangsrückmeldung darstellbar; geben Auskunft über den Stand der Bearbeitung. Sie sind die tatsächlichen Termine, die zu den PSP-Elementen manuell erfasst oder über die Rückmeldung von Vorgängen ermittelt werden.

Meilensteine

Meilensteine sind terminlich fixierte Betrachtungszeitpunkte, an denen vorher inhaltlich definierte Zielkriterien mit dem zu diesem Zeitpunkt tatsächlich erreichten Ist-Stand verglichen werden. Sie liefern Anhaltspunkte für die Entscheidung über den weiteren Projektablauf. Meilensteine definieren inhaltlich Projektabschnitte, die in Bezug auf Termin- und Kostengrößen wichtige Planungs- und Steuerungsparameter zur Zielerreichung des Projektes ergeben.

Neuterminierung anhand von Ist-Terminen

Freigabe

Ist-Termine unterscheiden sich von Planterminen sowohl bezüglich der Vorgänge als auch der PSP-Elementen.

Um die Ist-Daten der Vorgänge aus der Realisierungsphase an das System rückzumelden, müssen die Vorgänge zunächst freigegeben werden. Die Freigabe erfolgt über die operativen Strukturen (Statusverwaltung), kann aber auch direkt über die Projektplantafel vorgenommen werden.

Durch die Vorgangsrückmeldung werden die geplanten Vorgänge systemseitig abgeschlossen. Mit den Ist-Terminen wird eine Neuterminierung auf Vorgangsebene durchgeführt (neue Vorgangsterminierung) und auf die Projektstruktur hochgerechnet. Die Vorgangsrückmeldung kann entweder durch Auswahl eines Vorgangs in der Projektstruktur erfolgen oder über die Eingabe der Netzplannummer. Voraussetzung ist die Freigabe des Projektes.

Terminplanung

Die Terminplanung befasst sich mit den voraussichtlichen Zeitpunkten, an denen die Projektelemente (Arbeitspakete) begonnen bzw. abgeschlossen sein sollen.

Start und Ende, Dauer und Anordnungsbeziehung stehen in gegenseitiger Abhängigkeit und können manuell festgelegt oder vom System berechnet werden.

Es werden Terminüberschreitungen und freie Zeiträume angezeigt.

Um beim weiteren Fortschreiten des Projektes den Planwerten die Ist-Termine gegenüberzustellen oder Entwicklungen durchzuspielen, stehen unterschiedliche Terminkreise zur Verfügung.

Es werden drei Planungsformen für Termine unterschieden.

- Top-down: Die Ecktermine werden mit der Projektstruktur vorgegeben und als Fixtermine bei der Vorgangsterminierung berücksichtigt. Zum Beispiel wäre der früheste Zeitpunkt eines Vorgangs der Ecktermin für den Beginn des übergeordneten PSP-Elements.

- Buttom-up: Die Ecktermine werden aus der Vorgangsterminierung auf die Projektstruktur hochgerechnet.

- Frei: Die Termine können unabhängig voneinander eingegeben werden.

3 Anwendungsfall Modul PS

Projektdefinition

Der Schnelleinstieg

Vom Einstiegsbild SAP R/3 über *SAP Menü / Rechnungswesen / Projektsystem / Grunddaten / Projekt / Spezielle Pflegefunktion / Projektstrukturplan / Projektdefinition / Anlegen*. Durch Doppelklick auf *Anlegen* gelangen Sie zum Fenster *Projekt anlegen: Einstieg*

In das Textfeld *Projektdefinition* wird die neu anzulegende Projektnummer eingetragen. Über die Schaltfläche  besteht die Möglichkeit, nach der nächsten freien Projektnummer zu suchen.

Eingabe der Projektnummer und Klicken auf die Schaltfläche , um die Stammdaten zur Projektdefinition zu vervollständigen, woraufhin das Fenster *Projekt anlegen: Einstieg* erscheint.

Das Fenster wiederum unterteilt sich in drei Register *Grunddaten, Steuerung, Verwaltung* und *Langtext*. Alle notwendigen Daten eingeben und abspeichern.

Die Grundlagen

Für jedes neu anzulegende Projekt muss eine Projektdefinition gepflegt werden. Sie enthält Daten wie Start- und Endtermin des Projektes, Kalender, Verantwortlichkeiten, organisatorische Daten und weitere Vorschlagswerte, die für das gesamte Projekt verbindlich sind. Über diesen ersten Teil der so genannten Strukturdaten wird das Projekt grundlegend beschrieben.

Über die Projektdefinition werden Rahmenbedingungen festgelegt, die für alle Elemente verbindlich sind, die innerhalb eines Projektes angelegt werden. Wird beispielsweise in der Projektdefinition Hr. Ottenbacher als Projektverantwortlicher gepflegt, so erhält jedes PSP-Element, das im Namen der Projektdefinition angelegt wird, zunächst einmal die Person Ottenbacher als Verantwortlichen. Bei diesem Wert handelt es sich um einen reinen Vorschlagswert aus der Projektdefinition, der später pro PSP-Element verändert werden kann.

Die Aufgabe

Im Folgenden wird gezeigt, wie in SAP R/3 eine neue Projektdefinition angelegt wird.

Die Lösungsschritte

Starten Sie vom Einstiegsbild SAP R/3 gelangen Sie über **SAP Menü / Rechnungswesen / Projektsystem / Grunddaten / Projekt / Spezielle Pflegefunktion / Projektstrukturplan / Projektdefinition / Anlegen.**

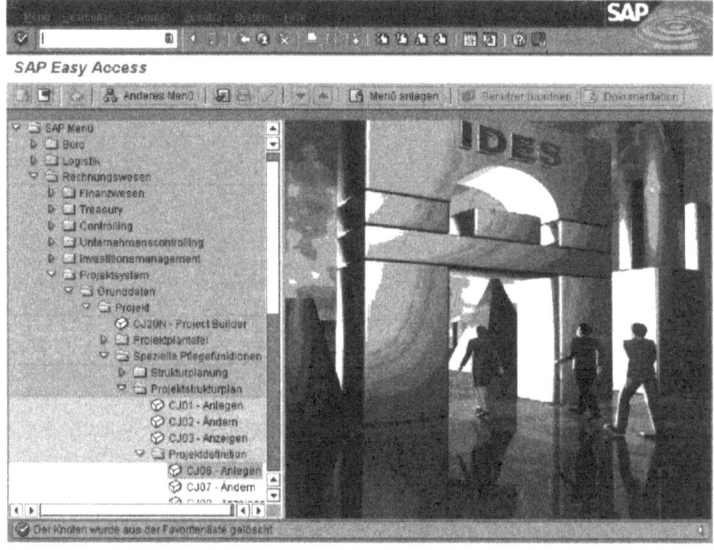

Abb. 3.1 SAP Menü

Projektdefinition

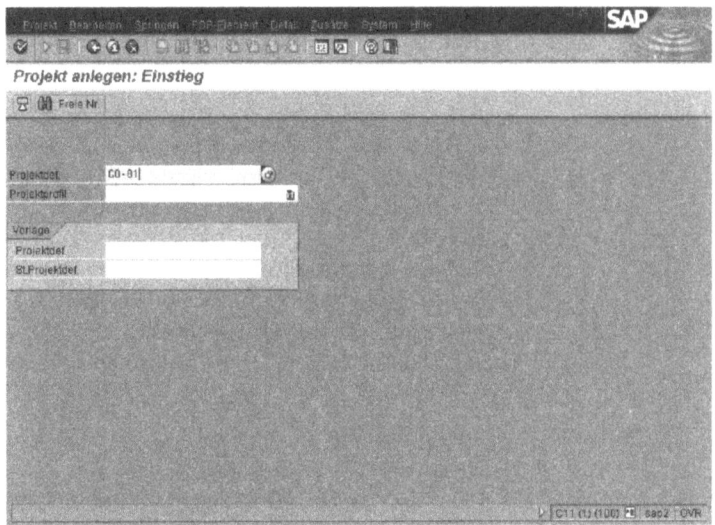

Abb. 3.2 Projekt anlegen: Einstieg

Projektdefini- In das Textfeld Projektdefinition wird die neu anzulegende Pro-
tion jektnummer eingetragen. Die Regel zum Aufbau der Projektnummer bzw. die Projektcodierung der Projektdefinition der PSP-Elemente muss im Customizing als sogenannte Maske (vgl. Kap. 7.3.18 – Projektcodierung) gepflegt sein.

Die hier in unserem Anwendungsfall verwendete Maske legt folgendes fest:

- Die Projektnummer darf maximal sieben Stellen lang sein.

- Die erste Stelle der Projektnummer steht für die Projektart. In unserem Beispiel handelt es sich um ein Investitionsprojekt. Deshalb muss beim Anlegen eines Investitionsprojektes ein „I" als erste Zeichen stehen. Die restlichen Zeichen sind frei wählbar.

- In der Projektcodierung werden vom System maximal zwei Sonderzeichen (hier der Punkt) automatisch gesetzt. Dies dient lediglich dazu, die Lesbarkeit der Nummer zu erhöhen.

Über die Schaltfläche ![Freie Nr.] besteht die Möglichkeit, nach der nächsten freien Projektnummer zu suchen, indem Sie für die neu anzulegende Projektnummer ein Suchintervall – wie abgebildet dargestellt – definieren.

3 Anwendungsfall Modul PS

	Das System sucht nun selbständig innerhalb des angegebenen Intervalls nach der nächsten freien Nummer und schlägt diese vor.
Vorlage	Über die Feldgruppe Vorlage kann auf eine bestehende Projektstruktur zurückgegriffen und diese als Kopiervorlage verwendet werden. Diese Funktion eignet sich dann, wenn Sie sehr häufig Projekte anlegen müssen, die sich sehr stark im Aufbau ähneln. Hierdurch lässt sich der Aufwand für Routinearbeiten reduzieren. Weiter wird mit dem Gebrauch von Standardstrukturen die Prozesssicherheit erhöht und der Einsatz des Moduls vereinfacht. Hierzu muss lediglich die Projektnummer, die als Kopiervorlage dienen soll, in das dafür vorgesehene Textfeld eingetragen werden.
Projektprofil	In das Textfeld Projektprofil ist das Projektprofil „I" für das neu anzulegende Investitionsprojekt einzutragen. Im Projektprofil sind wesentliche Steuerungsparameter und Vorschlagswerte hinsichtlich der Stammdaten, der Organisationsdaten, der Terminierung und der Kosten-/Erlös- und Finanzplanung definiert. Das Projektprofil wird im Customizing definiert.
	Tragen Sie nun in das Textfeld Projektdef. die Projektnummer ein und klicken Sie auf die Schaltfläche , um die Stammdaten zur Projektdefinition zu vervollständigen, woraufhin das Fenster ***Projekt anlegen: Einstieg*** erscheint.

Projektdefinition

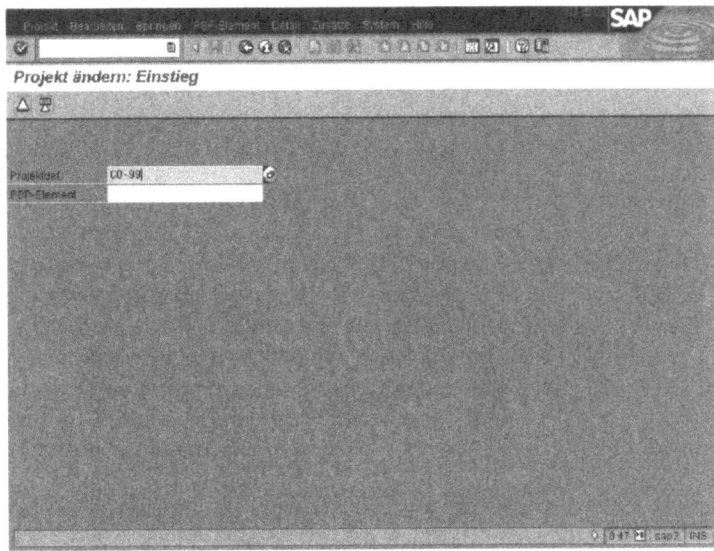

Abb. 3.3 Projekt anlegen: Projektdefinition

Grunddaten, Steuerung und Verwaltung

Das Fenster wiederum unterteilt sich in drei Register Grunddaten, Steuerung und Verwaltung.

Im Register Grunddaten werden alle notwendigen Stammdaten zur Projektdefinition hinterlegt.

Im Register Steuerung müssen die notwendigen Profile hinsichtlich der späteren Kosten- und Terminplanung hinterlegt werden. Sie können als Vorschlagswerte im Projektprofil hinterlegt werden – deshalb wird auf diese Profile im Zusammenhang mit Projektprofilen eingegangen.

Das Register Verwaltung enthält Angaben über die Historie, z. B. wann und von wem die Projektdefinition angelegt wurde.

Tragen Sie im Register Grunddaten die gewünschte Projektbezeichnung, hier „Investitionsprojekt", den Start und Endtermin, den Fabrikkalender „01", die Zeiteinheit „TAG", die Verantwortlichkeit und die Organisationsdaten in die vorgesehenen Textfelder ein. Diese Felder können bereits mit Werten belegt sein. Ist beispielsweise nur ein Buchungskreis – hier „B001" – im System implementiert, so kann dieser Wert als Vorschlagswert automatisch beim Anlegen eines neuen Projektes vom System gesetzt werden. Die Vorschlagswerte für die Stammdaten der Projektdefinition müssen im Projektprofil und somit im Customizing hinterlegt werden.

43

Termin	In der Feldgruppe Termin werden Angaben über den geplanten Start- und Endtermin des Projektes gemacht. Diese können später bei genauerer Terminplanung überarbeitet werden.
	Im Fabrikkalender sind die Arbeitstage und Feiertage definiert, z. B. sind Montag bis Freitag Arbeitstage. Samstag, Sonntag und Feiertage sind arbeitsfreie Tage. Er dient somit als Grundlage für die spätere Terminplanung.
Verantwortlicher	Tragen Sie in das Textfeld Verantwortlicher den Projektverantwortlichen ein. Der Projektverantwortliche ist über seinen Namen und eine eindeutige Nummer im System definiert. In unserem Beispiel wurde für unser Projekt als Projektverantwortlicher „Kai Ottenbacher" mit der eindeutigen Nummer „1" gesetzt. Das Anlegen bzw. Pflegen der Namen von Projektverantwortlichen kann nur über das Customizing umgesetzt werden.

Bestätigen und sichern Sie Ihre Eingabe mit der Schaltfläche .

Im Register Verwaltung wird nach dem Speichern die hier abgebildete Historie sichtbar.

Tipps und Tricks

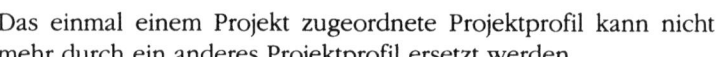

Das einmal einem Projekt zugeordnete Projektprofil kann nicht mehr durch ein anderes Projektprofil ersetzt werden

Dieses Erscheinungsbild erhalten Sie, wenn Sie in Ihrem SAP-System folgende Customizing-Einstellungen vornehmen:

- Projektprofil (siehe Kap. 7.3.1)
- Verantwortlicher (siehe Kap. 7.3.19)
- Projektcodierung (siehe Kap. 7.3.18)

Abrechnungsvorschrift

Der Schnelleinstieg

> Vom Einstiegsbild SAP R/3 über **SAP Menü / Rechnungswesen / Projektsystem / Grunddaten / Projekt / Spezielle Pflegefunktionen / Projektstrukturplan / Ändern**. Durch Doppelklick auf **Ändern** gelangen Sie zum Fenster **Projekt ändern: Einstieg**. Eingabe der Projektdefinition und anschließend auf die Schaltfläche △ klicken, um in das Fenster **Projekt ändern: PSP-Elementübersicht** zu gelangen. Betreffendes PSP-Element markieren und dann auf die Schaltfläche Abrechnungsvorschrift klicken, um in das Fenster **Abrechnungsvorschrift pflegen: Aufteilungsregeln** zu gelangen. Festlegen der gewünschten Sicht (Ist- oder Plandarstellung). Eingabe des Abrechnungsempfängers, der Aufteilungsregel und der Gültigkeitsdauer für die Abrechnungsvorschrift. Anschließend noch das Abrechnungsschema für das PSP-Element pflegen, indem Sie die Menüfunktion **Springen / Abrechnungsparameter** auswählen, um in das **Fenster Abrechnungsvorschrift pflegen: Parameter** zu gelangen. Daten eingeben und Eingabe mit der Schaltfläche 💾 sichern.

Die Grundlagen

Bei der Abrechnung werden die unter primären bzw. sekundären Kostenarten angefallenen Kosten auf einen Sender (z. B. PSP-Element) unter einer Abrechnungskostenart an einen oder mehrere Empfänger (z. B. Kostenstelle) abgerechnet. Ein Abrechnungsschema besteht aus einer oder mehreren Abrechnungszuordnungen. In einer Abrechnungszuordnung haben Sie zwei Alternativen:

- Sie ordnen die Belastungskostenartengruppen einer Abrechnungskostenart zu
- Sie rechnen kostenartengerecht ab

Dies bietet sich beispielsweise an, wenn die erforderlichen Investitionen für eine selbsterstellte Anlage als Kosten verfolgt wer-

3 Anwendungsfall Modul PS

den. Diese Kosten werden bei Jahresende bzw. nach Abschluss des Vorhabens an ein Bestandskonto der Anlagenbuchhaltung abgerechnet.

Die Aufgabe

Im Folgenden wird am Beispiel der Planwerte das Anlegen einer Abrechnungsvorschrift gezeigt.

Die Lösungsschritte

Starten Sie vom Einstiegsbild SAP R/3 über **SAP Menü / Rechnungswesen / Projektsystem / Grunddaten / Projekt / Spezielle Pflegefunktionen / Projektstrukturplan / Ändern.**

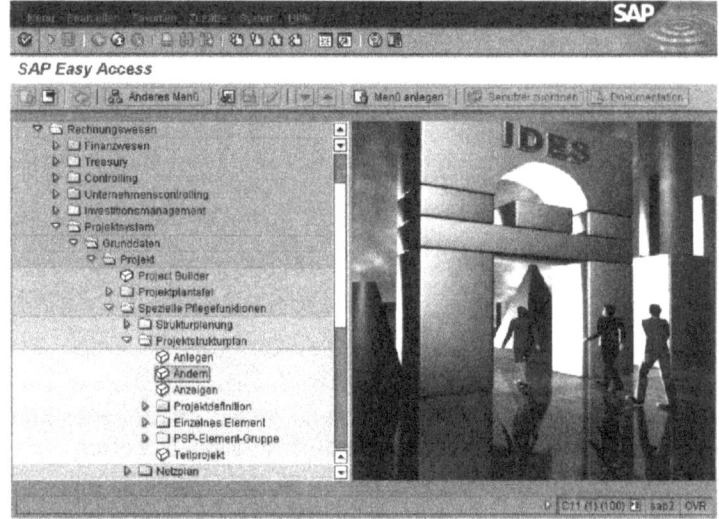

Abb. 3.4 SAP Menü

Abrechnungsvorschrift

Durch Doppelklick auf **Ändern** gelangen Sie zum Fenster **Projekt ändern: Einstieg**.

Wähle Sie die gewünschte Projektdefinition aus und klicken Sie dann auf die Schaltfläche △, um sich die Struktur zum Projekt anzeigen zu lassen.

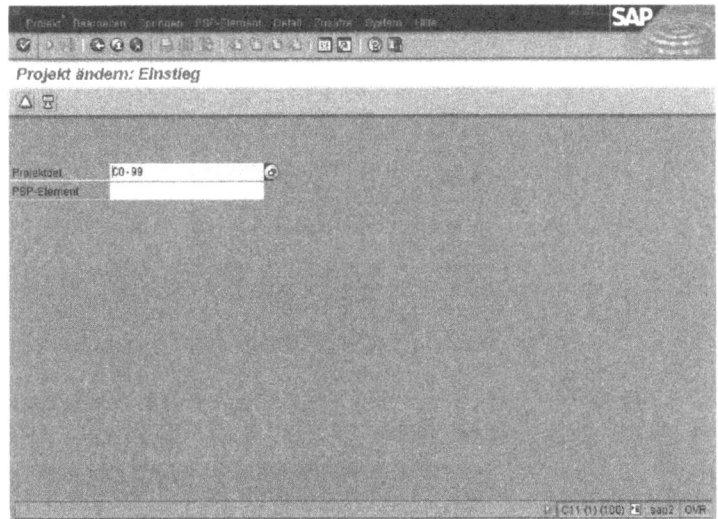

Abb. 3.5 Projekt ändern: Einstieg

Es erscheint das Fenster **Projekt ändern: PSP-Elementübersicht**.

Markieren Sie das gewünschte PSP-Element und klicken Sie anschließend auf die Schaltfläche Abrechnungsvorschrift, um die Abrechnungsvorschrift zu dem zuvor markierten PSP-Element einzugeben.

3 Anwendungsfall Modul PS

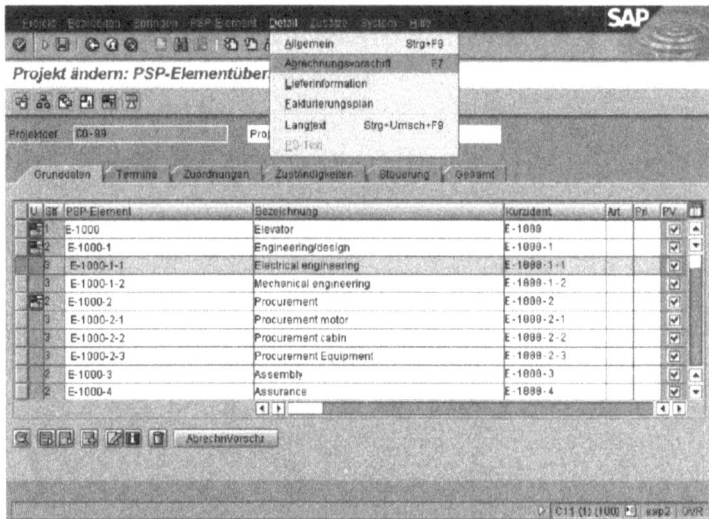

Abb. 3.6 Projekt ändern PSP-Elementübersicht

Es erscheint das Fenster **Abrechnungsvorschrift pflegen: Übersicht**.

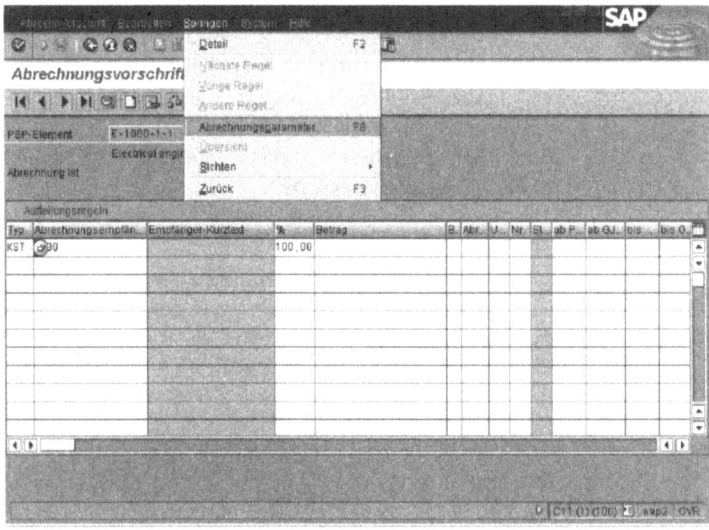

Abb. 3.7 Abrechnungsvorschrift Pflegen

Abrechnungsvorschrift

Tragen Sie den Abrechnungsempfänger, die Aufteilungsregel und die Gültigkeitsdauer der Abrechnungsvorschrift in die dafür vorgesehenen Textfelder ein.

Für das PSP-Element muss noch ein Abrechnungsschema gepflegt werden. Wählen Sie hierzu die Menüfunktion **Springen/Abrechnungsparameter** aus.

Es erscheint das Fenster **Abrechnungsvorschrift pflegen: Parameter**.

Tragen Sie das entsprechende Abrechnungsschema ein, springen Sie mit der Schaltfläche ⬅ zurück und speichern Sie die Eingabe dann mit der Schaltfläche 💾 ab.

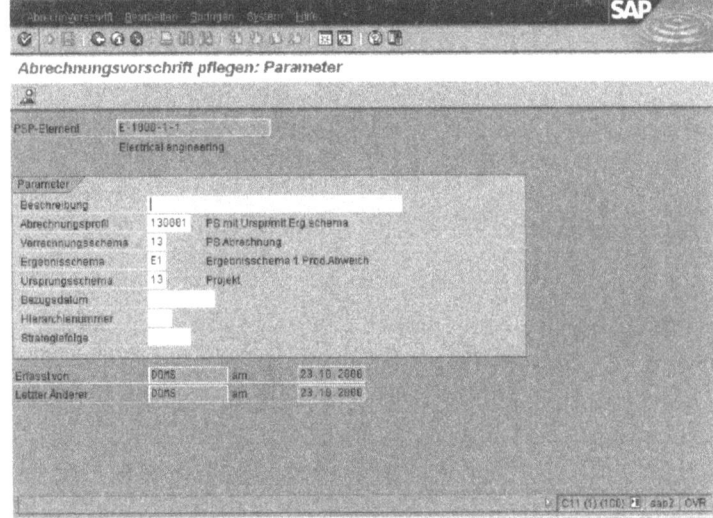

Abb. 3.8 Abrechnungsvorschrift pflegen: Parameter

Tipps und Tricks

Die Abrechnungsvorschrift bzw. Aufteilungsregel kann nur geändert werden, wenn sie noch nicht ausgeführt bzw. benutzt wurde. Ansonsten muss vor der gewünschten Änderung der Abrechnungsvorschrift eine Stornierung angestoßen werden. Sie sollten für die Stornierung einer Abrechnung den gleichen Abrechnungszeitraum verwenden, wie bei der ursprünglich verwendeten Abrechnung.

Dieses Erscheinungsbild erhalten Sie, wenn Sie in Ihrem SAP-System folgende Customizing-Einstellungen vornehmen:

- Abrechnungsprofil (siehe Kap. 7.3.21)
- Verrechnungsschema (siehe Kap. 7.3.22)
- Ergebnisschema (siehe Kap. 7.3.23)

Statusverwaltung

Der Schnelleinstieg

Zum Setzen des Status *Frei* gelangen Sie vom Einstiegsbild SAP R/3 über *SAP Menü / Rechnungswesen / Projektsystem / Grunddaten / Projekt / Projektstrukturplan / Ändern*. Durchdoppelklick auf *Ändern* gelangen Sie zum Fenster *Projekt ändern: Einstieg*. Tragen Sie in das Textfeld *Projektdef.* die Projektnummer bzw. die PSP-Elementnummer ein, die Sie beplanen möchten. Tragen Sie evt. die Planversion ein. Klicken Sie auf die Schaltfläche △. Es erscheint das Fenster *Projekt ändern: PSP-Elementeübersicht*. Verschieben Sie mit Hilfe der Bildlaufleiste den sichtbaren Ausschnitt des Registers *Grunddaten* bis der Systemstatus sichtbar wird. Markieren Sie die PSP-Elemente. Wählen Sie die Menüfunktion *Bearbeiten / Status / Freigeben*. Es erscheint das Fenster *Projekt ändern: PSP-Elementübersicht*. Bestätigen Sie Ihre Eingabe mit der Schaltfläche 💾.

Zum Setzen des Anwenderstatus gelangen Sie vom Einstiegsbild SAP R/3 über *SAP Menü / Rechnungswesen / Projektsystem / Grunddaten / Projekt / Spezielle Pflegefunktion / Projektstrukturplan / Ändern*. Durch Doppelklick auf *Ändern* gelangen Sie um Fenster *Projekt ändern: Einstieg*. Tragen Sie in das Textfeld *Projektdef.* die Projektnummer bzw. die PSP-Elementnummer ein, die Sie beplanen möchten. Tragen Sie evt. die Planversion ein. Klicken Sie auf die Schaltfläche. Es erscheint das Fenster *Projekt ändern: PSP-Elementübersicht*. Markieren Sie die PSP-Elemente.

Wählen Sie die Menüfunktion **Bearbeiten / Status / System / Anwenderstatus / Setzen**. Es erscheint die Dialogbox **Status ändern**. Wählen Sie den zu setzenden Anwenderstatus durch einen Doppelklick aus. Es erscheint die Dialogbox **Anwenderstatus: Nachricht anzeigen**. Bestätigen Sie Ihre Eingabe mit der Schaltfläche . Es erscheint wieder das Fenster **Projekt ändern: PSP-Elementübersicht** mit der geänderten Anwenderstatusanzeige. Bestätigen Sie Ihre Eingabe mit der Schaltfläche .

Zum Aufrufen der Anwenderstatus-Historie starten Sie im Fenster **Projekt ändern: PSP-Elementübersicht**. Wählen Sie die Menüfunktion **Bearbeiten / Status / System/Anwenderstat**. Es erscheint das Fenster **Status ändern**. Wählen Sie die Menüfunktion **Umfeld / Änderungsbelege / Alle**. Es erscheint das Fenster **Änderungsbelege Statusverwaltung**. Über die Historie können Sie den Status ändern. Es erscheint das Fenster **Status ändern**.

Systemstatus

Die Grundlagen

In der Statusverwaltung wird die Bearbeitung des Projekts gesteuert. Mit einem Status wird eine Phase definiert, in der bestimmte betriebswirtschaftliche Vorgänge zu einem Projektstrukturelement erlaubt sind. Von der Systemseite sind bereits Status definiert. Zusätzlich können vom Anwender weitere Status definiert werden.

3 Anwendungsfall Modul PS

Die Aufgabe

Systemstatus FREI setzen.

Im Folgenden wird beschrieben, wie Sie

- den Systemstatus FREI setzen
- den Systemstatus löschen bzw. zurücksetzen

Die Lösungsschritte

Starten Sie vom Einstiegsbild SAP R/3 über **SAP Menü / Rechnungswesen / Projektsystem / Grunddaten / Projekt / Projektstrukturplan / Ändern**. Durch Doppelklick auf **Ändern** gelangen Sie zum Fenster **Projekt ändern: Einstieg**.

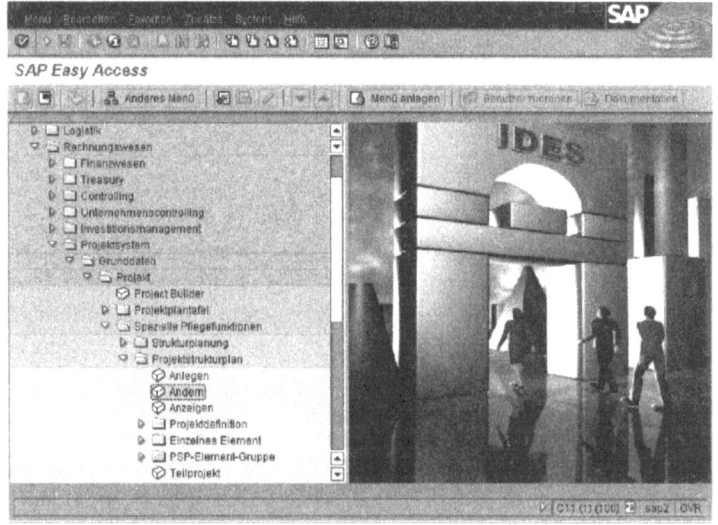

Abb. 3.9 SAP Menü

Statusverwaltung

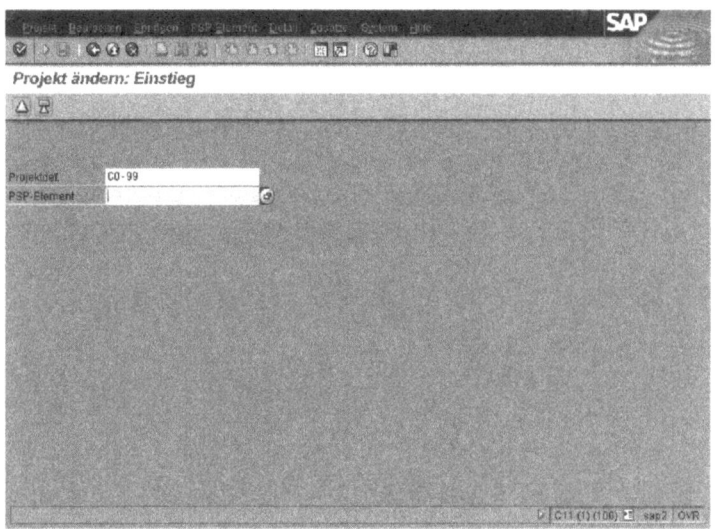

Abb. 3.10 Projekt ändern: Einstieg

Tragen Sie in das Textfeld Projektdef. die Projektnummer bzw. die PSP-Elementnummer ein, die Sie beplanen möchten. Tragen Sie evt. die Planversion ein. Klicken Sie auf die Schaltfläche △.

Es erscheint das Fenster **Projekt ändern: PSP-Elementübersicht**.

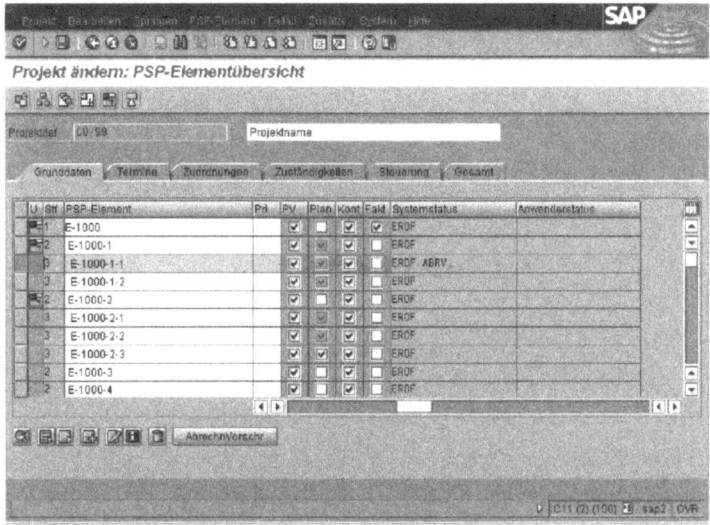

Abb. 3.11 Projekt ändern: PSP-Elementübersicht

3 Anwendungsfall Modul PS

Verschieben Sie mit Hilfe der Bildlaufleiste den sichtbaren Ausschnitt des Registers Grunddaten bis der Systemstatus sichtbar wird. Markieren Sie die PSP-Elemente. Wählen Sie die Menüfunktion **Bearbeiten / Status / Freigeben**.

Es erscheint das Fenster **Projekt ändern: PSP-Elementübersicht**.

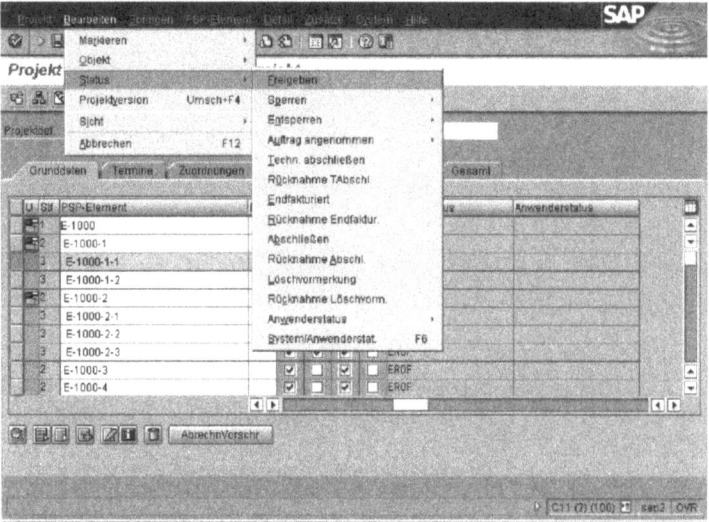

Abb. 3.12 Freigabe PSP-Element

Bestätigen Sie Ihre Eingabe mit der Schaltfläche ✓.

Der Status FREI kann nicht in den Status EROF zurückgesetzt werden. Der Systemstatus einer übergeordneten Ebene wird nach unten vererbt.

Anwenderstatus

Durch den Anwenderstatus besteht zusätzlich die Möglichkeit, das Projekt in weitere Phasen zu gliedern und Schnittmengen zu bilden. Hierfür wird im Customizing ein Statusschema hinterlegt.

Die Grundlagen

Der Anwenderstatus kann gesetzt, gelöscht oder zurückgesetzt werden. Jedem Statusschema können ein oder mehrere Anwenderstatus zugewiesen werden.

Das Statusschema wird ausschließlich im Projektprofil hinterlegt und in den Projektstamm übernommen – es kann dort nicht nachträglich geändert werden.

Im Folgenden wird beschrieben, wie Sie

- den Anwenderstatus setzen bzw. löschen
- die Anwenderstatus-Historie anzeigen.

Die Aufgabe

Anwenderstatus setzen.

Die Lösungsschritte

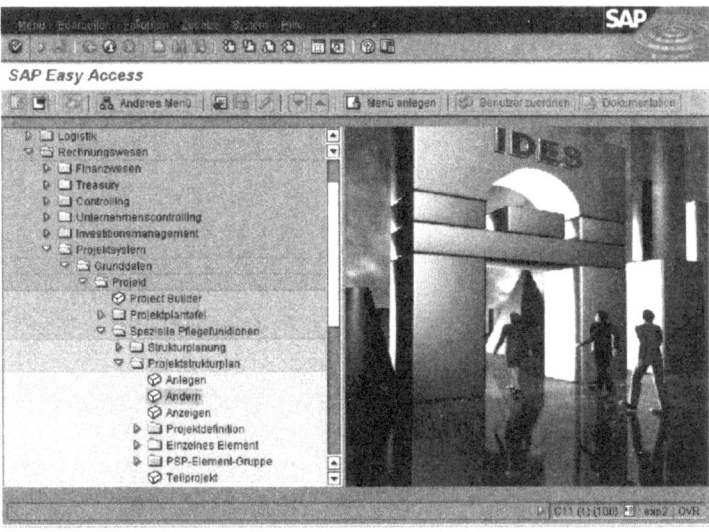

Abb. 3.13 SAP Menü

3 Anwendungsfall Modul PS

Vom Einstiegsbild SAP R/3 über ***SAP Menü / Rechnungswesen / Projektsystem / Grunddaten / Projekt / Spezielle Pflegefunktion / Projektstrukturplan / Ändern***. Durch Doppelklick auf ***Ändern*** gelangen Sie um Fenster ***Projekt ändern: Einstieg***.

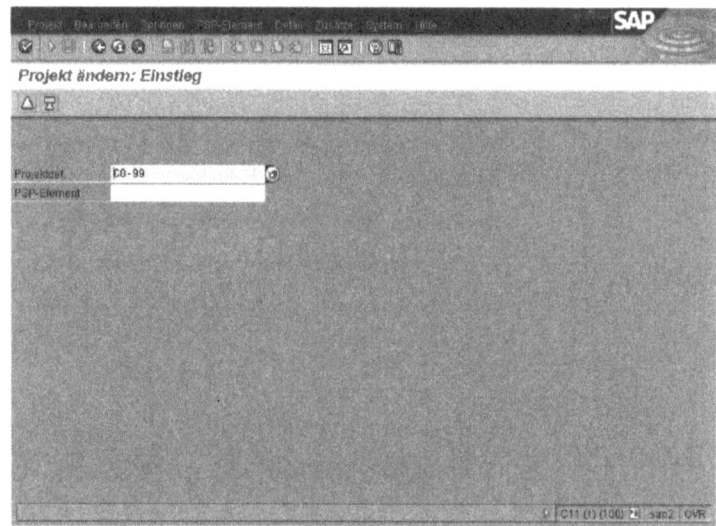

Abb. 3.14 Projekt ändern: Einstieg

Tragen Sie in das Textfeld Projektdef. die Projektnummer bzw. die PSP-Elementnummer ein, die Sie beplanen möchten. Tragen Sie evt. die Planversion ein. Klicken Sie auf die Schaltfläche △.

Es erscheint das Fenster ***Projekt ändern: PSP-Elementübersicht***.

Statusverwaltung

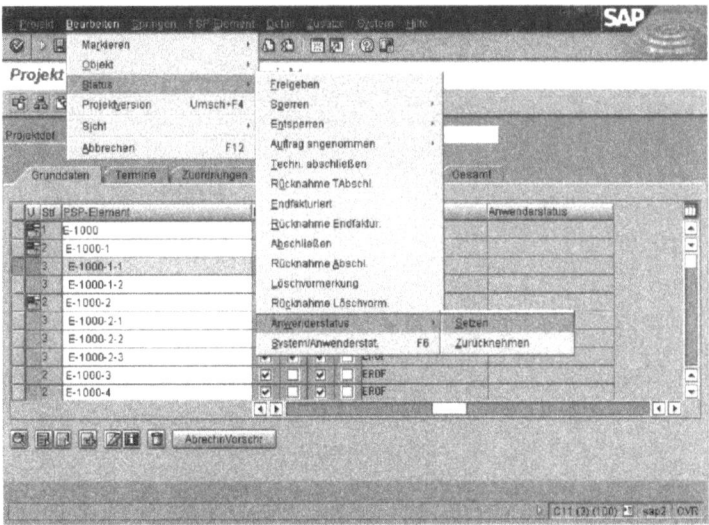

Abb. 3.15 Projekt ändern: PSP-Elementübersicht

Markieren Sie die PSP-Elemente. Wählen Sie die Menüfunktion **Bearbeiten / Status / Anwenderstatus / Setzen**.

Es erscheint die Dialogbox **Anwenderstatus**.

3   Anwendungsfall Modul PS

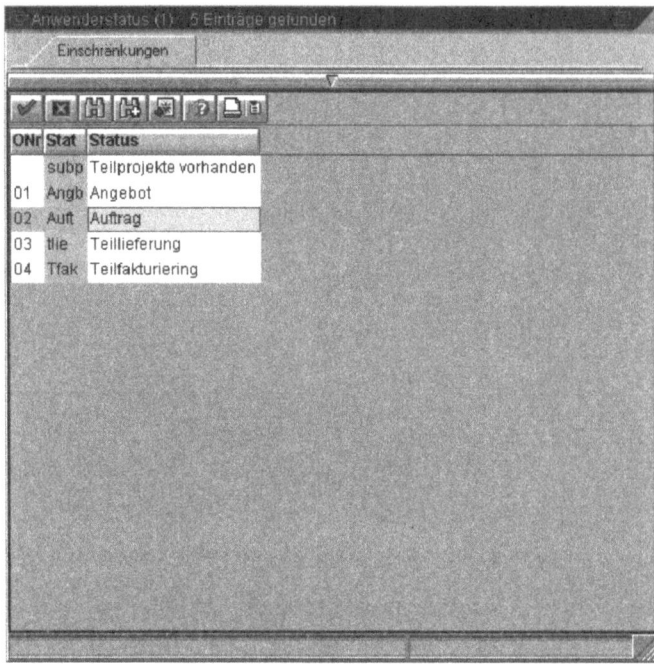

Abb. 3.16 Übersicht Anwenderstatus

Wählen Sie den zu setzenden Anwenderstatus durch einen Doppelklick aus.

Es erscheint die Dialogbox **Anwenderstatus: Meldungen anzeigen**.

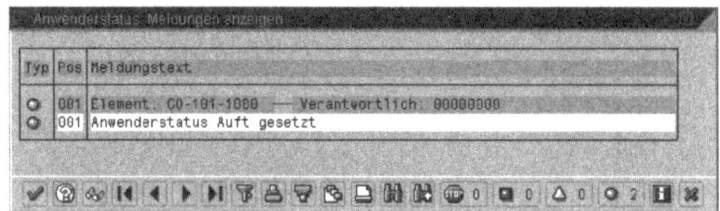

Abb. 3.17 Anwenderstatus: Meldungen anzeigen

Bestätigen Sie Ihre Eingabe mit der Schaltfläche ✓.

Statusverwaltung

Es erscheint wieder das Fenster **Projekt ändern: PSP-Elementübersicht** mit der geänderten Anwenderstatusanzeige.

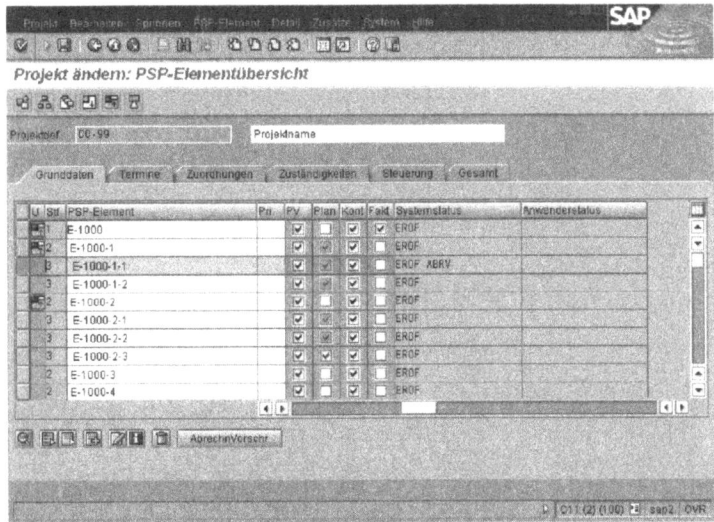

Abb. 3.18 Projekt ändern: PSP-Elementübersicht

Bestätigen Sie Ihre Eingabe mit der Schaltfläche 🖫.

Die Aufgabe

Aufrufen der Anwenderstatus-Historie.

Die Lösungsschritte

Starten Sie im Fenster **Projekt ändern: PSP-Elementübersicht**.

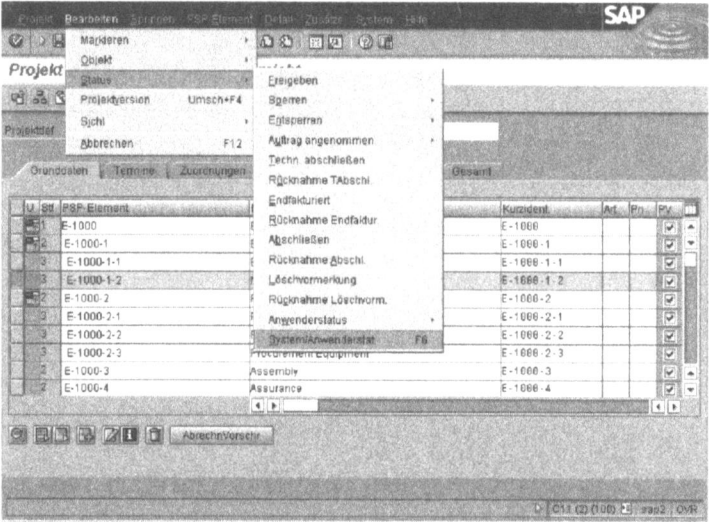

Abb. 3.19 Projektstrukturplan in Listform

Wählen Sie die Menüfunktion **Bearbeiten / Status / System/Anwenderstat.**

Es erscheint das Fenster **Status ändern**.

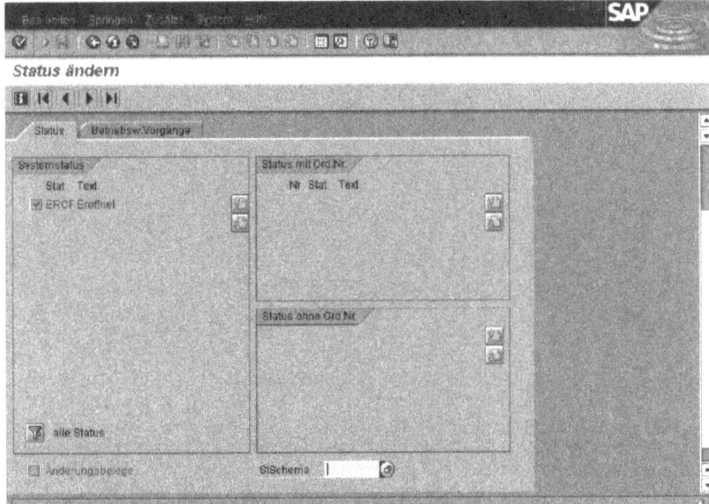

Abb. 3.20 Übersicht der gesetzten Status zum PSP-Element

Wählen Sie die Menüfunktion **Umfeld / Änderungsbelege / Alle**.

Es erscheint das Fenster **Änderungsbelege Statusverwaltung**. Über die Historie können Sie den Status ändern.

3   Anwendungsfall Modul PS

Es erscheint das Fenster *Änderungsbelege Statusverwaltung*.

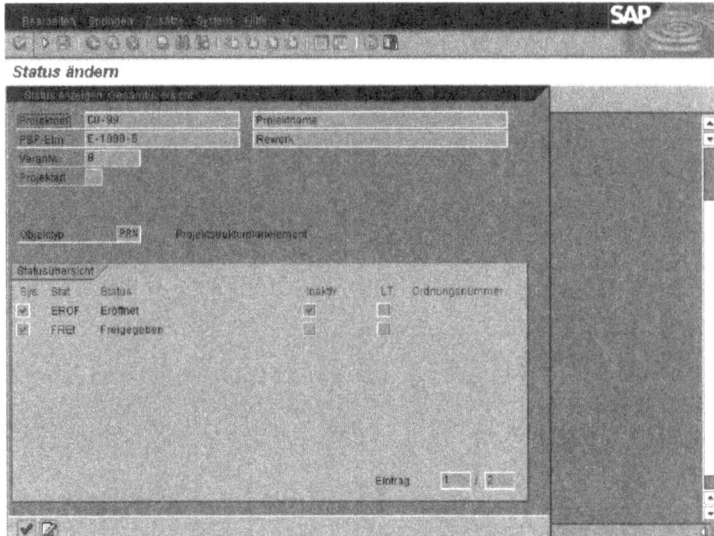

Abb. 3.21 Status Änderung

Tipps und Tricks

Durch das Anlegen eines Statusschema im Customizing besteht die Möglichkeit, das Projekt in weitere Phasen zu gliedern und Schnittmengen zu bilden. Dabei wird der Status definiert und Objekttypen zugeordnet. Dann wird die Beeinflussung der betriebswirtschaftlichen Vorgänge zum Status festgelegt.

Verdichtungsmerkmale

Der Schnelleinstieg

> Vom Einstiegsbild SAP R/3 über die Menüfunktion **Rechnungswesen / Projektmanagement / Operative Struktur** zu **Operative Projektstrukturen**. Anschließend über die Menüfunktion **Projektstrukturplan / Ändern** zum Fenster **Projekt ändern: Einstieg**. In das Textfeld **Projektdefinition** die zuvor definierte Projektnummer eintragen. Zum Aufrufen der **Projektstruktur** auf die Schaltfläche △ klicken. Im Fenster **Projekt ändern. PSP-Elementübersicht** das PSP-Element markieren, zu dem ein Verdichtungsmerkmal gepflegt werden soll. Über die Schaltfläche *Verdichtung* zum Fenster **Projekt ändern: Merkmalbewertung**. Hier können nun Verdichtungsmerkmale dem PSP-Element zugewiesen werden.

Die Grundlagen

Über die Funktionalität der Projektverdichtung können Merkmale den einzelnen PSP-Elementen zugewiesen werden. Mit diesen Verdichtungsmerkmalen sind Sie in der Lage, später innerhalb des Berichtswesens projektübergreifende Auswertungen zu realisieren.

Über diese Merkmale können letztlich Auswertungen bzw. Berichte erstellt werden, die beispielsweise die Gesamtkosten aller Projekte bezüglich eines Merkmales aufzeigen. Wir wollen im Folgenden einem PSP-Element eine verantwortliche Abteilung zuweisen.

Die Aufgabe

Verdichtungsmerkmale zu den PSP-Elementen pflegen.

Die Lösungsschritte

Starten Sie vom Einstiegsfenster SAP R/3 die Menüfunktion **Rechnungswesen / Projektmanagement / Operative Struktur**.

Es erscheint das Fenster **Operative Projektstrukturen**.

Wählen Sie anschließend die Menüfunktion **Projektstrukturplan / Ändern**, woraufhin sich das Fenster **Projekt ändern: Einstieg** öffnet.

Tragen Sie in das Textfeld Projektdefinition die zuvor definierte Projektnummer, hier „I.100", ein.

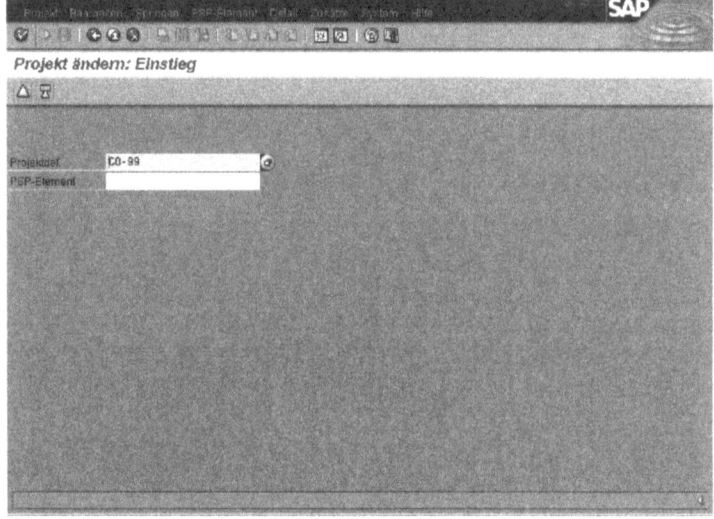

Abb. 3.22 Projekt ändern: Einstieg

Um sich nun die eigentliche Projektstruktur anzeigen zu lassen, klicken Sie auf die Schaltfläche △.

Es erscheint das Fenster **Projekt ändern. PSP-Element-übersicht**.

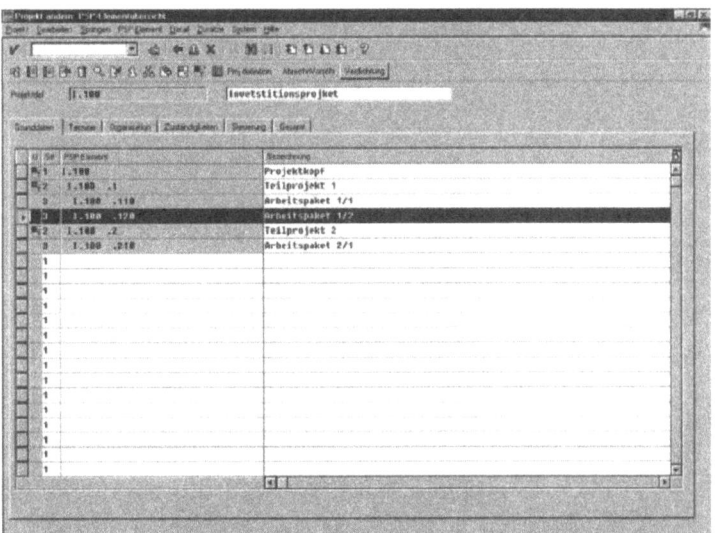

Abb. 3.23 Projektstrukturplan in Listform

Markieren Sie das PSP-Element, zu dem ein Verdichtungsmerkmal gepflegt werden soll. Klicken Sie anschließend auf die Schaltfläche Verdichtung . Es erscheint das Fenster **Projekt ändern: Merkmalbewertung**.

3   *Anwendungsfall Modul PS*

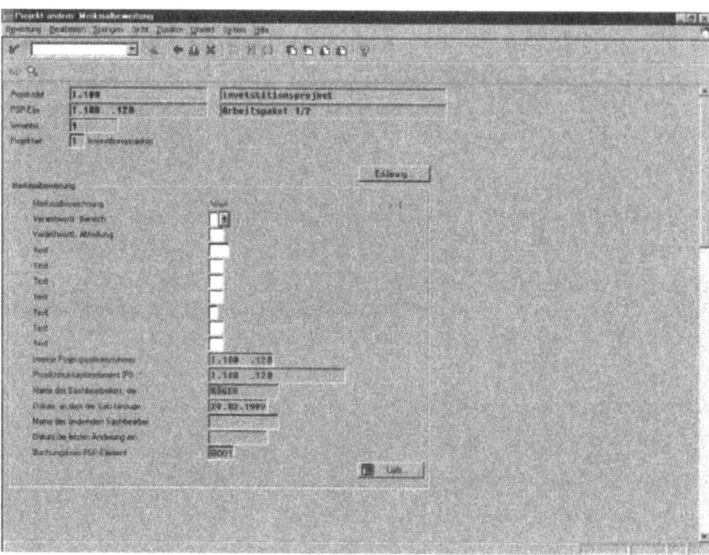

Abb. 3.24 Verdichtungsmerkmale zum PSP-Element

Hier können nun Verdichtungsmerkmale dem PSP-Element zugewiesen werden, bspw. die verantwortliche Abteilung.

Tipps und Tricks

Die Verdichtungsmerkmale müssen für jedes einzelne PSP-Element explizit gepflegt werden. Es gibt leider keine Darstellung, in der man in einer Übersicht diese Eigenschaften für alle Elemente eines Projektes pflegen kann.

Die Verdichtungsmerkmale können als Mussfelder im Customizing gepflegt werden. Somit wird die Merkmalszuweisung garantiert.

Dieses Erscheinungsbild erhalten Sie, wenn Sie in Ihrem SAP-System folgende Customizing-Einstellungen vornehmen:

- Verdichtungshierarchie

Realisierung

Der Schnelleinstieg

> 1. Leistungen erfassen:
>
> Vom SAP-Einstiegsbild über ***SAP R/3 / Rechnungswesen / Projektsystem / Controlling / Istbuchungen / Leistungsverrechnung / Erfassen.*** Durch Doppelklick auf die Datei ***Erfassen*** gelangen Sie zum Fenster ***Verrechnung von Leistungen erfassen***. Belegdatum, Buchungsdatum und Erfassungsvariante eingeben und Eingabe mit Schaltfläche ✅ bestätigen.
>
> Es wird das Fenster ***Verrechnung von Leistungen erfassen: Listbild*** angezeigt. Notwendige Daten eingeben und mit der Schaltfläche 💾 abspeichern.
>
> Fenster ***Verrechnung von Leistungen erfassen: Einstieg*** erscheint wieder.

Die Grundlagen

Unter Projektrealisierung versteht SAP R/3 alle Funktionen, die für die Pflege des Projektfortschritts verantwortlich sind. Dies umfasst insbesondere die Ist-Kosten, Kapazitäten und Termine. Dies kann in Form einer Rückmeldung oder einer Buchung erfolgen. Aus den Rückmeldungen berechnen sich z. B der Abarbeitungsgrad, der Arbeitsaufwand oder die Restarbeiten. Vor allem die Rückmeldung der Stunden auf ein PSP-Element ist von zentraler Bedeutung in der Phase der Projektrealisierung.

Die Aufgabe

Im Folgenden wird gezeigt, wie man Leistungen auf einem PSP-Element erfasst (Stundenrückmeldung) und Leistungen auf einem PSP-Element storniert.

Die Lösungsschritte

1. Leistungen erfassen:

Starten Sie vom *SAP R/3 / Rechnungswesen / Projektsystem / Controlling / Istbuchungen / Leistungsverrechnung / Erfassen.*

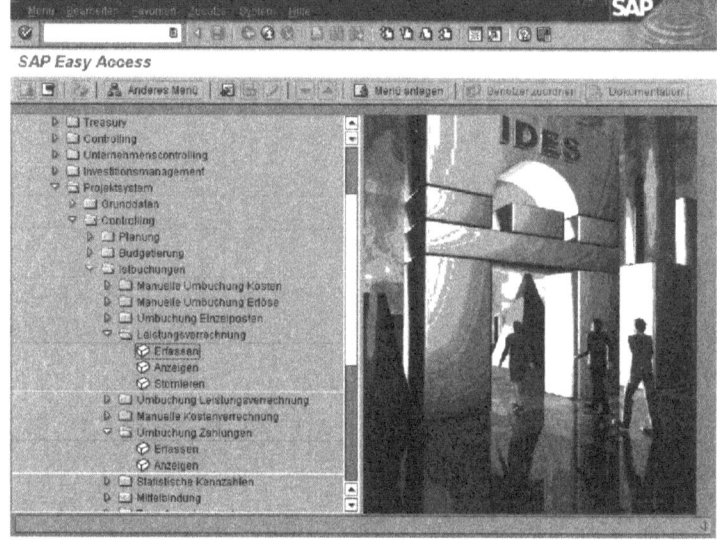

Abb. 3.25 SAP Menü

Durch Doppelklick auf die Datei *Erfassen* erscheint das Fenster *Verrechnung von Leistungen erfassen: Einstieg*. Geben Sie das Belegdatum, das Buchungsdatum und die Erfassungsvariante in die hierfür vorgesehenen Textfelder ein und bestätigen Sie mit der ✅-Taste.

Es erscheint das Fenster *Verrechnung von Leistungen erfassen: Listbild*. Tragen Sie die Sender- bzw. Partnerkostenstelle, die Leistungsart, den Stundenverbrauch, die Leistungseinheit und das PSP-Element ein. Mit Hilfe der Schaltfläche 🗐 (kopieren) und der Schaltfläche 🗐 (einsetzen) kann eine Belegposition innerhalb des Listbildes kopiert werden. Sichern Sie die Eingabe mit der Schaltfläche 💾.

Realisierung

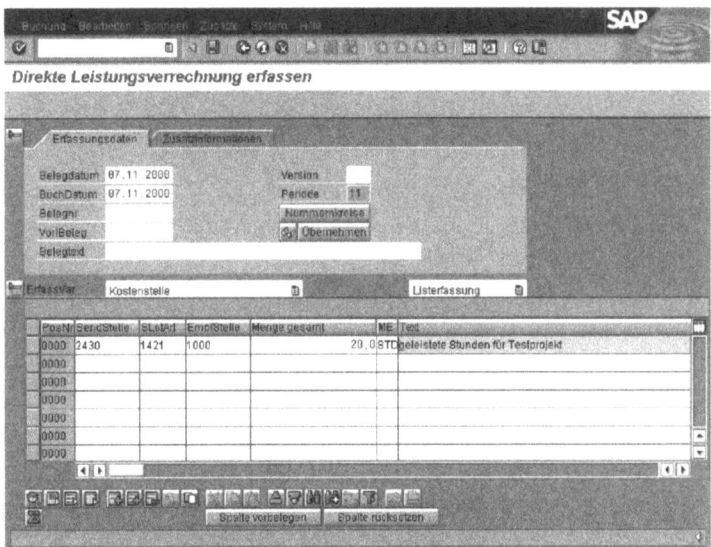

Abb. 3.26 Direkte Leistungsverrechnung erfassen

Es erscheint wieder das Fenster **Verrechnung von Leistungen erfassen: Einstieg**.

Tipps und Tricks

- Rückmeldungen können als Einzel- und Sammelmeldungen vorgenommen werden.

Berichterstattung

Strukturübersichtsbericht

Der Schnelleinstieg

> Vom Einstiegsbild SAP R/3 gelangen Sie über *SAP Menü / Rechnungswesen / Projektsystem / Infosystem / Strukturen / Strukturübersicht*. Durch Doppelklick auf *Strukturübersicht* gelangen Sie zum Fenster *Projekt-Informationssytem: Einstieg Struktur*.
>
> Im Fenster *Projektinfosystem: Einstieg Struktur* die Projektnummer in das entsprechende Feld eintragen und mit der Schaltfläche ✓ bestätigen. Es wird das Fenster *Projektinfosystem* angezeigt.

Die Grundlagen

Der Strukturübersichtsbericht gehört zu der Gruppe der technischen Projektberichte. Hierüber sind im Wesentlichen Auswertungen über Stammdaten wie Status, Verantwortlichkeit etc. pro PSP-Element möglich.

Die Aufgabe

Im Folgenden wird zuerst gezeigt, wie man zum Strukturübersichtsbericht gelangt; anschließend wird noch auf grundlegende Details eingegangen.

Die Lösungsschritte

Starten Sie vom Einstiegsbild SAP R/3 gelangen Sie über **SAP Menü / Rechnungswesen / Projektsystem / Infosystem / Strukturen / Strukturübersicht**.

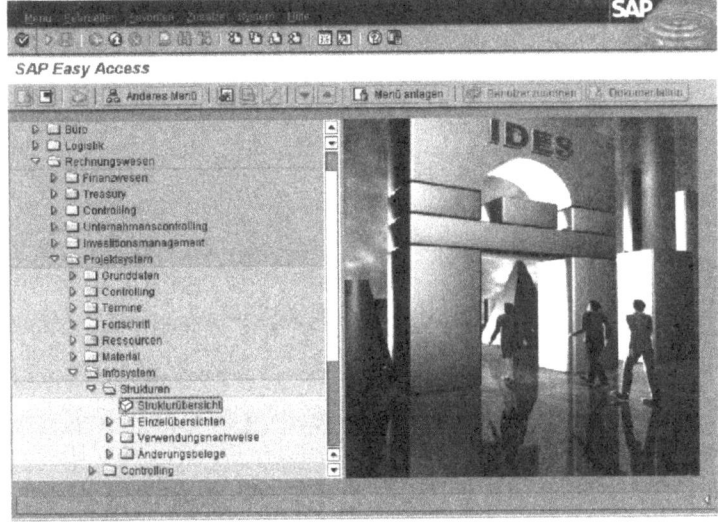

Abb. 3.27 SAP Menü

Es erscheint das Fenster **Projekt-Informationssystem: Einstieg Struktur**. Geben Sie die Projektnummer in das dafür vorgesehene Feld ein und bestätigen Sie die Eingabe mit der Schaltfläche .

3 Anwendungsfall Modul PS

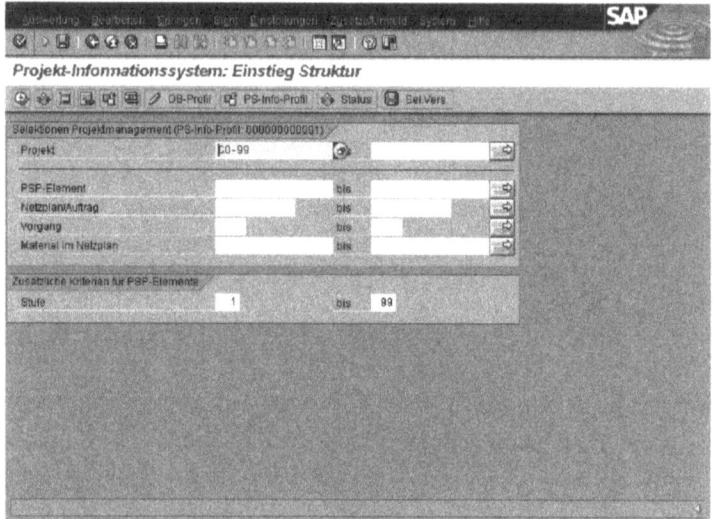

Abb. 3.28 Projekt-Informationssystem: Einstieg Struktur

Es erscheint das Fenster **Projektinfosystem**.

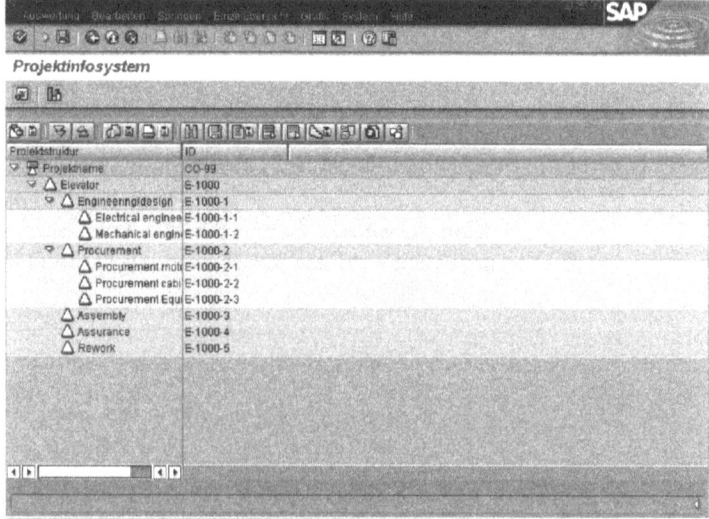

Abb. 3.29 Projektinfosystem

Sie sehen den Bericht für die Strukturübersicht Ihres vorgegebenen Projekts.

Berichterstattung

Sie haben nun die Möglichkeit, über die Menüfunktion **Sicht / Felder auswählen** weitere Spalten bzw. Felder ein- bzw. auszublenden (z. B. Status).

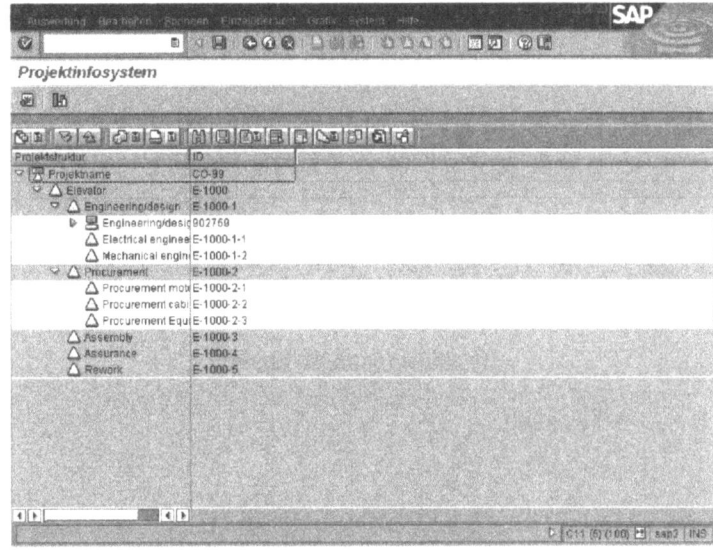

Abb. 3.30 Projektinfosystem

Tipps und Tricks

Über die Schaltfläche haben Sie die Möglichkeit, einen Filter zu setzen bzw. aufzuheben. Es erscheint dann die Dialogbox Filter setzen.

Der Filter Allgemein enthält im Wesentlichen folgende Selektionsmöglichkeiten wie z. B. Projektleitung, Statuskennzeichen, Verantwortliche Kostenstelle (Kostenstelle), Buchungskreis, Kostenrechnungskreis.

Der Filter Statusabhängig enthält hauptsächlich Selektionsschemata, bezogen auf den Anwenderstatus.

Der Filter Benutzerdefiniert enthält weitere Selektionsmöglichkeiten in Form einer Auswahlliste wie z. B. Selektion der PSP-Elemente nach einem bestimmten Istkostenintervall. Für diese Auswahlliste können weitere Abgrenzungen gesetzt werden.

Beim Filter Objektname können vorrangig objektspezifische Bedingungen gesetzt werden, z. B. Projektdefinition, PSP-Element etc.

Im Fenster **Projekt-Informationssystem: Übersicht Struktur** können Sie über die Menüfunktion **Einstellungen / Spaltenbreite / Objekte** das Anzeigeformat der Tabelle variieren, indem Sie die Spaltenbreite verändern.

Im Fenster **Projekt-Informationssystem: Übersicht Struktur** können Sie mit der Schaltfläche 🔲 alle Objekte markieren und mit der Schaltfläche 🔲 wieder alle Markierungen löschen.

Strukturorientierter Bericht

Der Schnelleinstieg

> Vom Einstiegsbild SAP R/3 über **SAP Menü / Rechnungswesen / Projektsystem / Infosystem / Controlling / Kosten / Planbezogen / Hierarchisch / Plan/Ist/Abweichung**. Durch Doppelklick auf **Plan/Ist/Abweichung** gelangen Sie zum Fenster **Sektion: Plan/Ist/Abweichung**.
>
> Im Fenster **Sektion: Plan / Ist / Abweichung** die Projektnummer in das entsprechende Feld eintragen und mit der Schaltfläche 🕘 bestätigen. Es wird das Fenster **Plan/Ist/ Abweichung ausführen: Übersicht** angezeigt.

Die Grundlagen

Der Strukturorientierte Bericht gehört zur Gruppe der kaufmännischen Projektberichte. Im Strukturorientierten Bericht werden die Kosten und Erlöse pro PSP-Element angezeigt. Es können Informationen wie Plankosten, Istkosten, Budget, Obligo für einzelne Jahre oder einem bestimmten Zeitraum dargestellt werden.

Die Aufgabe

Im Folgenden wird zuerst gezeigt, wie man zum Strukturorientierten Bericht gelangt; anschließend wird auf grundlegende Details eingegangen.

Die Lösungsschritte

Starten Sie vom Einstiegsbild SAP R/3 über SAP Menü / **Rechnungswesen / Projektsystem / Infosystem** / Controlling / Kosten / Planbezogen / Hierarchisch / Plan/Ist/Abweichung.

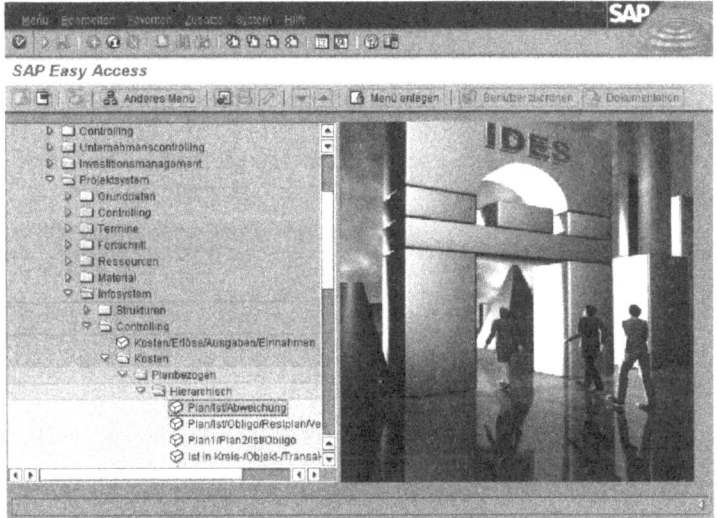

Abb. 3.31 SAP Menü

Durch Doppelklick auf **Plan/Ist/Abweichung** gelangen Sie zum Fenster **Sektion: Plan/Ist/Abweichung.**

Es erscheint das Fenster **Sektion: Plan / Ist / Abeichung**. Geben Sie die Projektnummer ein und bestätigen Sie ihre Eingabe mit der Schaltfläche .

3 Anwendungsfall Modul PS

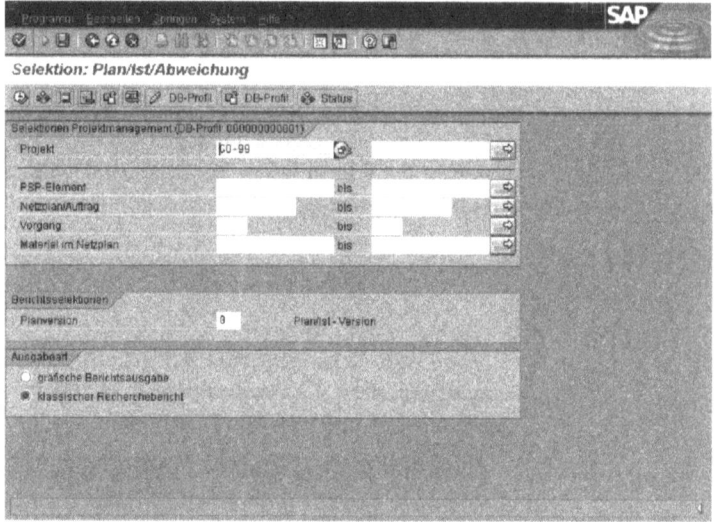

Abb. 3.32 Selektion: Plan/Ist/Abweichung

Es erscheint das Fenster **Plan/Ist/Abweichung ausführen: Übersicht**.

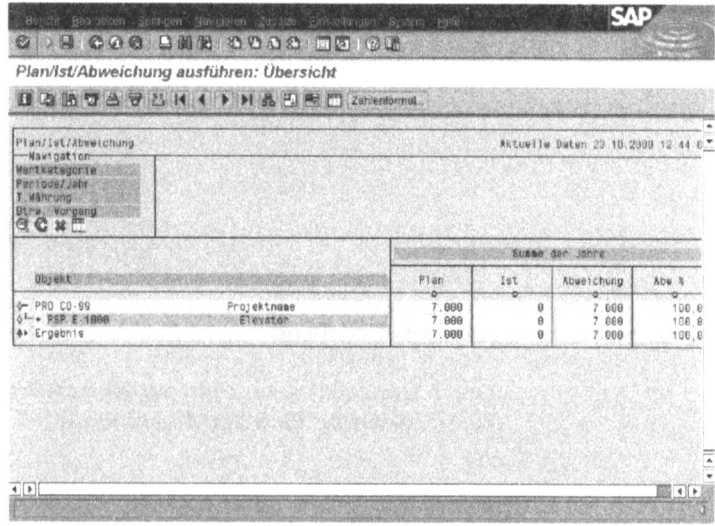

Abb. 3.33 Plan/Ist/Abweichung ausführen: Übersicht

Berichterstattung

Tipps und Tricks

Mit Hilfe der Schaltflächen  haben Sie die Möglichkeit, eine zeitliche Sichteinschränkung der Berichtsanzeige vorzunehmen.

Innerhalb des Strukturorientierten Berichts haben Sie nun mit Hilfe des Navigationsblocks die Möglichkeit, zu detaillierteren Informationen zu gelangen. Im Navigationsblock werden Ihnen alle Merkmale angeboten, die bei der Definition des Berichts angegeben wurden.

Kostenartenorientierter Bericht

Der Schnelleinstieg

Vom Einstiegsbild SAP R/3 über *SAP Menü / Rechnungswesen / Projektsystem / Infosystem / Controlling / Kosten / Planbezogen / Nach Kostenarten / Ist/Plan/Abweichung absolut*. Durch Doppelklick auf *Ist/Plan/Abweichung absolut* gelangen Sie zum Fenster *Ist/Plan/Abweichung abs./Abw.%: Sektion*.

Im Fenster *Ist/Plan/Abweichung abs./Abw.%: Sektion* die Projektnummer in das entsprechende Feld eintragen und mit der Schaltfläche bestätigen. Es wird das Fenster *Plan/Ist/Abweichung abs./Abw.%: Selektieren* angezeigt.

Die Grundlagen

Der Kostenartenorientierte Bericht gehört zur Gruppe der kaufmännischen Projektberichte. Im Kostenartenorientierten Bericht können Projekte bzw. einzelne PSP-Elemente kostenartengerecht ausgewertet werden.

3 Anwendungsfall Modul PS

Die Aufgabe

Im Folgenden wird zuerst gezeigt, wie man zum kostenartenorientierten Bericht gelangt, und anschließend wird noch auf grundlegende Details eingegangen.

Die Lösungsschritte

Starten Sie vom Einstiegsbild SAP R/3 über **SAP Menü / Rechnungswesen / Projektsystem / Infosystem / Controlling / Kosten / Planbezogen / Nach Kostenarten / Ist/Plan/Abweichung absolut**.

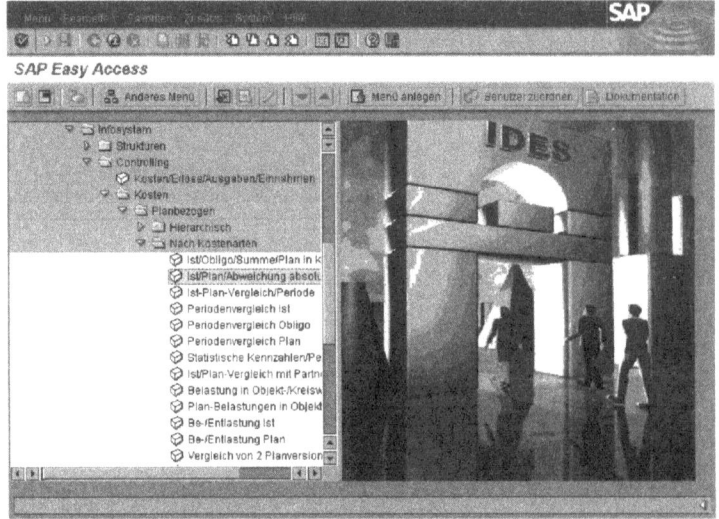

Abb. 3.34 SAP Menü

Durch Doppelklick auf **Ist/Plan/Abweichung absolut** gelangen Sie zum Fenster **Ist/Plan/Abweichung abs./Abw.%: Selektieren**.

Berichterstattung

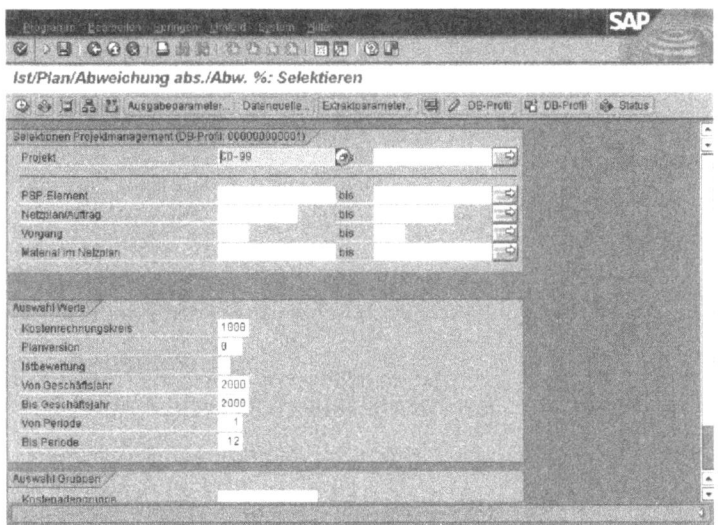

Abb. 3.35 Ist/Plan/Abweichung abs./Abw.%: Sektion

Geben Sie die Projektnummer ein, und bestätigen Sie die Eingabe mit der Schaltfläche ⏱.

Es erscheint das Fenster **Plan / Ist / Abweichung abs. / Abw.%: Selektieren**.

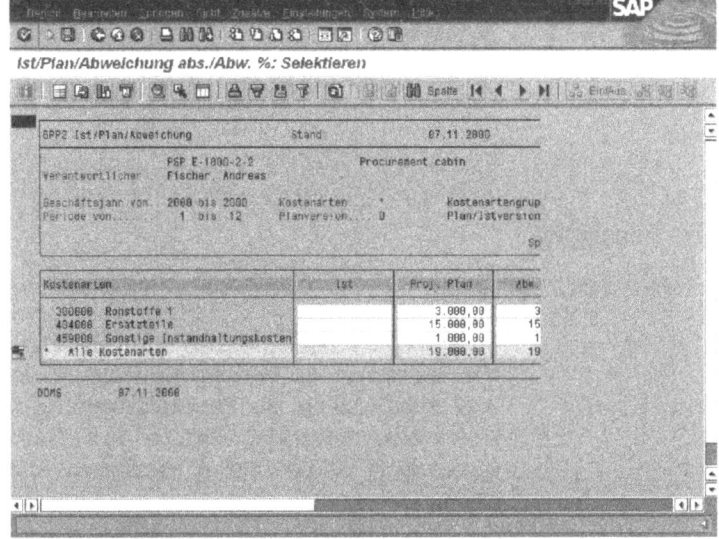

Abb. 3.36 Ist/Plan/Abweichung abs./Abw. % Selektieren

Tipps und Tricks

Im Fenster **Plan / Ist / Abweichung abs. / Abw. proz.: Ergebnis** können Sie mit den Schaltflächen  eine zuvor markierte Spalte aufsteigend oder absteigend sortieren.

Mit der Schaltfläche ![] können Sie den Kostenartenorientierten Bericht nach Schwellenwerten filtern.

Mit den Schaltflächen ![] können Sie den sichtbaren Ausschnitt des Fensters spaltenweise verschieben.

Ist-Einzelpostenbericht

Der Schnelleinstieg

Vom Einstiegsbild SAP R/3 über *SAP Menü / Rechnungswesen / Projektsystem / Infosystem / Controlling / Einzelposten / Istkosten/-erlöse*. Durch Doppelklick auf *Istkosten/-erlöse* gelangen Sie zum Fenster *Projekte Einzelposten Istkosten anzeigen*.

Im Fenster *Projekte Einzelposten Istkosten anzeigen* die Projektnummer in das entsprechende Feld eintragen und mit der Schaltfläche ![] bestätigen. Es wird das Fenster *Projekte Einzelposten Istkosten* angezeigt.

Die Grundlagen

Im Einzelpostenbericht können für ein Projekt in einem gewählten Zeitintervall die einzelnen Buchungsbelege angezeigt werden und stehen somit zur Projektauswertung zur Verfügung. Beim Ist-Einzelpostenbericht wird für jede Buchung von Ist-Kosten (gebuchter Beleg) ein Einzelposten erzeugt, der im Ist-Einzelpostenbericht aufgerufen werden kann.

Die Aufgabe

Im Folgenden wird zuerst gezeigt, wie man zum Ist-Einzelpostenbericht gelangt, und anschließend wird noch auf grundlegende Details eingegangen.

Die Lösungsschritte

Starten Sie vom Einstiegsbild SAP R/3 über SAP Menü / *Rechnungswesen* / *Projektsystem* / *Infosystem* / Controlling / Einzelposten / Istkosten/-erlöse.

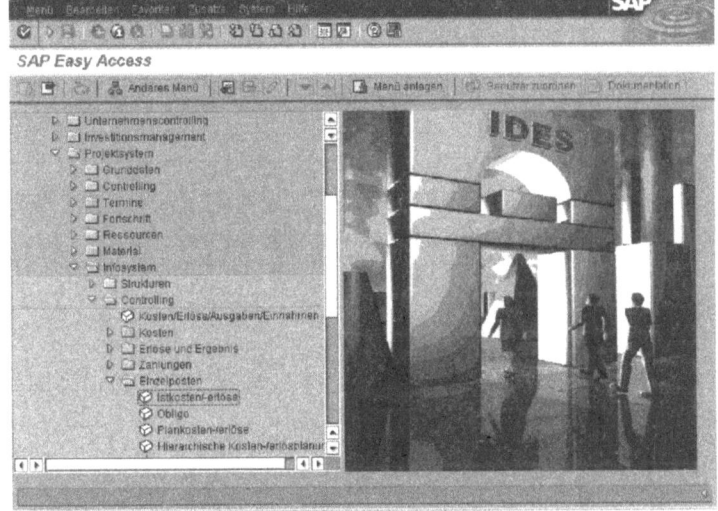

Abb. 3.37 SAP Menü

Durch Doppelklick auf *Istkosten/-erlöse* gelangen Sie zum Fenster *Projekte Einzelposten Istkosten anzeigen.*

3 Anwendungsfall Modul PS

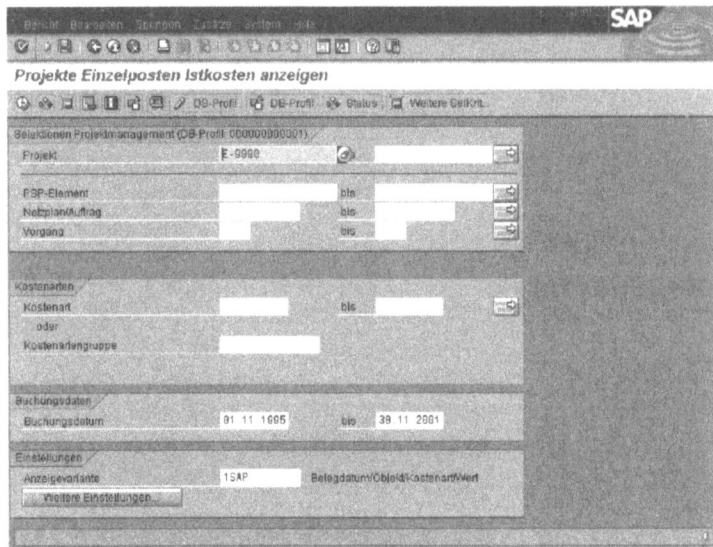

Abb. 3.38 Projekte Einzelposten Istkosten anzeigen

Geben Sie die Projektnummer ein, und bestätigen Sie die Eingabe durch die Schaltfläche .

Es erscheint das Fenster *Projekte Einzelposten Istkosten anzeigen*.

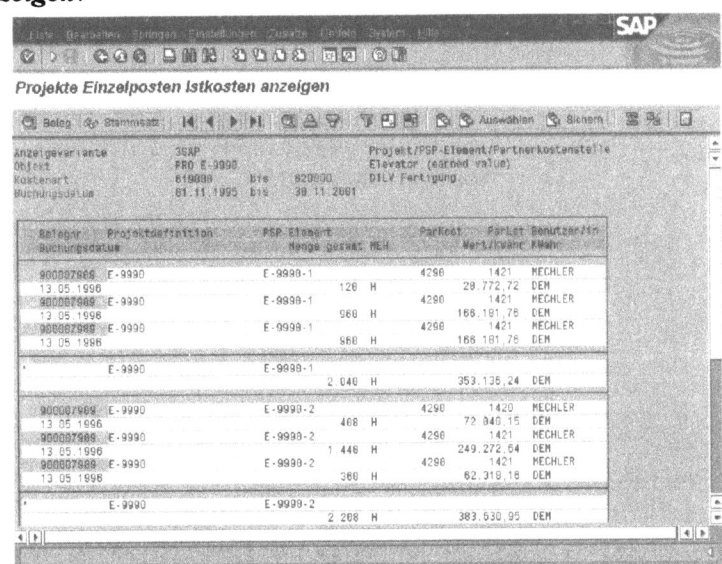

Abb. 3.39 Projekte Einzelposten Istkosten anzeigen

Hier werden nun alle einzelnen Buchungsbelege zum ausgewählten Projekt, aufgeschlüsselt beispielsweise nach Kostenarten, dargestellt.

Tipps und Tricks

Im Fenster *Projekte Einzelposten Istkosten anzeigen* kann über die Schaltfläche [Stammsatz] zu den operativen Strukturdaten (Stammdaten) verzweigt werden.

Über die Schaltflächen [◀◀ ◀ ▶ ▶▶] kann der sichtbare Ausschnitt des Fensters spaltenweise verschoben werden.

Mit Hilfe der Schaltflächen [▲ ▼] kann eine aufsteigende bzw. absteigende Sortierung vorgenommen werden.

Über die Schaltfläche [Auswählen] können weitere Spalten bzw. Felder in der aktuellen Tabelle ein- bzw. ausgeblendet werden.

Über die Schaltfläche ▢ kann auf bestehende Anzeigevarianten zugegriffen werden:

Einige wichtige Anzeigevarianten und deren wesentlichen Auswertemöglichkeiten:

Über die Anzeigevariante **/KP3 Objekt/KoArt/RefBelegnr.** kann beispielsweise die Höhe der Buchungen pro Kostenart zum Projekt ermittelt werden.

Über die Anzeigevariante **/KP4 Objekt/KoArt/Partner** kann die Kostenstellenleistung zum Projekt ermittelt werden.

Über die Anzeigevariante **/ZP2 PSP/KoArt/Kred. Deb./Wert/BuDat** kann die Höhe der Buchungen pro Lieferant zum Projekt ermittelt werden.

Plan-Einzelposten-bericht

Im Einzelpostenbericht können für ein Projekt in einem gewählten Zeitintervall die einzelnen Buchungsbelege angezeigt werden und stehen somit zur Projektauswertung zur Verfügung. Beim Plan-Einzelpostenbericht wird für jede Änderung von Planwerten ein Planungsbeleg erzeugt, wodurch eine Planungshistorie zum jeweiligen Planwert entsteht. Über den Plan-Einzelpostenbericht können diese Planungsbelege aufgerufen werden.

Obligo-Einzelposten-bericht

Im Einzelpostenbericht können für ein Projekt in einem gewählten Zeitintervall die einzelnen Buchungsbelege angezeigt werde und stehen somit zur Projektauswertung zur Verfügung. Beim Obligo-Einzelpostenbericht wird für jedes Obligo ein Obligo-Einzelposten erzeugt, der im Obligo-Einzelpostenbericht aufgerufen werden kann.

Über das Modul MM (Materialwirtschaft) können Bestellanforderungen bzw. Bestellungen direkt für ein bestimmtes PSP-Element erzeugt werden. Diese werden dann im Berichtswesen in der Wertanzeige als Obligo sichtbar.

Berichterstattung

Plan-Einzelpostenbericht

Der Schnelleinstieg

> Vom Einstiegsbild SAP R/3 über *SAP R/3 / Rechnungswesen / Projektsystem / Infosystem / Controlling / Einzelposten / Plankosten/-erlöse.* Durch Doppelklick auf *Plankosten/-erlöse* gelangen Sie zum Fenster *Projekte Einzelposten Plankosten anzeigen.*
>
> Im Fenster *Projekte Einzelposten Plankosten anzeigen* die Projektnummer in das entsprechende Feld eintragen und mit der Schaltfläche ⊕ bestätigen. Es erscheint das Fenster *Projekte Einzelposten Plankosten anzeigen.*

Die Grundlagen

Im Einzelpostenbericht können für ein Projekt in einem gewählten Zeitintervall die einzelnen Buchungsbelege angezeigt werden und stehen somit zur Projektauswertung zur Verfügung. Beim Plan-Einzelpostenbericht wird für jede Änderung von Planwerten ein Planungsbeleg erzeugt, wodurch eine Planungshistorie zum jeweiligen Planwert entsteht. Über den Plan-Einzelpostenbericht können diese Planungsbelege aufgerufen werden.

Die Aufgabe

Im Folgenden wird zuerst gezeigt, wie man zum Plan-Einzelpostenbericht gelangt, und anschließend wird noch auf grundlegende Details eingegangen.

Die Lösungsschritte

Starten Sie vom Einstiegsbild SAP R/3 über ***SAP R/3 / Rechnungswesen / Projektsystem / Infosystem / Controlling / Einzelposten / Plankosten-/erlöse***.

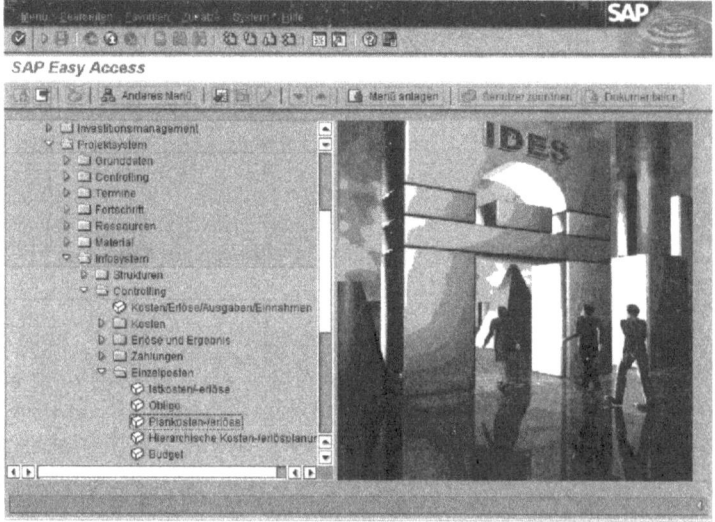

Abb. 3.40 SAP Menü

Durch Doppelklick auf ***Plankosten-/erlöse*** gelangen Sie zum Fenster ***Projekte Einzelposten Plankosten anzeigen***.

Berichterstattung

Geben Sie die Projektnummer in das dafür vorgesehene Feld ein und bestätigen Sie die Eingabe mit der Schaltfläche ⊕ .

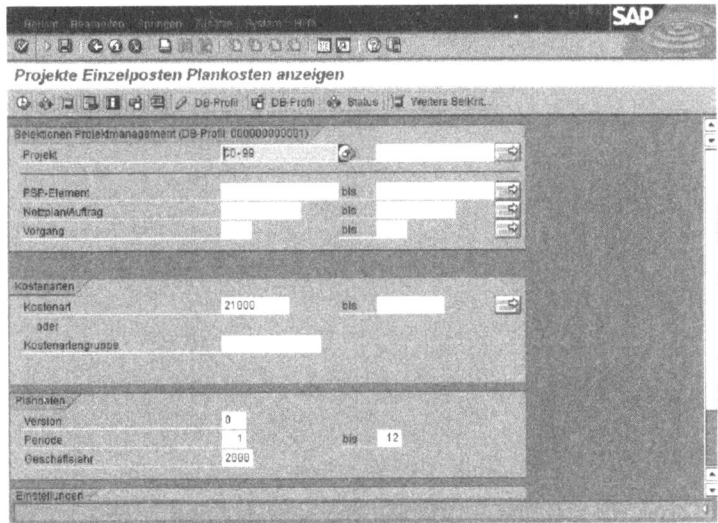

Abb. 3.41 Projekte Einzelposten Plankosten anzeigen

Es erscheint das Fenster **Projekte Einzelposten Plankosten anzeigen**.

3 Anwendungsfall Modul PS

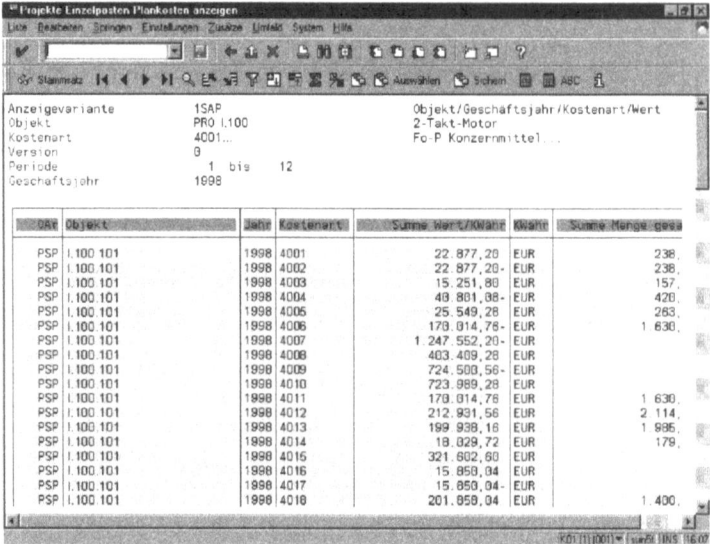

Abb. 3.42 Plan-Einzelpostenbericht

Tipps und Tricks

Im Fenster **Projekte Einzelposten Plankosten anzeigen** kann über die Schaltfläche ⌖ Stammsatz zu den operativen Strukturdaten (Stammdaten) verzweigt werden.

Über die Schaltflächen ⏮ ◀ ▶ ⏭ kann der sichtbare Ausschnitt des Fensters spaltenweise verschoben werden.

Mit Hilfe der Schaltflächen ⬆ ⬇ kann eine aufsteigende bzw. absteigende Sortierung vorgenommen werden.

Über die Schaltfläche Auswählen können weitere Spalten bzw. Felder in der aktuellen Tabelle ein- bzw. ausgeblendet werden.

Dokumentation

Der Schnelleinstieg

> Vom SAP-Einstiegsbild über **SAP Menü / Rechnungswesen / Projektsystem / Grunddaten / Projekt / Spezielle Pflegefunktionen / Projektstrukturplan / ändern.** Durch Doppelklick auf die Datei **ändern** gelangen Sie zum Fenster **Projekt ändern: Einstieg.** Eingabe der Projektnummer und Drücken der Schaltfläche.
>
> Im Fenster **Projekt ändern: PSP-Elementübersicht** das PSP-Element markieren, dem ein Text zugeordnet werden soll. Über die Menüfunktion **PSP-Element / PS-Textübersicht** in das Fenster **Projekt ändern: PS-Textübersicht.** Eingabe des Textes in der gewünschten Sprache und Eingabe mit der Schaltfläche bestätigen.

Die Grundlagen

PS-Texte sind frei definierbare Texte zu Vorgängen und PSP-Elementen und dienen zur Dokumentation des Projektes. Sie werden im PS-Textkatalog verwaltet. Innerhalb des Projektsystems können beliebig viele PS-Texte einem Vorgang bzw. PSP-Element zugeordnet werden. Ein PS-Text kann verschiedenen Projekten zugeordnet werden. PS-Texte können mehrsprachig gepflegt werden. Wir werden uns im Folgenden mit den Zuordnungsmöglichkeiten von Texten zu PSP-Elementen beschäftigen.

Die Aufgabe

PS-Text als WinWord-Datei einem PSP-Element zuordnen.

3   Anwendungsfall Modul PS

Die Lösungsschritte

Rufen Sie zunächst die PSP-Elementübersicht des Projektstrukturplans Ihres Projektes auf. Wählen Sie hierzu die Menüfunktion vom SAP-Einstiegsbild über ***SAP Menü / Rechnungswesen / Projektsystem / Grunddaten / Projekt / Spezielle Pflegefunktionen / Projektstrukturplan / ändern***.

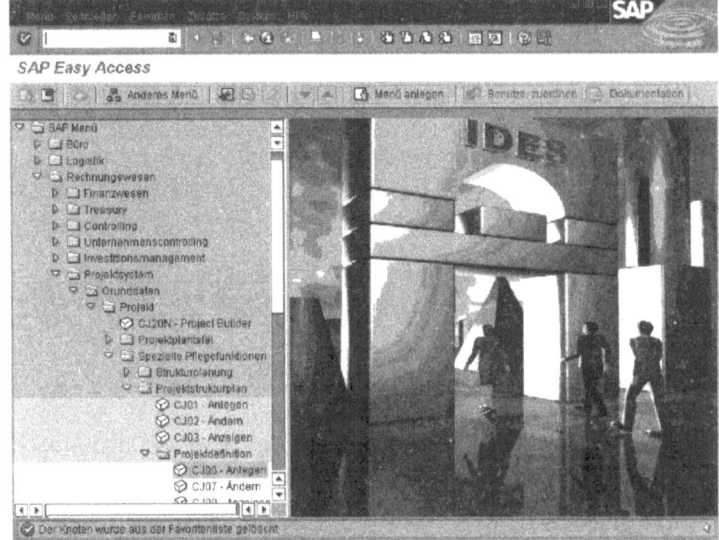

Abb. 3.43 SAP Menü

Durch Doppelklick auf die Datei ***ändern*** gelangen Sie zum Fenster ***Projekt ändern: Einstieg***.

Dokumentation

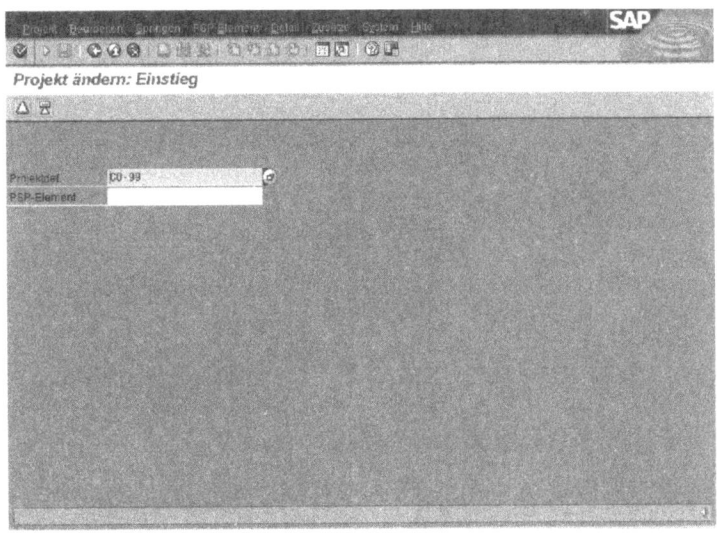

Abb. 3.44 Projekt ändern: Einstieg

Tragen Sie hier in das Textfeld **Projektdef.** die zu bearbeitende Projektnummer ein und klicken Sie auf die Schaltfläche △, um sich die PSP-Elementübersicht Ihres Projektes anzeigen zu lassen.

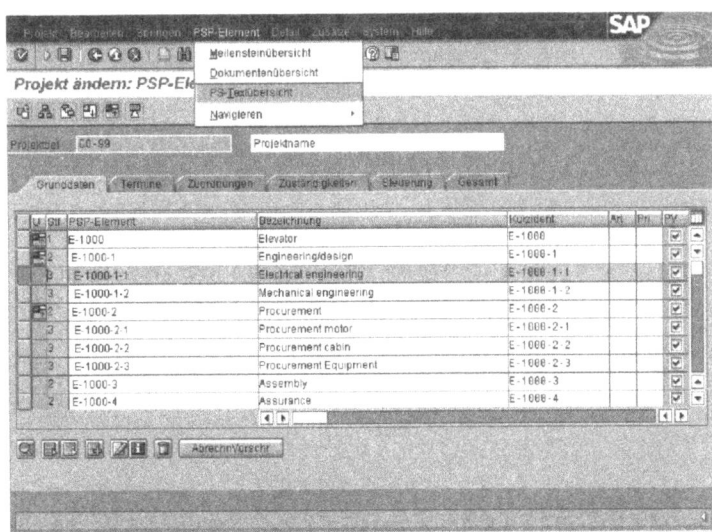

Abb. 3.45 Projekt ändern: PSP-Elementübersicht

3 Anwendungsfall Modul PS

Markieren Sie hier das PSP-Element, dem Sie einen Text (PS-Text) zuordnen wollen, und wählen Sie die Menüfunktion **PSP-Element / PS-Textübersicht**.

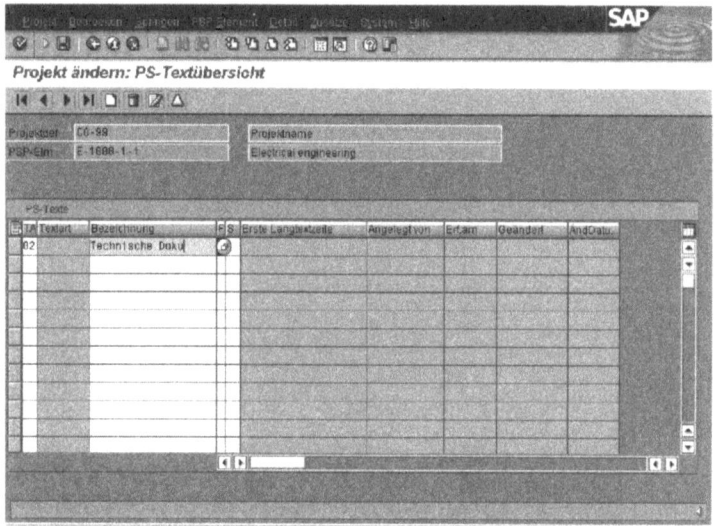

Abb. 3.46 Projekt ändern: PS-Textübersicht

Es erscheint das Fenster **Projekt ändern: PS-Textübersicht**.

Pflegen Sie die Sprache (DE), Textart (07) und die Bezeichnung (Technische Doku). Über das Textformat definieren Sie den Text als WinWord-Datei (02).

Bestätigen Sie Ihre Eingabe anschließend mit der Schaltfläche ✓.

Das System verzweigt anschließend in die Textverarbeitung WinWord. Erfassen Sie Ihren Text und beenden Sie WinWord. Es erscheint das Fenster **PS-Textkatalog: Vorlage auswählen**.

Dokumentation

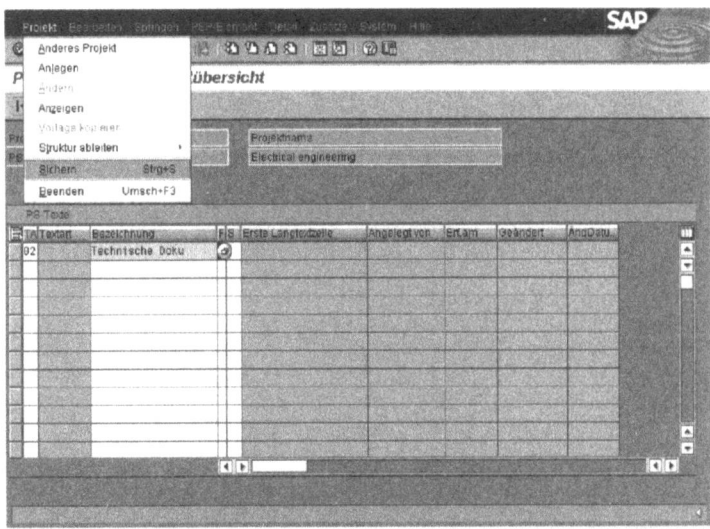

Abb. 3.47 Projekt ändern: PSP-Elementübersicht

Sichern Sie nun den Text und die Zuordnung zum Projekt bzw. PSP-Element über die Menüfunktion ***Projekt / Sichern***.

Der hier zugeordnete Text kann jederzeit über die Menüfunktion ***PSP-Element / PS-Textübersicht*** aus der PSP-Elementübersicht des Projektstrukturplans zu einem zuvor markierten PSP-Element angezeigt werden.

Die Aufgabe

Langtext einem PSP-Element zuordnen.

Die Lösungsschritte

Wählen Sie die Menüfunktion ***Rechnungswesen / Projektmanagement / Operative Struktur***. Es erscheint das Fenster ***Operative Projektstrukturen***. Wählen Sie die Menüfunktion ***Projektstrukturplan / Ändern***. Es erscheint das Fenster ***Projekt ändern: Einstieg***.

3 Anwendungsfall Modul PS

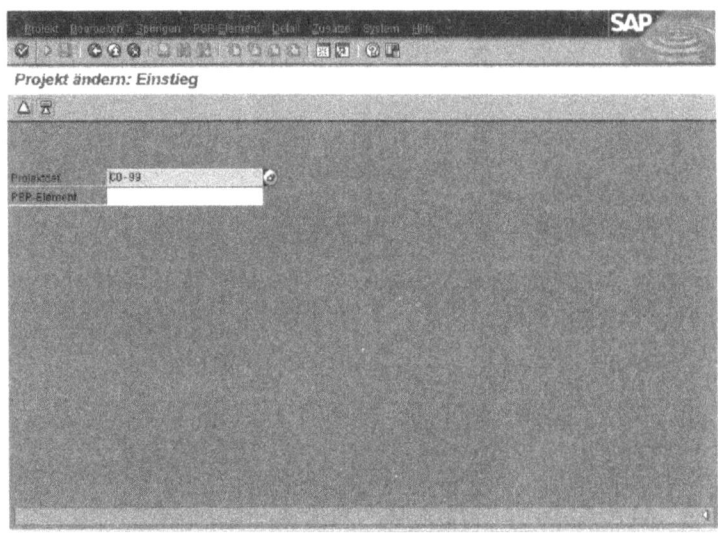

Abb. 3.48 Einstiegsfenster zum Projektstrukturplan

Tragen Sie hier in das Textfeld Projektdef. die zu bearbeitende Projektnummer ein und klicken Sie auf die Schaltfläche △, um sich die PSP-Elementübersicht Ihres Projektes anzeigen zu lassen.

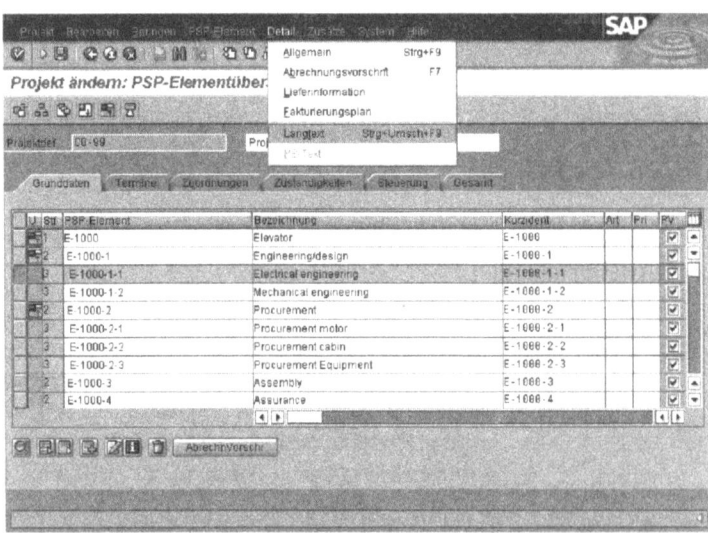

Abb. 3.49 Projekt ändern: PSP-Elementübersicht

Markieren Sie hier nun das PSP-Element, dem Sie einen Langtext zuordnen wollen, und wählen Sie die Menüfunktion **Detail / Langtext**. Es erscheint das Fenster **ändern: PSP-Element ... Sprache DE**.

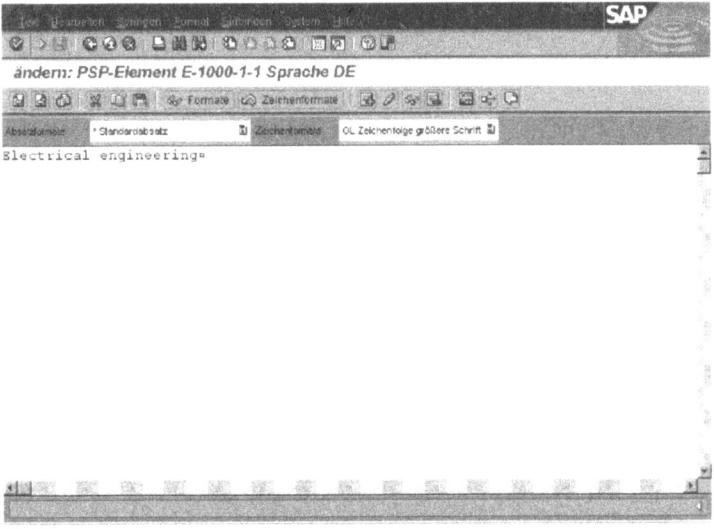

Abb. 3.50 ändern: PSP-Element E-1000-1-1 Sprache DE

Erfassen Sie Ihren Text und kehren Sie mit der Schaltfläche wieder in die PSP-Elementübersicht zurück.

Sichern Sie anschließend den Projektstrukturplan.

Es erscheint wieder das Ausgangsfenster **Projekt ändern: PSP-Elementübersicht** mit der Statusmeldung „Textänderungen wurden übernommen."

Der hier nun zugeordnete Text kann jederzeit über die Menüfunktion **Detail / Langtext** aus der PSP-Elementübersicht des Projektstrukturplans zu einem zuvor markierten PSP-Element angezeigt werden.

Konsistenzprüfung

Die Grundlagen

Das Modul PS bietet einen Standardreport an, der die zu pflegenden Stammdatenfelder eines Projektes analysiert und Abweichungen bzw. evt. nicht korrekte Eingaben in Berichtsform aufzeigt. Dies dient dazu, die Konsistenz der eingegebenen Daten zu überprüfen.

Das Ergebnis des Stammdatenprüfprogramms ist ein Protokoll, dass eventuelle Fehler und Inkonsistenzen anzeigt. Es besteht die Möglichkeit, direkt aus dem Protokoll heraus in das betroffene Objekt zu springen, um die Fehler zu überprüfen und ggf. zu korrigieren.

Folgende Prüfungen sind im Detail möglich

Abrechnung prüfen Wenn Sie dieses Kennzeichen gesetzt haben, wird die Abrechnungsvorschrift geprüft. Welche Prüfung der Abrechnungsvorschrift erfolgen soll, legen Sie über die Optionsschaltflächen gleiche Empfänger, übergeordn PSP-El. und TOP-Element fest. Rechnet ein Objekt an mehrere Empfänger ab, werden nur die Empfänger geprüft. Die prozentuale Verteilung auf die verschiedenen Empfänger wird nicht geprüft.

Zu prüfende Objekte

Zu den einzelnen Objekten geben Sie auf dem Selektionsbild die Art der Prüfung an. Folgende Fälle werden unterschieden:

- keine Prüfung
- Prüfung auf Konsistenz: Ist ein Objekt vorhanden, so wird die Konsistenz der ausgewählten Felder des Objektes geprüft.
- Prüfung der Konsistenz und Existenz: Wenn kein Objekt vorhanden ist, wird eine entsprechende Meldung ausgegeben. Andernfalls wird die Konsistenz geprüft.

Die von Ihnen markierten Felder, z. B. Geschäftsbereich, Werk, Profit-Center, werden in den entsprechenden Objekten geprüft. Bei der Auswahl ist es uninteressant, ob alle Felder auch tatsächlich in den zu prüfenden Objekten vorkommen. Bei der Prüfung der Felder wird nicht die Existenz der Felder in den Objekten überprüft, sondern nur die Konsistenz.

Tipps und Tricks

Sie haben die Möglichkeit, eigene Selektions-Varianten zur Konsistenzprüfung im System abzulegen.

Änderungsbelege

Historie der Änderungsbelege zu den Strukturplanwerten

Der Schnelleinstieg

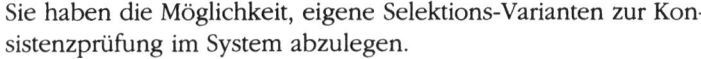

Vom Einstiegsbild SAP R/3 über **SAP Menü / Rechnungswesen / Projektsystem / Planung / Kosten im PSP / Gesamt / Ändern**. Durch Doppelklick auf **Ändern** gelangen Sie zum Fenster **Kostenplanung ändern: Einstieg**.

Es wird die entsprechende Projektnummer eingegeben und die Eingabe mit der Schaltfläche ✅ bestätigt.

Es erscheint das Fenster **Kostenplanung ändern: PSP-Elementübersicht**.

Es wir ein PSP-Element markiert und danach die Menüfunktion **Zusätze / Einzelposten** aufgerufen.

Die Grundlagen

Über Änderungsbelege werden in SAP R/3 automatisch alle Änderungen zu den Strukturplanwerten zu einem PSP-Element dokumentiert. Man kann sich zu verschiedenen Strukturplanwerten eines PSP-Elements die Historie anzeigen lassen. In den Änderungsbelegen werden folgende Informationen ausgegeben:

3   Anwendungsfall Modul PS

- Änderungsnummer des Beleges
- Name des Änderers
- Erfassungsdatum

Die Aufgabe

Im Folgenden wird gezeigt, wie man an die Übersicht der Änderungsbelege zu den Strukturplanwerten gelangt.

Die Lösungsschritte

Starten Sie vom Einstiegsbild SAP R/3 über SAP Menü / **Rechnungswesen / Projektsystem / Planung / Kosten im PSP / Gesamt / Ändern**.

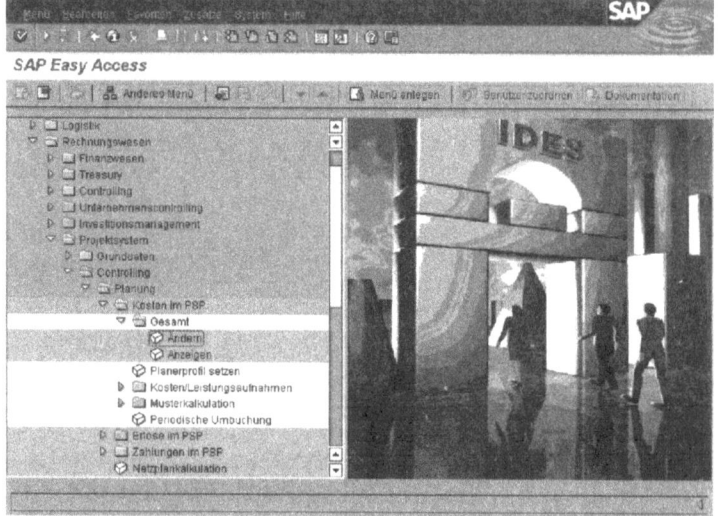

Abb. 3.51 SAP Menü

Doppelklick auf **Ändern** gelangen Sie zum Fenster **Kostenplanung ändern: Einstieg**.

Geben Sie das entsprechende Projekt ein und bestätigen Sie Ihre Eingabe mit der Schaltfläche .

Änderungsbelege

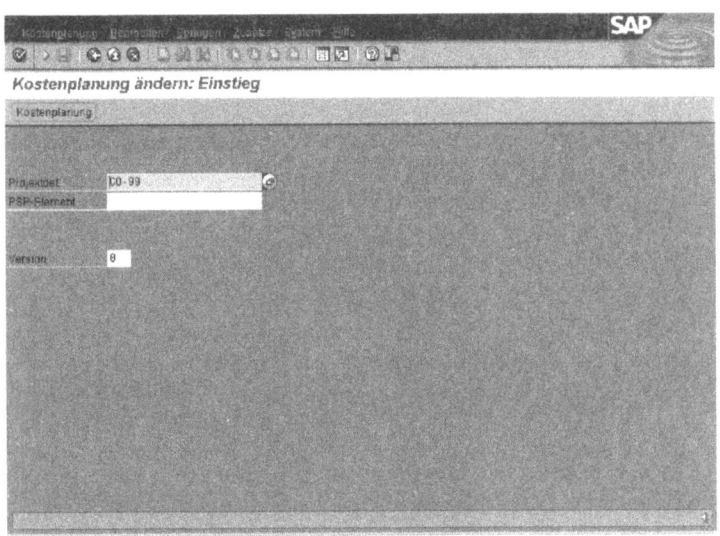

Abb. 3.52 Kostenplanung ändern: Einstieg

Es erscheint das Fenster **Kostenplanung ändern: PSP-Elementübersicht**. Markieren Sie ein PSP-Element und wählen Sie anschließend die Menüfunktion **Zusätze / Einzelposten**.

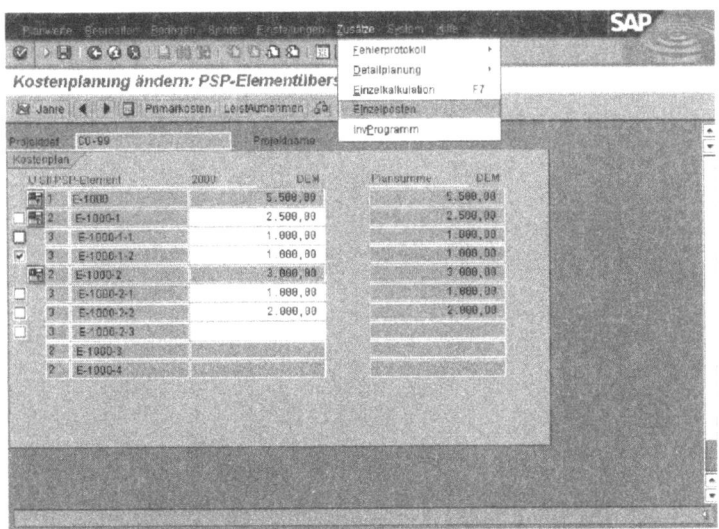

Abb. 3.53 Kostenplanung ändern: PSP-Elementübersicht

3   Anwendungsfall Modul PS

Auf diese Weise erhalten Sie das Fenster mit den **Budget-Einzelposten** für das zuvor markierte PSP-Element.

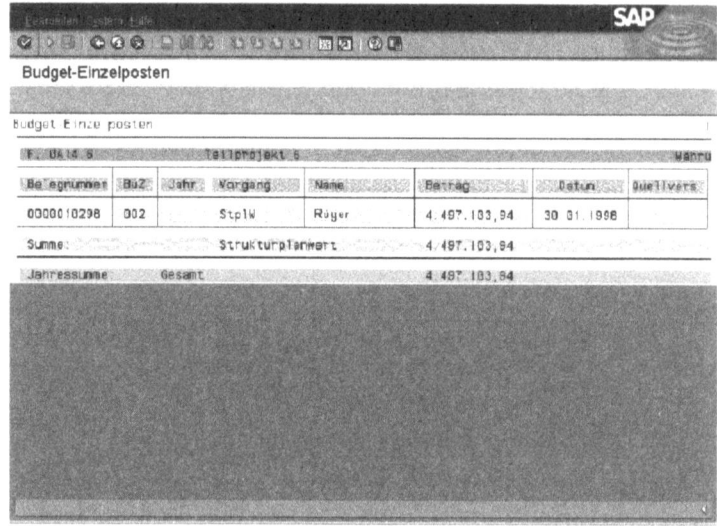

Abb. 3.54 Budget-Einzelposten

Tipps und Tricks

Werden Änderungsbelege erstellt, verlängert sich automatisch das Antwortzeitverhalten.

Dieses Erscheinungsbild erhalten Sie, wenn Sie in Ihrem SAP-System folgende Customizing-Einstellungen vornehmen:

- Projektprofil (siehe Kap. 7.5.1)

Änderungsbelege

Historie der Änderungsbelege zu den Stammdaten

Der Schnelleinstieg

> Vom Einstiegsbild SAP R/3 über *SAP Menü / Rechnungswesen / Projektsystem / Infosystem / Strukturen / Strukturübersicht*. Durch Doppelklick auf *Strukturübersicht* gelangen Sie zum Fenster *Projekt-Informationssystem Einstieg Struktur*.
>
> Die entsprechende Projektnummer eingeben und bestätigen, indem die Schaltfläche ⊕ gedrückt wird.
>
> Im Fenster *Projekt-Informationssystem: Übersicht Struktur* ein PSP-Element markieren und anschließend die Menüfunktion *Zusätze / Umfeld / Änderungsbelege* wählen, um zu den Änderungsbelegen der Stammdaten eines PSP-Elements zu gelangen.

Die Grundlagen

Über die Änderungsbelege werden in SAP R/3 automatisch alle Änderungen hinsichtlich der Stammdaten zu einem Projekt dokumentiert. Damit besteht die Möglichkeit, sich jederzeit die Änderungshistorie zu den Stammdaten eines Projektes anzeigen zu lassen. In der Historie der Änderungsbelege zu den Stammdaten sind folgende Informationen hinterlegt:

- Änderungsnummer des Beleges
- Name des Änderers
- Erfassungsdatum der Änderung
- Transaktion zur Änderung

Die Aufgabe

Im Folgenden wird gezeigt, wie man in die Übersicht der Änderungsbelege zu den Stammdaten gelangt.

Die Lösungsschritte

Starten Sie vom Einstiegsbild SAP R/3 über **SAP Menü / Rechnungswesen / Projektsystem / Infosystem / Strukturen / Strukturübersicht.**

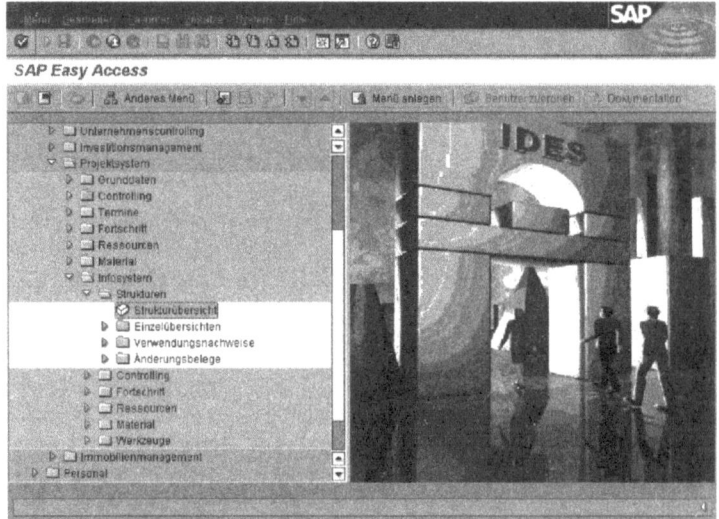

Abb. 3.55 SAP Menü

Durch Doppelklick auf **Strukturübersicht** gelangen Sie zum Fenster **Projekt-Informationssystem Einstieg Struktur**.

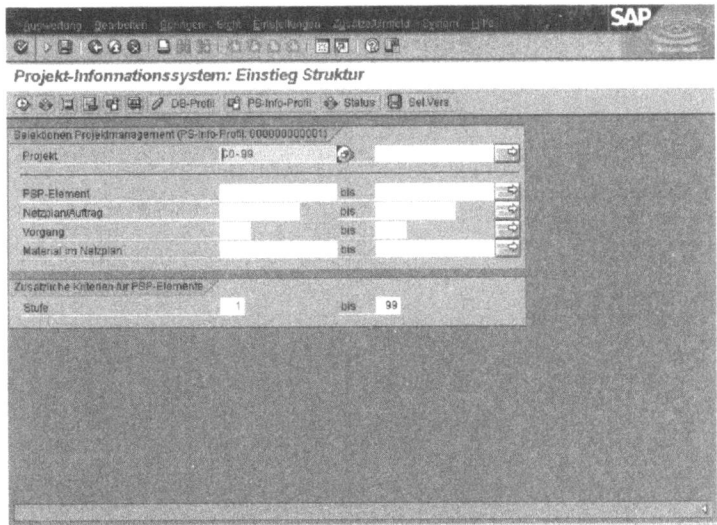

Abb. 3.56 Projekt-Informationssystem: Einstieg Struktur

Hier geben Sie nun das gewünschte Projekt ein und bestätigen Ihre Eingabe mit der Schaltfläche .

Es erscheint das Fenster **Projektinformationssystem: Übersicht Struktur**. Hier können Sie nun ein PSP-Element markieren und anschließend die Menüfunktion **Zusätze / Umfeld / Änderungsbeleg** wählen.

3 Anwendungsfall Modul PS

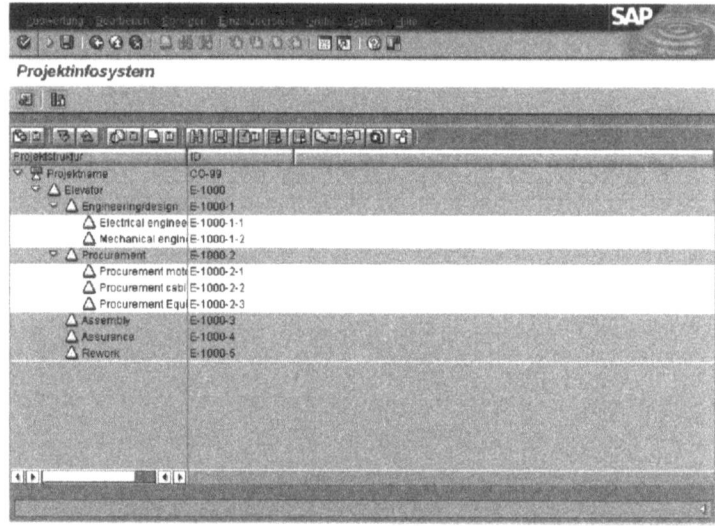

Abb. 3.57 Projektinfosystem

Es erscheint das Fenster **Projektinformationssystem: Änderungsbelege** für das zuvor markierte PSP-Element.

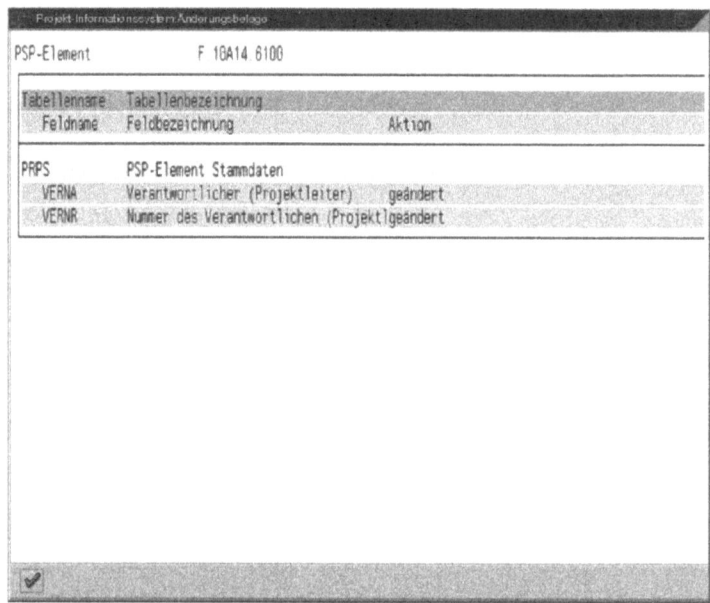

Abb. 3.58 Projekt-Informationssystem: Änderungsbelege

Tipps und Tricks

Werden Änderungsbelege erstellt, verlängert sich automatisch das Antwortzeitverhalten.

Dieses Erscheinungsbild erhalten Sie, wenn Sie in Ihrem SAP-System folgende Customizing-Einstellungen vornehmen:

- Projektprofil (siehe Kap. 7.5.1)

Historie der Änderungsbelege zu den Statusinformationen

Der Schnelleinstieg

Vom Einstiegsbild SAP R/3 über *SAP Menü / Rechnungswesen / Projektsystem / Grunddaten / Projekt / Spezielle Pflegefunktionen / Projektstrukturplan / Ändern.* Durch Doppelklick auf *Ändern* gelangen Sie zum Fenster *Projekt ändern: Einstieg.*

Eingabe der gewünschten Projektnummer und mit der Schaltfläche ✅ bestätigen.

Es erscheint das Fenster *Projekt ändern: PSP-Elementübersicht.* Hier Menüfunktion *Bearbeiten / Status / Anwenderstatus* auswählen.

Es erscheint das Fenster *Status ändern.* Über die Historie können Sie den Status ändern.

Die Grundlagen

Über die Änderungsbelege werden in SAP R/3 automatisch alle Änderungen hinsichtlich der Statusinformationen zu einem PSP-Element dokumentiert. Dadurch hat man die Möglichkeit, sich zu jedem PSP-Element die Änderungen in der Statusverwaltung anzeigen zu lassen. Es werden folgende Informationen ausgegeben:

- Geänderte Statusanzeige
- Name des Änderers
- Erfassungsdatum der Änderung
- Transaktion zur Änderung

Die Aufgabe

Im Folgenden wird gezeigt, wie man in die Übersicht der Änderungsbelege zu den Statusinformationen gelangt.

Die Lösungsschritte

Starten Sie vom Einstiegsbild SAP R/3 über SAP Menü / *Rechnungswesen / Projektsystem / Grunddaten / Projekt / Spezielle Pflegefunktionen / Projektstrukturplan / Ändern.*

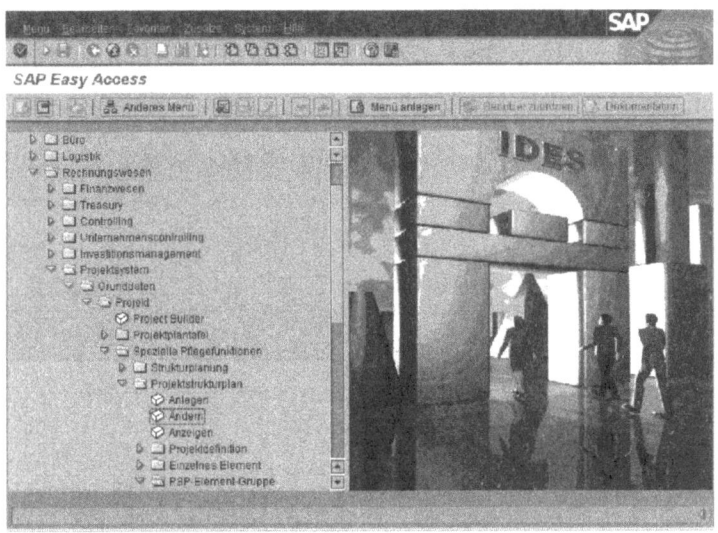

Abb. 3.59 SAP Menü

Durch Doppelklick auf **Ändern** gelangen Sie zum Fenster **Projekt ändern: Einstieg**.

In dem Fenster, welches erscheint, geben Sie die gewünschte Projektnummer in das dafür vorgesehene Feld ein und bestätigen mit der Schaltfläche .

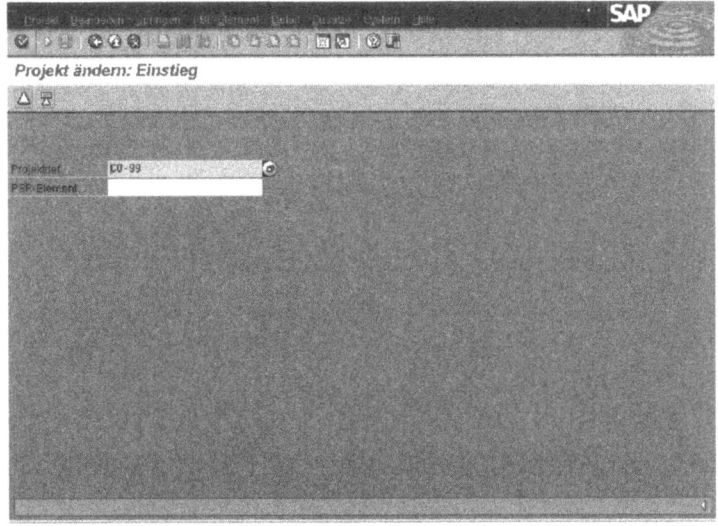

Abb. 3.60 Projekt ändern: Einstieg

Es erscheint das Fenster **Projekt ändern: PSP-Elementübersicht**. Hier markieren Sie nun ein PSP-Element und wählen anschließend die Menüfunktion **Bearbeiten / Status/Anwenderstatus** aus.

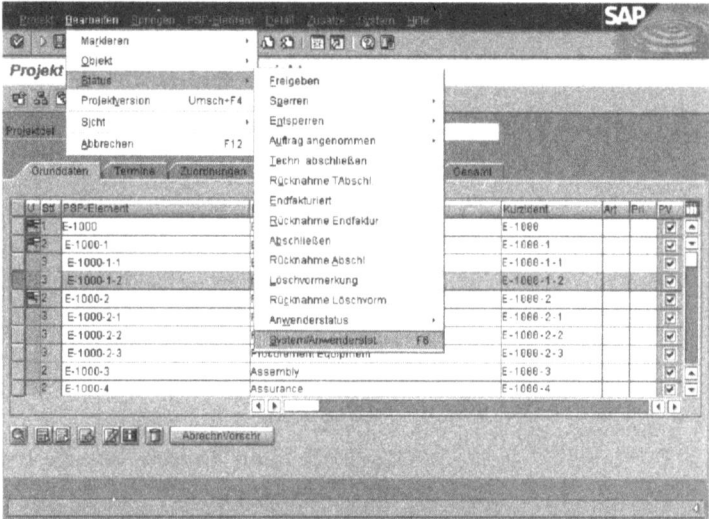

Abb. 3.61 Projekt ändern: PSP-Elementübersicht

Es erscheint das Fenster **Status ändern**. Hier können Sie nun die Menüfunktion **Zusätze / Änderungsbeleg / alle** auswählen.

Änderungsbelege

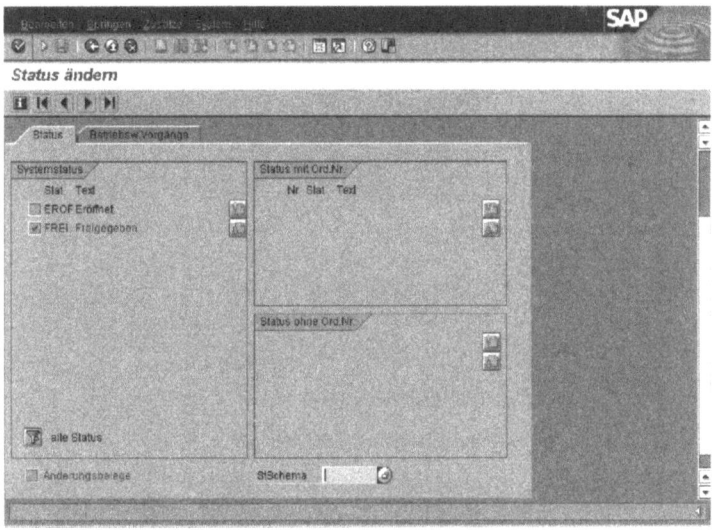

Abb. 3.62 Status ändern

Daraufhin erscheint das Fenster **Änderungsbelege Statusverwaltung**.

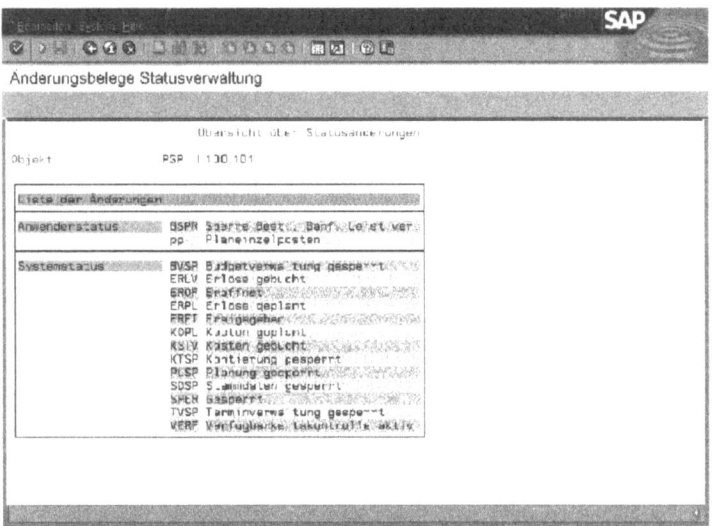

Abb. 3.63 Änderungsbelege Statusverwaltung

Im Fenster **Änderungsbelege Statusverwaltung** können Sie nun die Änderungsbelege zu den Statusinformationen aufrufen, indem Sie auf die Historie klicken.

Sie sehen dann die Statushistorie für das von Ihnen zuvor markierte PSP-Element.

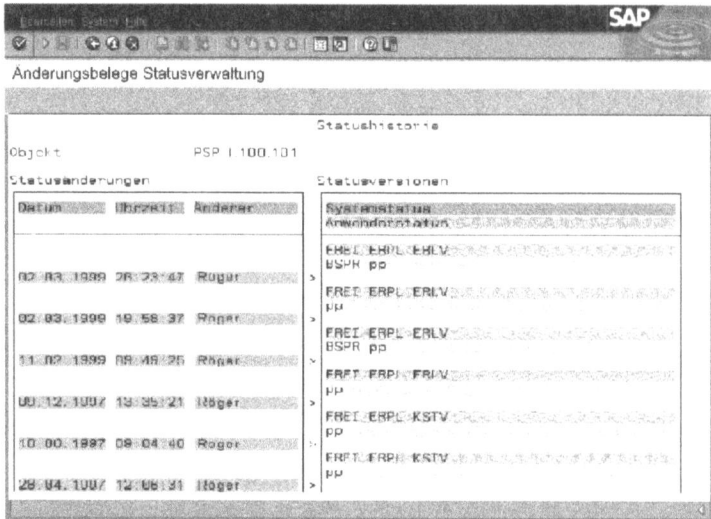

Abb. 3.64 Änderungshistorie Statusverwaltung

Tipps und Tricks

Werden Änderungsbelege erstellt, verlängert sich automatisch das Antwortzeitverhalten.

Dieses Erscheinungsbild erhalten Sie, wenn Sie in Ihrem SAP-System folgende Customizing-Einstellungen vornehmen:

- Projektprofil (siehe Kap. 7.5.1)

Schnittstellen

Der Schnelleinstieg

Vom Fenster *Projekt-Informationssystem: Übersicht Struktur* über die Menüfunktion *Auswertung / Exportieren / Sichern in Datei* in das Fenster *Liste sichern in Datei*. Auswahl des gewünschten Formates durch klicken auf die entsprechende Optionsschaltfläche. Bestätigen der Eingabe durch die Schaltfläche ✓.

Im Fenster *RTF auf lokale Datei übertragen* den gewünschten Dateinamen eingeben und auf die Schaltfläche `Übertragen` klicken.

Anschließend die entsprechende Anwendung (z. B. Word) starten und die Datei öffnen.

Die Grundlagen

BASICSBASICSBAS

SAP R/3 bietet die Möglichkeit, Daten aus dem System in andere Anwendungen wie Word, Excel, MSProject oder Access herunter zu laden. Diesen Vorgang bezeichnet man als „Download", der dazu dient, die SAP-Daten weiterzuverarbeiten.

Entscheidend beim Download ist die Wahl des Dateiformats, wodurch festgelegt wird, wie und in welchen Anwendungen die Daten weiterverarbeitet werden können.

Es werden standardmäßig vier Formate von SAP angeboten:

Rich Text Format (RTF) Das Rich Text Format dient zur Weiterverarbeitung der Daten in Word für Windows. Dabei werden nicht nur Text, sondern auch Zeichenformate, Tabellen, Rahmen und selbst Papierformate übernommen.

Unkonvertiert Bei unkonvertierten Daten wird ausschließlich Text ohne Formatierung heruntergeladen; Leerräume in den Zeilen werden nicht mit Tabstopps, sondern mit Leerzeichen aufgefüllt.

Tabellenkalkulation Beim Format Tabellenkalkulation werden in den Leerräumen Tabulatoren eingesetzt, die Excel und Word in Spalten umsetzen können.

3 Anwendungsfall Modul PS

HTML Format
- In HTML werden die Formatierungen durch entsprechende HTML-Tags ersetzt, die eine Darstellung auf einem Internet-Browser ermöglichen.

Die Aufgabe

Im Folgenden wird am Beispiel des Strukturübersicht-Berichts ein Download nach Word gezeigt.

Die Lösungsschritte

Starten Sie im Fenster **Projekt-Informationssystem: Übersicht Struktur** (Strukturübersicht-Bericht), und wählen Sie die Menüfunktion **Auswertung / Exportieren / Sichern in Datei**, um in die Liste der Dateiformate zu gelangen.

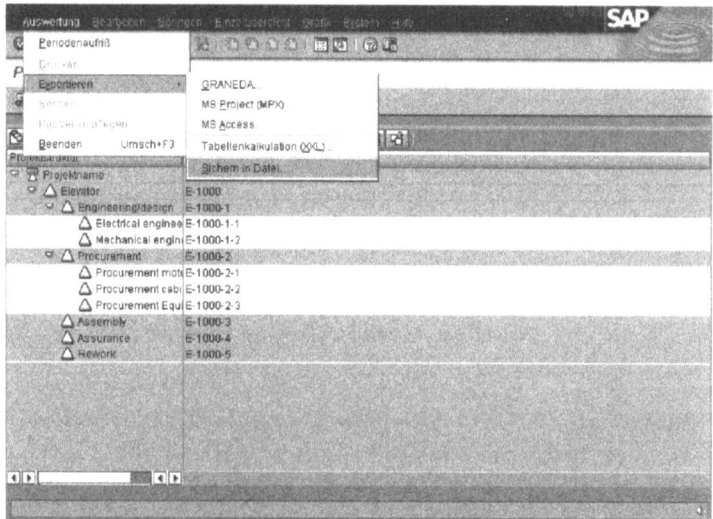

Abb. 3.65 Projektstrukturübersichtsbericht

Es erscheint das Fenster **Liste sichern in Datei**. Klicken Sie hier auf die Optionsschaltfläche ⬤ Rich Text Format, um die Datei anschließend in Word bearbeiten zu können, und bestätigen Sie die Eingabe mit der Schaltfläche ✓.

Schnittstellen

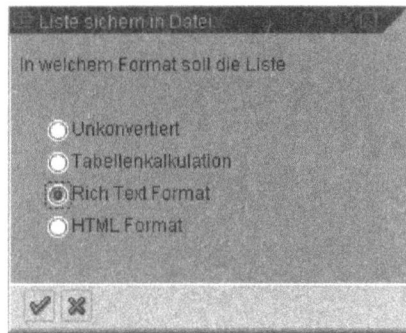

Abb. 3.66 Liste sichern in Datei...

Es erscheint das Fenster **RTF auf lokale Datei übertragen**. Vergeben Sie einen sinnvollen Dateinamen und klicken Sie anschließend auf die Schaltfläche Übertragen.

Abb. 3.67 auf lokale Datei übertragen

Starten Sie anschließend Word und öffnen Sie die Datei mit dem von Ihnen vorgegebenen Verzeichnis.

3   Anwendungsfall Modul PS

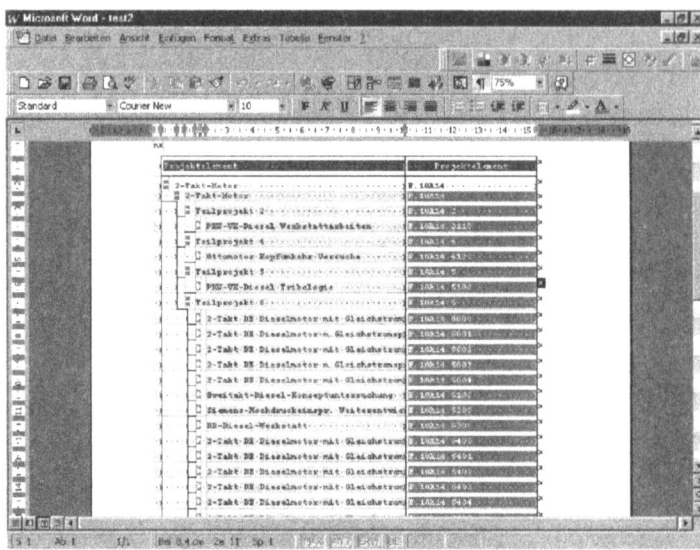

Abb. 3.68 Aufruf von Win Word

Tipps und Tricks

Die Vorgehensweise des Downloads von Daten nach Excel entspricht dem hier vorgestellten Weg in Word. Allerdings muss auf die Optionsschaltfläche  geklickt werden. In der Regel müssen nun noch weitere Bearbeitungen hinsichtlich des Layouts durchgeführt werden.

Projektplantafel

Der Schnelleinstieg

Vom Einstiegsmenü SAP R/3 über *SAP Menü / Rechnungswesen / Projektsystem / Grunddaten / Projekt / Projektplantafel / Projekt ändern.* Durch Doppelklick auf *Projekt ändern* gelangen Sie zum Fenster *Projektplantafel ändern.*

Projektplantafel

> Tragen Sie in das Textfeld **Projektdef**. die Projektnummer bzw. die PSP-Elementnummer ein, die Sie beplanen wollen. Geben Sie evt. die Planversion ein. Klicken Sie auf die Schaltfläche . Es erscheint das Fenster **Projekt:** ändern, in dem Sie Ihre Planwerte setzen können.

Die Grundlagen

Die Projektplantafel ist ein graphisches Werkzeug zur Steuerung von Terminen und Kosten. In der Projektplantafel wird die Projektstruktur und die Terminplanung zusammengeführt. Ausgehend von der Projektplantafel kann sowohl die Projektstruktur als auch ein Netzplan angelegt werden.

Die Aufgabe

Im Folgenden wird beschrieben, wie Sie

- die Projektplantafel aufrufen

Die Lösungsschritte

Starten Sie vom Einstiegsmenü SAP R/3 über **SAP Menü / Rechnungswesen / Projektsystem / Grunddaten / Projekt / Projektplantafel / Projekt ändern**.

115

3 Anwendungsfall Modul PS

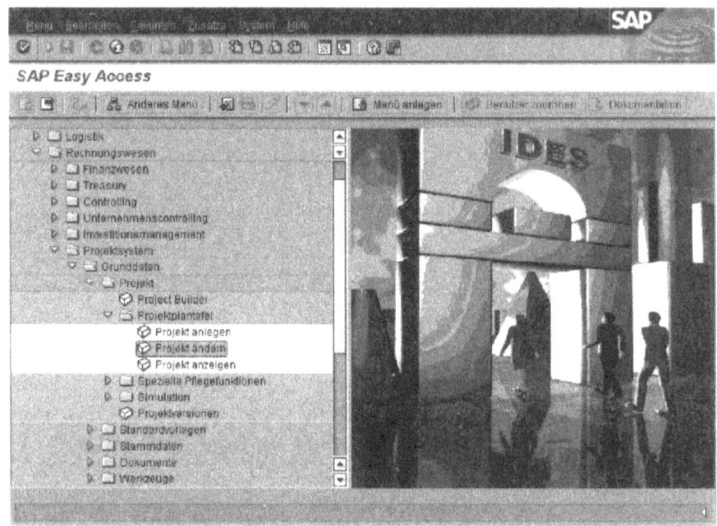

Abb. 3.69 SAP Menü

Durch Doppelklick auf **Projekt ändern** gelangen Sie zum Fenster **Projektplantafel ändern**.

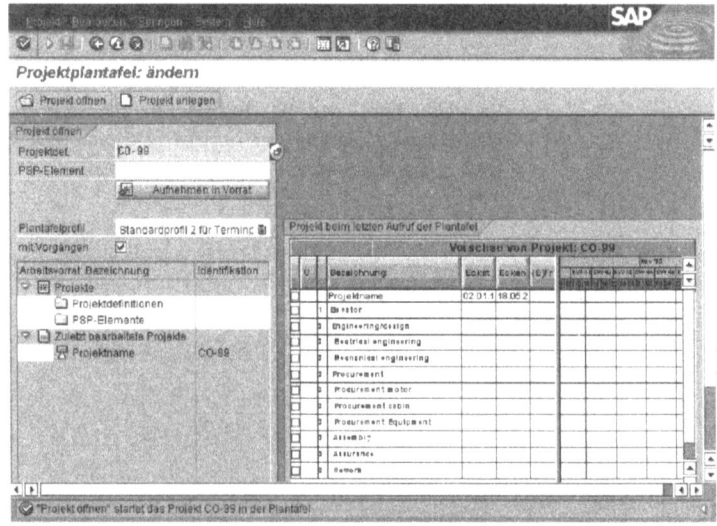

Abb. 3.70 Projektplantafel: ändern

Projektplantafel

Geben Sie bei **Projektdef.** die Projektnummer ein. Bestätigen Sie Ihre Eingabe mit der Schaltfläche ⊕. Es erscheint das Fenster **Projekt: ändern**.

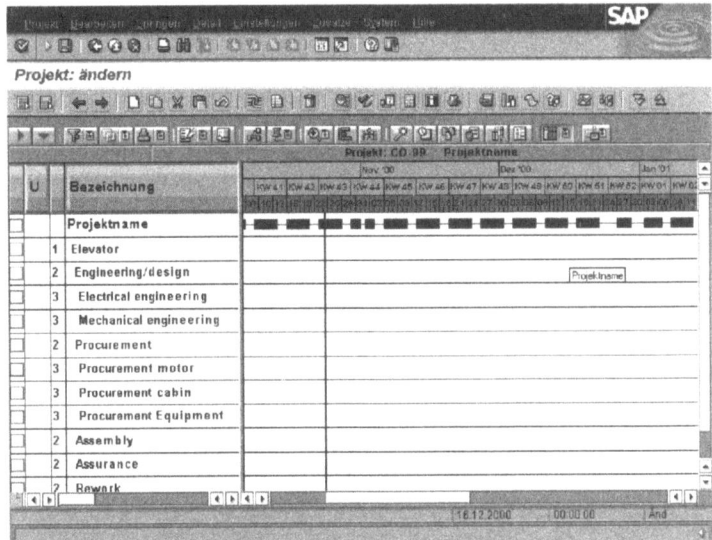

Abb. 3.71 Projekt: ändern

Tipps und Tricks

Die Projektplantafel eignet sich nicht zu Simulationszwecken, da für alle Daten, die in SAP erfasst bzw. geändert werden, Änderungsbelege geschrieben werden. Für Simulationszwecke sollten die Termindaten über die Standardschnittstelle von SAP bspw. nach MSProject geschrieben werden.

Diese Erscheinungsbilder erhalten Sie, wenn Sie in Ihrem SAP-System folgende Customizing-Einstellungen vornehmen:

- Plantafelprofil (siehe Kap. 7.3.7)
- Netzplanprofil (siehe Kap. 7.3.8)

3   Anwendungsfall Modul PS

Terminplanung

Der Schnelleinstieg

> Vom Einstiegsbild SAP R/3 über *SAP Menü / Rechnungswesen / Projektsystem / Termin / Ecktermine ändern*. Durch Doppelklick auf die Datei *Ecktermine ändern* gelangen Sie zum Fenster *Terminplanung ändern: Ecktermine*. Tragen Sie bei *Projektdef.* die *Projektnummer* ein und klicken Sie auf die Schaltfläche [Ecktermine]. Es erscheint das Fenster *Terminplanung ändern: Ecktermine*. Berücksichtigung des Fabrikkalenders aus der Projektdefinition.

Die Grundlagen

Terminierung bedeutet die Ausrichtung der Vorgänge nach Dauer, Anordnungsbeziehung, Terminierungsform und Terminlage. Dabei werden zwei Terminlagen unterschieden:

- früheste Lage: Die Vorgänge werden ausgehend vom frühest möglichen Zeitpunkt angeordnet.
- späteste Lage: Die Vorgänge werden ausgehend vom spätest möglichen Zeitpunkt angeordnet.

Die Aufgabe

Im Folgenden wird gezeigt, wie Sie Termine eingeben und eine Terminplanung vornehmen.

Die Lösungsschritte

Starten Sie vom SAP R/3 Einstiegsbild und wählen Sie die Menüfunktion **Rechnungswesen / Projektmanagement / Planung**, um in die Projektplanung zu gelangen.

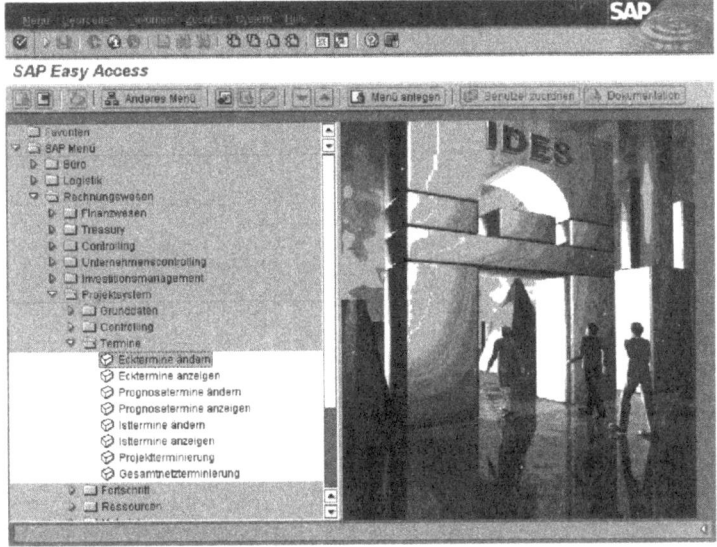

Abb. 3.72 SAP Menü

Es erscheint das Fenster **Terminplanung ändern: Ecktermine**. Geben Sie die Projektnummer in das dafür vorgesehene Feld ein und klicken Sie auf die Schaltfläche Ecktermine .

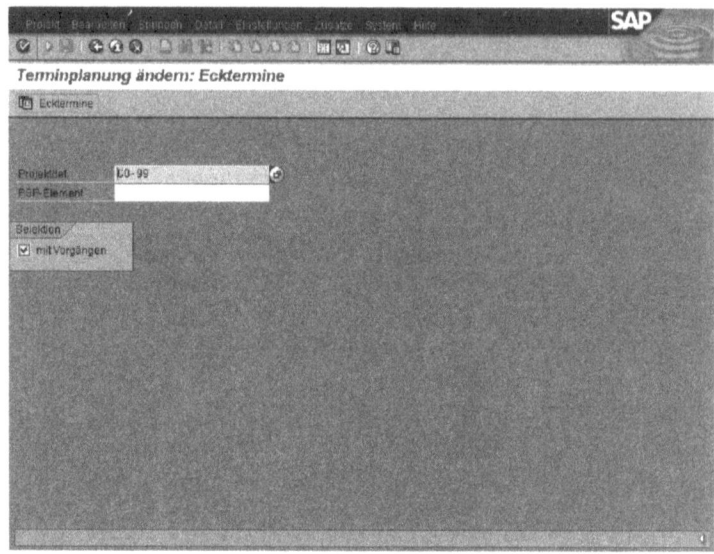

Abb. 3.73 Terminplanung ändern: Ecktermine

Es erscheint das Fenster **Terminplanung ändern: Ecktermine**. Markieren Sie das zu beplanende PSP-Element und klicken Sie anschließend auf das Register ![Ecktermine].

Es erscheint das Fenster **Terminplanung ändern: Ecktermine**. Geben Sie die Daten ein und bestätigen Sie die Eingabe mit der Schaltfläche ![✓].

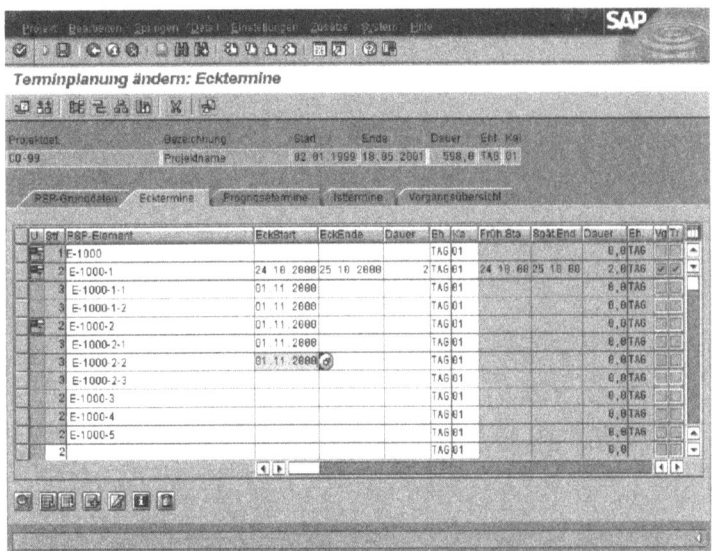

Abb. 3.74 Terminplanung ändern: Ecktermine

Es erscheint wieder das Fenster **Terminplanung ändern: Ecktermine**.

4 Grundlagen zum Modul IM

Bei SAP R/3 handelt es sich um eine Standardsoftware, die für die verschiedenen betriebswirtschaftlichen Aufgabenbereiche ein eigenes Modul anbietet. Gleichzeitig sind die verschiedenen Module vollständig ineinander integriert. Somit steht ein ganzheitliches System zur Verfügung, das alle betriebswirtschaftlichen Aufgaben erfüllt.

Das Modul IM (Investitionsmanagement) unterstützt mit seinen Berichten die Verwaltung und Steuerung von übergreifenden Investitionsbudgets. Neben der projektorientierten Analyse im Modul PS haben Sie mit IM die Möglichkeit einer dv-gestützten, gesamtheitlichen Berichterstattung über alle Investitionsprojekte eines Unternehmens.

Allgemeines zum Modul Investitionsmanagement

Im Vorfeld der Leistungserstellung müssen Investitionen getätigt werden, die in einer dynamischen Marktwirtschaft immer mehr an Bedeutung gewinnen. Sie binden langfristig knappe Kapitalressourcen im Unternehmen und erhöhen den Fixkostenblock des Unternehmens.

Der Umfang und die Komplexität von Investitionen in einem Unternehmen machen den Einsatz von Software zur Unterstützung der unternehmensweiten(konzern-) Investitionsabwicklung unumgänglich. SAP stellt mit der Anwendung IM ein Instrumentarium zur Verfügung, das den Investitionsprozess von der Planungs- über die Realisierungs- bis hin zur Aktivierungsphase begleitet. Dies beinhaltet Funktionen für die buchhalterische und controllingorientierte Abwicklung einzelner Investitionsmaßnahmen.

Hervorzuheben ist, dass das IM sich der Funktionalitäten und Daten der Module FI, CO, PS, AM und PM bedient. Die integrative Verknüpfung der einzelnen Funktionalitäten zu einem Gesamtprozess ermöglicht ein effizientes Investitions-Controlling, das der Bedeutung von kapitalintensiven Investitionen Rechnung trägt.

Die Anwendung IM eignet sich für Unternehmen, die regelmäßig kapitalintensive Investitionen tätigen. Wichtige Entscheidungskriterien für den Einsatz des IM sind jeweils die Anzahl und die Komplexität der Investitionsmaßnahmen, deren Bedeutung für das Unternehmen und die Höhe des Investitionsbudgets.

Die Komponente IM kann eingesetzt werden für die Planung und Abwicklung von Sachanlageinvestitionen, Anlagen im Bau und für Instandhaltungsinvestitionen. Investitionen in Beteiligungen oder Wertpapiere werden über das Modul Treasury abgewickelt.

Einzelkomponenten des Investitionsmanagements

Das IM besteht im Release 4.5b aus vier Komponenten:

1. Investitionsprogramme
2. Investitionsmaßnahmen
3. Informationssystem
4. Investitionsanforderungen

Investitionsprogramme

Das Investitionsprogramm besteht aus hierarchisch geordneten Programmpositionen. Die Komponente IM ermöglicht durch flexible, strukturierbare Organisationseinheiten (Programmpositionen) die Abbildung von alternativen Unternehmensstrukturen. Hierbei haben Sie die Alternative, das Investitionsprogramm nach beliebigen Kriterien, z. B. Verantwortungsbereichen, Bilanzpositionen, Investitionsarten oder Investitionszwecken, zu strukturieren und ihnen Investitionsbudgets zuzuordnen. Ein Investitionsprogramm stellt hiermit eine hierarchische Abbildung aller geplanten und genehmigten (budgetierten) Investitionsaufwendungen eines Unternehmens dar.

Bei jeder Programmposition können organisatorische Festlegungen, wie z. B. Kostenrechnungskreis, Buchungskreis, Gesellschaft, Werk, Profit-Center oder Verantwortlicher hinterlegt werden.

Einzelkomponenten des Investitionsmanagement

Zusätzlich können über die Benutzerfelder weitere Merkmale definiert werden, die dann als Berichtsauswahlkriterium dienen.

Die Unternehmensorganisation bildet in den meisten Fällen die Grundlage für den Aufbau des Investitionsprogramms. Bei der Strukturierung sollten Aspekte der gewünschten Investitionsberichterstattung Berücksichtigung finden.

Stammdaten

Das Investitionsprogramm beinhaltet zwei Grundelemente, die die Grundeinstellungen und Struktur des Investitionsprogramms bestimmen. Es handelt sich hierbei um die Programmdefinition und um Programmpositionen. Innerhalb der Grundelemente werden im Folgenden die wichtigsten Stammdaten erläutert.

Programmdefinition Bei der Anlage des Investitionsprogramms muss in einem ersten Schritt die Programmdefinition angelegt werden.

Die Programmdefinition beinhaltet, ähnlich wie die Projektdefinition, allgemeine Grundeinstellungen, die einen verbindlichen Rahmen für das gesamte Investitionsprogramm darstellen. Zusätzlich können Stammdatenfelder für die nachfolgenden Investitionsprogrammpositionen vorbelegt werden. Innerhalb der Programmdefinition sind folgende Grundeinstellungen vorzunehmen und werden im Customizing festgelegt:

Programmart Die Programmart beinhaltet Grundeinstellungen für die Zeitdauer der Programmplanung und Budgetierung, die wiederum in einem Plan- bzw. Budgetprofil hinterlegt werden. Daneben können Sie hier einstellen, ob die Funktion Budgetverteilung eingesetzt wird. Die Programmart, das Plan- bzw. Budgetprofil werden im Customizing definiert.

Mit der Hinterlegung der Programmart im Projektbudgetprofil können Sie z. B. erreichen, dass die Projektbudgetierung erst nach Zuordnung zum Investitionsprogramm mit entsprechender Programmart durchgeführt wird.

Genehmigungsgeschäftsjahr Das Genehmigungsgeschäftsjahr legt den Zeitpunkt dar, wann das Investitionsprogramm genehmigt wird. Es beinhaltet keine Aussage über den Planungs- bzw. Budgetierungshorizont.

Geschäftsjahresvariante Die Geschäftsjahresvariante beinhaltet die Einteilung des Geschäftsjahres in Perioden, die im Berichtswesen analysiert werden können. Die Jahreseinteilung in Perioden kann von gesetzli-

Währung Die Plan- bzw. Budgetwerte werden in dieser Währung im Berichtswesen angezeigt.

chen Berichtszeiträumen abweichen und sollte nach Controlling-Gesichtspunkten bestimmt werden.

Programmpositionen

Einzelne Elemente eines Investitionsprogramms werden als Programmpositionen bezeichnet. Die einzelnen Programmpositionen beinhalten eigene Stammdatenfelder, die für Auswertungszwecke herangezogen werden z. B. Profit-Center, Buchungskreis, Kostenstelle, Gesellschaft, Geschäftsbereich ...

Benutzerfelder

Neben Standardfeldern bietet SAP sog. Benutzerfelder an, die frei definiert werden können. Diese Benutzerfelder dienen als Erweiterung der vorhandenen Standardfelder. Sie werden im Customizing festgelegt. Die Benutzerfelder werden nach Text-, Mengen-, Wert- und Terminfeldern differenziert. Hervorzuheben ist, dass keine Konsistenzprüfung der Inhalte erfolgt. Im Informationssystem können diese Felder ausgewertet werden.

Investitionsmaßnahmen

Investitionsmaßnahmen dienen dazu, die Plan- als auch Istkosten bzw. Ausgaben nach controllingorientierten und abrechnungstechnischen Gesichtpunkten von den übrigen Kosten eines Unternehmens zu separieren. SAP bietet die Option, Investitionsvorhaben über Investitionsprojekte und/oder Innenaufträge abzubilden.

Innenaufträge dienen für einfache, übersichtliche und mit weniger Risiko behaftete Investitionsmaßnahmen, die ein geringes Volumen beanspruchen.

Die Abbildung über Investitionsprojekte sollte dagegen zur Anwendung kommen, wenn lang laufende, risikobehaftete und umfangreiche Vorhaben durchgeführt werden, die betriebswirtschaftlich einer besonderen Überwachung unterliegen sollten. (Siehe Kapitel 6.0 – Integration)

Informationssystem

Innerhalb des Berichtswesen bietet SAP neben den Standardreports die Option, weitere Berichte über die allgemeine Anbindung an die Recherchefunktion im SAP R/3 zu erstellen. Das Informationssystem zeichnet sich durch eine flexible Darstellung der Berichte, Verzweigung in andere Berichte und graphische Aufbereitung aus.

Maßnahmenanforderungen

SAP bietet mit der Funktionalität Maßnahmenanforderung die Möglichkeit, gewünschte Investitionen im Vorfeld eines Projekts bzw. Innenauftrags vor ihrer Genehmigung direkt im System zu erfassen und mit einem Genehmigungsverfahren zu verbinden. Die Planwerte in der Maßnahmenanforderung können für eine Wirtschaftlichkeitsbetrachtung herangezogen und in die gesamtheitliche Planung übernommen werden. Für die Wirtschaftlichkeitsanalyse stehen standardisierte Investitionsrechnungen zur Verfügung. Die Funktionalität der Maßnahmenanforderungen wird im Rahmen der folgenden Ausführung nicht behandelt.

Zuordnung von Investitionsmaßnahmen zum Investitionsprogramm

Die unternehmensweite Steuerung und Überwachung von Investitionsmaßnahmen wird durch die Zuordnung der einzelnen Projekte oder Innenaufträge zu einer oder mehreren Investitionsprogrammpositionen ermöglicht. Bei der Zuordnung werden die Investitionsmaßnahmen mit der untersten Hierarchieebene (Investitionsprogrammposition IPP) des Investitionsprogramms verknüpft.

Ziel der Verknüpfung ist eine Klassifikation der Investitionen nach unterschiedlichen Klassifikationsmerkmalen. Häufig sind organisatorische oder produktbereichsorientierte Merkmale in der Praxis anzutreffen. (Siehe Kapitel 6.0 – Integration)

Funktionen der Komponente Investitionsmanagement

Investitionsplanung

Das Modul IM ermöglicht im Allgemeinen eine Investitionsplanung, die zum einen auf konkreten Maßnahmen im Planungsstadium aufbaut. Zum anderen haben Sie die Alternative, eine pauschale, maßnahmenunabhängige Planung vorzunehmen, deren Höhe z. B. aus betriebswirtschaftlichen oder steuerrechtlichen Überlegungen abgeleitet wird (z. B. bilanzorientierter Ansatz, Berücksichtigung von Investitionsförderungen). In der Praxis werden häufig Investitionen in Sachanlagevermögen für Forschungsbereiche pauschal geplant, da die Forschung in ihrer Eigenart sehr dynamisch ist und Vorhersagen unmittelbar von Forschungsergebnissen abhängig sind.

Maßnahmenbasierte Bottom – Up - Planung

Bei einer maßnahmenbasierten Investitionsplanung liegen konkrete Vorschläge der geplanten Vorhaben vor. Die Investitionsplanung auf der Stufe der Maßnahmen unterscheidet sich durch den Detaillierungsgrad von der programmbasierten Planung. (Siehe Kapitel 6.0 – Integration)

Programmbasierte Bottom – Up - Planung

Voraussetzung für eine programmbasierte Bottom-Up-Planung ist die Erstellung eines strukturierten Investitionsprogramms. Die einzelnen geplanten Werte werden auf den untersten Investitionsprogrammpositionen erfasst und auf die oberste Programmebene hochgerollt.

Unabhängig von der Programmstruktur bietet das Modul IM die Trennung der Investitionsplanung nach Budgetarten. Die Trennung könnte z. B. nach aktivierungspflichtigem Aufwand oder

Gemeinkosten oder nach verschiedenen Finanzierungstöpfen erfolgen.

Kombinierte Bottom-Up-Planung

Die kombinierte Bottom-Up-Planung ist eine Verknüpfung der programmbasierten und maßnahmenabhängigen Planung. Diese Alternative ist zu wählen, wenn neben pauschalen Planwerten auch konkrete Maßnahmen zum Planungszeitpunkt bekannt sind.

Planversionen

Die Bottom-Up-Planung kann in verschiedenen Planversionen geführt werden. In der Praxis werden Planversionen zum einen zur Abbildung von Planungsständen (Zeitbezug) herangezogen. Zum anderen können Planversionen für den gleichen zu planenden Sachverhalt eingesetzt werden, um die subjektiven Sicherheitspolster der planenden Personen zu minimieren. Die Höhe des subjektiven Sicherheitspolsters ist unter anderem von folgenden Einflussfaktoren abhängig:

- Erfahrung
- Persönliche Risikoaversion
- Bildung
- Fachwissen

Dies erfolgt meist in Form von definierten Personengruppen, die unabhängig voneinander planen. Als Ergebnis wird meist der Durchschnittswert der geplanten Größen in die Planung einbezogen. Die aktuelle Planversion im SAP R/3 ist null.

Investitionsprogrammbudgetierung

Unter Programmbudgetierung ist die verbindliche Genehmigung der zuvor geplanten Investitionen im Investitionsprogramm zu verstehen. Davon zu unterscheiden ist die Genehmigung der konkreten Investitionsmaßnahmen (Projektbudget oder Auftragsbudget).

Das Programmbudget kann in drei Kategorien geführt werden, um alle Aktualisierungen des ursprünglichen Budgets analysieren zu können:

a) Originalbudget

Unter Originalbudget werden die erstmalig genehmigten Mittel verstanden

b) Nachtragsbudget

Das Nachtragsbudget umfasst Aufstockungen des Originalbudgets

c) Rückgabebudget

Das Rückgabebudget umfasst Reduzierungen des Budgets.

Das aktuelle Budget ist das Ergebnis aus Original- und Nachtragsbudget reduziert um Rückgaben. Die Funktionalität kann auch für das Maßnahmenbudget im PS- oder CO-Modul eingesetzt werden, so dass eine Budgethistorie aufgebaut wird.

Programmbasierte Budgetierung mit separater Maßnahmenbudgetierung

Bei der programmbasierten Budgetierung werden die zugeordneten Maßnahmen nicht automatisch zum gleichen Zeitpunkt budgetiert. Es erfolgt eine chronologische und funktionale Separierung der Programm- und Maßnahmenbudgetierung. Die Maßnahmenbudgetierung kann, z. B. bei pauschalen Budgets, erst bei der Konkretisierung eines Investitionsvorhabens erfolgen. In diesem Fall werden im Berichtswesen die Maßnahmenbudgets dem Programmpositionsbudget gegenübergestellt.

Diese Variante ist in Betracht zu ziehen, wenn eine Voraussage über die Budgetverteilung auf Maßnahmen nicht möglich oder nicht gewollt ist. (Siehe Kapitel 6.0 – Integration)

Maßnahmenbasierte Budgetierung mit Budgetverteilung

Bei der maßnahmenbasierten Budgetierung durch Budgetverteilung wird wie in der obigen Erläuterung das Investitionsbudget top-down bis auf die unterste Hierarchie im IM verteilt, um dann anschließend auf die Maßnahmen aufgeteilt zu werden. (Siehe Kapitel 6.0 – Integration)

Budgetartenorientierte Budgetierung

Die Budgetierung nach Budgetarten entspricht der o. g. Budgetierungsmethodik. In diesem Falle erfolgt die Trennung nach Budgetarten (Finanzierungstöpfe). (Siehe Kapitel 6.0 – Integration)

Statusverwaltung

Die Sicherstellung des organisatorischen Ablaufs der Planung und Abwicklung von Investitionen wird durch die Statusverwaltung von SAP R/3 gewährleistet. Die Statusverwaltung ermöglicht durch die Festlegung von Anwenderstatus u. a. die Steuerung aller betriebswirtschaftlichen Aktivitäten innerhalb des Investitionsprozesses. Die Verbindung von betriebswirtschaftlichen Aktivitäten mit dazugehörigen Berechtigungen erlauben eine optimale Gestaltung der Entscheidungsfindung. Neben den Systemstatus Eröffnet, Freigegeben, Gesperrt, usw. können zusätzlich Anwenderstatus definiert werden.

Abschreibungsvorschau

Für die frühzeitige Kostenplanung wurde mit der Abschreibungssimulation ein Instrument entwickelt, das diesen Anforderungen Rechnung trägt. (Siehe Kapitel 6.0 – Integration)

Funktionsumfang

In die Abschreibungssimulation können sowohl geplante Investitionen als auch das aktive Anlagevermögen einbezogen werden. Die Resultate können anschließend in das Modul CO-Kostenartenrechnung übernommen werden.

Abhängig vom Genauigkeitsgrad und der Konkretisierungsphase der Investitionsplanung ist eine Abschreibungssimulation auf der Ebene der Investitionsprogrammposition, der Projektebene und der Ebene der Innenaufträge durchführbar.

Die Abschreibungssimulation kann auch unter Berücksichtigung der drei Ebenen und dem aktiven Anlagenbestand erfolgen. (Siehe Kapitel 6.0 – Integration)

Abschreibungsparameter

Die Eingabe der Abschreibungsparameter ist zwingende Voraussetzung für die Durchführung der Simulation. Hierbei müssen die Planwerte/Budgetwerte auf der jeweiligen Ebene durch Abschreibungsparameter ergänzt werden. (Siehe Kapitel 6.0 – Integration)

Verfügungen auf Investitionsmaßnahmen

Im Rahmen dieser Ausarbeitung wird kurz ein Überblick über mögliche Verfügungen gegeben. Verfügungen für die Erstellungen einer Investitionsmaßnahme sind alle Ist-Kosten (Ausgaben, Auszahlungen) und offene Bestellungen oder Bestellanforderungen. Folgende Möglichkeiten sind in Betracht zu ziehen:

1. Beschaffung von Anlagen
2. Externer Warenbezug
3. Interne Warenentnahme
4. Interne Leistungsentnahme
5. Anzahlungen

Informationssystem

Das Berichtswesen im IM unterstützt das Investitionsmanagement von der Investitionsplanung- über die Durchführung- bis hin zur Abrechnungs- und Aktivierungsphase. Durch die Integration innerhalb des Moduls IM und innerhalb des SAP R/3-Systems sind flexible Darstellungen mit Hilfe der Recherche-Technik von SAP R/3 und aktuelle Informationsauswertungen möglich.

Die Verfügbarkeitsorientierten Berichte sind wichtiger Bestandteil der Abwicklung von Investitionen.

In diesen Berichten sind Informationen über die genehmigten Mittel auf Programm- und Maßnahmenebene vorhanden. Denen werden die Ist-Ausgaben und offene Bestellanforderungen bzw. Bestellungen von Maßnahmen als Obligo gegenübergestellt.

Informationssystem Investitionsprogramm

Auf der Ebene des Investitionsprogramms sind Analysen von Plan- und Budgetwerten sowie den zugeordneten Maßnahmen nach verschiedenen Kriterien möglich. Für die Budgetüberwachung unterscheidet das IM zwischen Original-, Nachtrags- und Vortragsbudget.

Informationssystem Investitionsmaßnahmen

Die Investitionsmaßnahmen können durch Projekte oder Innenaufträge abgebildet werden. Falls sie über Projekte abgewickelt werden, stehen die Auswertungsmöglichkeiten des PS zur Verfügung. Im anderen Falle bedient sich das IM der Berichtsmöglichkeiten des Auftragswesens.

Informationssystem Anlagenbuchhaltung

Es stehen Ihnen alle Standardberichte der Anlagenbuchhaltung über eine Verknüpfung zum IM zur Verfügung. Insbesondere ist hier auf den Abschreibungssimulationsbericht hinzuweisen.

Jahreswechsel

Die Investitionsprogramme werden charakterisiert durch den Investitionsprogrammnamen und das Genehmigungsjahr, das dem Geschäftsjahr entspricht. Folglich ist für jedes Geschäftsjahr ein Investitionsprogramm einzurichten. Zur Reduzierung des Zeitaufwands stellt das IM für den Geschäftsjahreswechsel verschiedene Funktionalitäten bereit. Die Struktur des Investitionsprogramms kann aus dem vergangenen Jahr kopiert und anschließend bei Bedarf aktualisiert werden. Alle Maßnahmen, die den Systemstatus Eröffnet, Freigegeben oder Technisch Abgeschlossen haben, können in das nächste Jahr mit ihren Plan- und Budgetwerten optional übernommen werden.

Diese Maßnahmen werden dann als alte Maßnahmen im System gekennzeichnet. Somit ist eine Unterscheidung zwischen im vergangenen Jahr und im aktuellen Jahr genehmigten Maßnahmen möglich. Wichtig ist hierbei, dass nicht in Anspruch genommenes Programmbudget von abgeschlossenen Maßnahmen verfällt.

5 Anwendungsfall Modul IM

Investitionsprogramme

Stammdaten

Der Schnelleinstieg

> Vom Einstiegsbild SAP R/3 über *SAP Menü / Rechnungswesen / Investitionsmanagement / Programme / Stammdaten / Programmdefinition / Anlegen*. Durch Doppelklick auf *Anlegen* gelangen Sie zum Fenster *Programmdefinition anlegen*. Eingabe des Investitionsprogrammnamens, des Genehmigungsjahres und der Programmart. Abschließend abspeichern der eingegebenen Daten mit der Schaltfläche 💾.

Die Grundlagen

BASICSBASICSBAS

Programmdefinition Das Investitionsprogramm beinhaltet zwei Grundelemente, die die Grundeinstellungen und Struktur des Investitionsprogramms bestimmen. Es handelt sich hierbei um die Programmdefinition und um Programmpositionen.

Bei der Anlage des Investitionsprogramms muss in einem ersten Schritt die Programmdefinition angelegt werden.

Die Programmdefinition beinhaltet, ähnlich wie die Projektdefinition, allgemeine Grundeinstellungen, die einen verbindlichen Rahmen für das gesamte Investitionsprogramm darstellen. Zusätzlich können Stammdatenfelder für die nachfolgenden Investitionsprogrammpositionen vorbelegt werden.

Die Aufgabe

Im Folgenden wird anhand eines Anwendungsbeispiels erläutert, wie eine Programmdefinition angelegt wird und welche Schritte dabei notwendig sind.

Die Lösungsschritte

Starten Sie vom Einstiegsbild SAP R/3 über ***SAP Menü / Rechnungswesen / Investitionsmanagement / Programme / Stammdaten / Programmdefinition / Anlegen***.

Abb. 5.1 Einstiegsfenster SAP R/3

Durch Doppelklick auf ***Anlegen*** gelangen Sie zum Fenster ***Programmdefinition anlegen***.

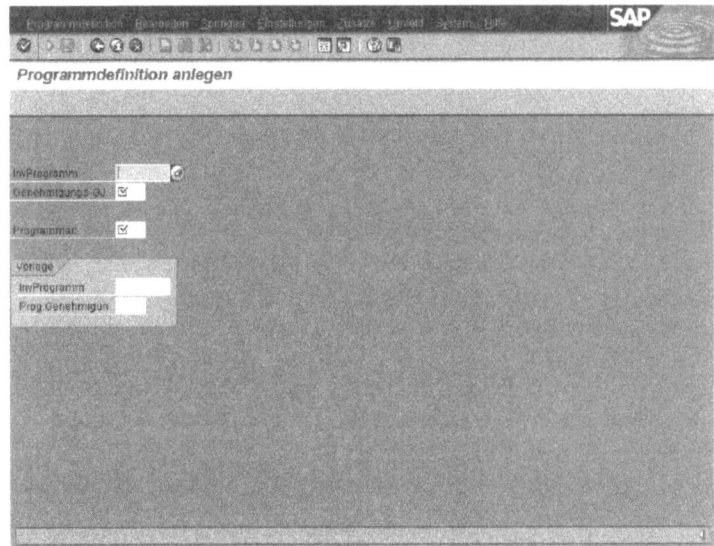

Abb. 5.2 Aufruf Programmdefinition

Geben Sie den Investitionsprogrammnamen, das Genehmigungsjahr und die Programmart ein und bestätigen Sie die Eingabe mit der Schaltfläche .

Es erscheint das Fenster **Programmdefinition anlegen**. Geben Sie einen ausführliche Bezeichnung des Investitionsprogramms, die Geschäftsjahresvariante und die Währung ein und speichern Sie die Eingabe mit der Schaltfläche .

5 Anwendungsfall Modul IM

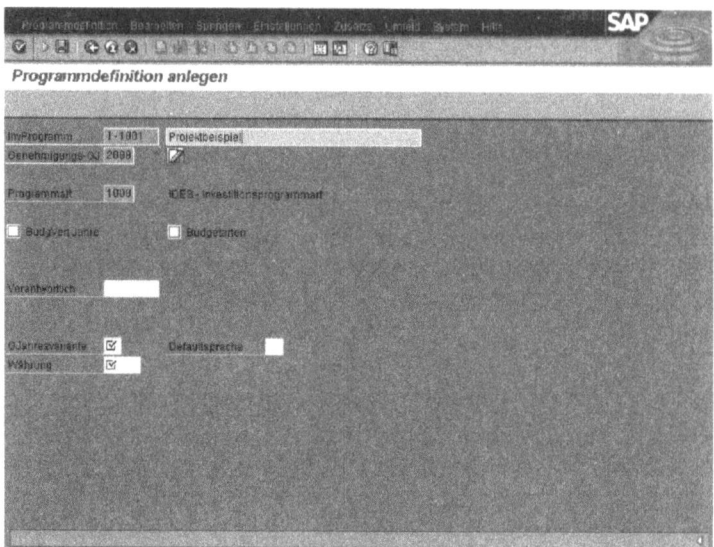

Abb. 5.3 Fenster zur Pflege der Programmdefinition

Tipps und Tricks

Falls ähnliche bzw. identische Programmdefinitionen vorhanden sind, können Sie über Kopieren Vorlage eine Programmdefinition kopieren.

Programmposition

Der Schnelleinstieg

Vom Einstiegsmenü SAP R/3 über *SAP Menü / Rechnungswesen / Investitionsmanagement / Programme / Investitionsprogramme / Programme / Stammdaten / Struktur bearbeiten.* Durch Doppelklick auf *Struktur bearbeiten* gelangen Sie zum Fenster *Programmstruktur ändern.* Eingabe des Programmnamens und des Genehmigungsjahres und Eingabe mit der Schaltfläche ✓ bestätigen. Es erscheint das Fenster *Struktur von....* Über die Schaltfläche ▢ können Sie nun die Programmpositionen anlegen. Abschließend die angelegten Programmpositionen mit der Schaltfläche 💾 speichern.

Die Grundlagen

Das Investitionsprogramm beinhaltet zwei Grundelemente, die die Grundeinstellungen und Struktur des Investitionsprogramms bestimmen. Es handelt sich hierbei um die Programmdefinition und um Programmpositionen.

Die Struktur des Investitionsprogramms wird über hierarchisch geordnete Programmpositionen abgebildet. In der Praxis bildet die Unternehmensorganisation häufig die Grundlage für den Aufbau des Investitionsprogramms. Die Programmpositionen besitzen Standardfelder, wie z. B. Buchungskreis, Geschäftsbereich, Werk, Bilanzposition, die im Informationssystem als Auswertungskriterien herangezogen werden können.

Die Aufgabe

Im Folgenden wird gezeigt, wie die Investitionsprogrammstruktur und damit die Programmpositionen angelegt werden können.

Die Lösungsschritte

Starten Sie vom Einstiegsmenü SAP R/3 über **SAP Menü / Rechnungswesen / Investitionsmanagement / Programme / Investitionsprogramme / Programme / Stammdaten / Struktur bearbeiten**

5 Anwendungsfall Modul IM

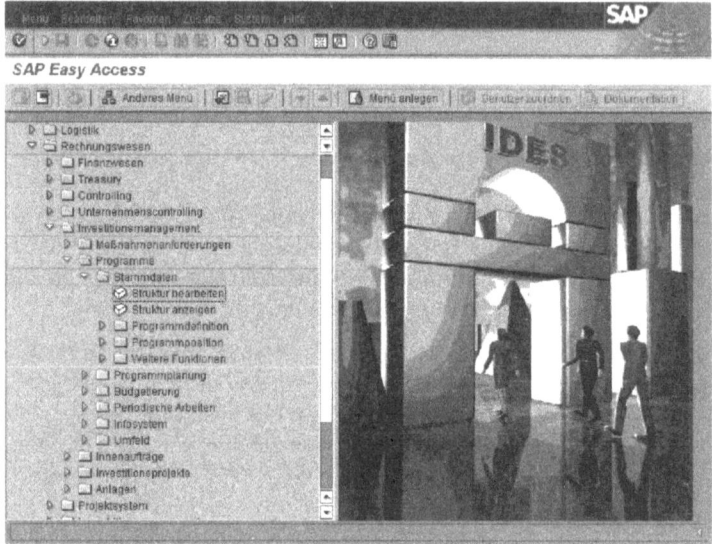

Abb. 5.4 Einstiegsfenster Investitionsprogramm

Durch Doppelklick auf **Struktur bearbeiten** gelangen Sie zum Fenster **Programmstruktur ändern**. Geben Sie den Programmnamen und das Genehmigungsjahr ein und bestätigen Sie die Eingabe mit der Schaltfläche ⊘.

Investitionsprogramme

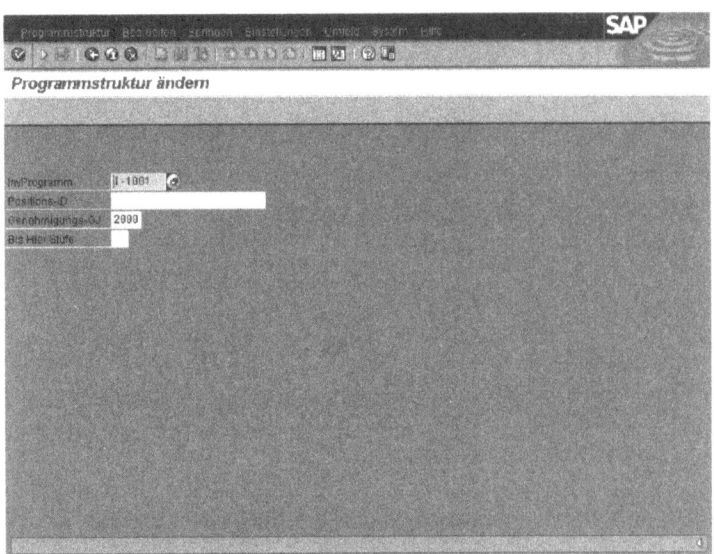

Abb. 5.5 Aufruf Programmstruktur

Es erscheint das Fenster **Struktur von** .... Markieren Sie mit dem Cursor die Programmdefinition und klicken Sie dann auf die Schaltfläche ▢ .

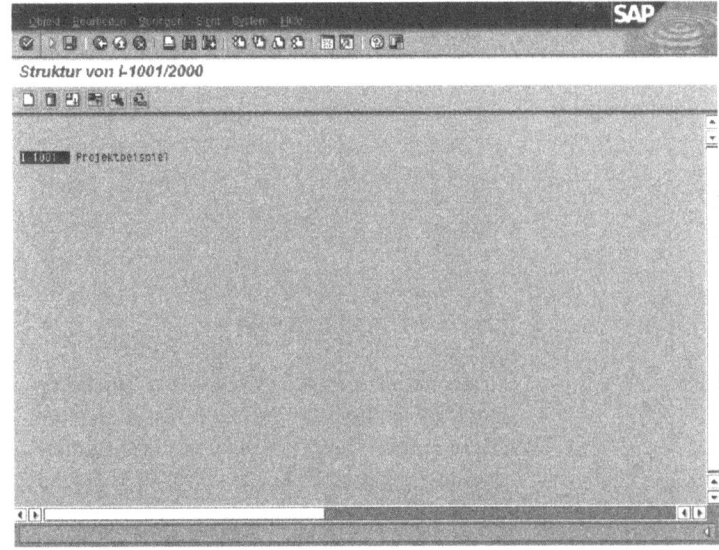

Abb. 5.6 Programmstruktur

Es erscheint die Dialogbox **Anlagen Top-Position**. Geben Sie die Programmdefinition und Bezeichnung nochmals ein und fügen Sie außerdem den Kostenrechnungskreis hinzu.

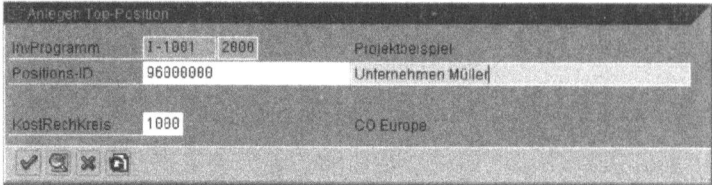

Abb. 5.7 Anlegen einer Programmposition

Anschließend können Sie durch Markieren der im ersten Schritt angelegten Programmdefinition und Betätigen der Schaltfläche ▢ die Programmpositionen (IPPs) anlegen.

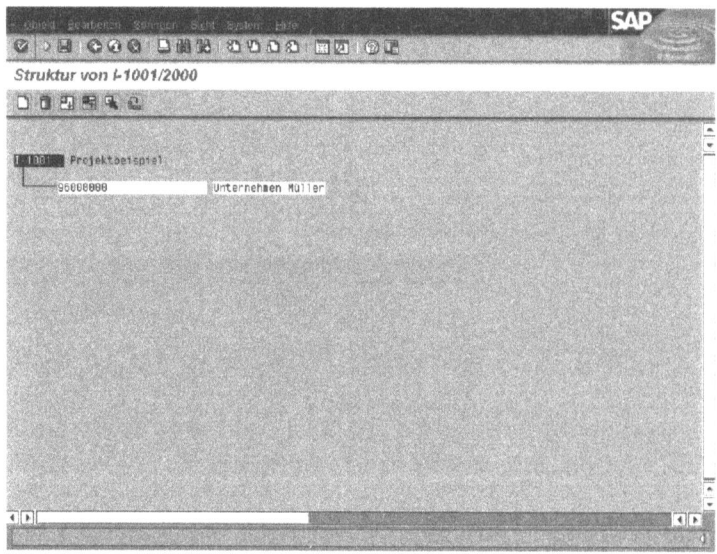

Abb. 5.8 Programmstruktur

Es erscheint dann die Dialogbox **InvProgrammpositionen anlegen**. Es können nun die gewünschten Programmpositionen eingetragen werden, bis die komplette Investitionsprogrammstruktur angelegt ist.

Investitionsprogramme

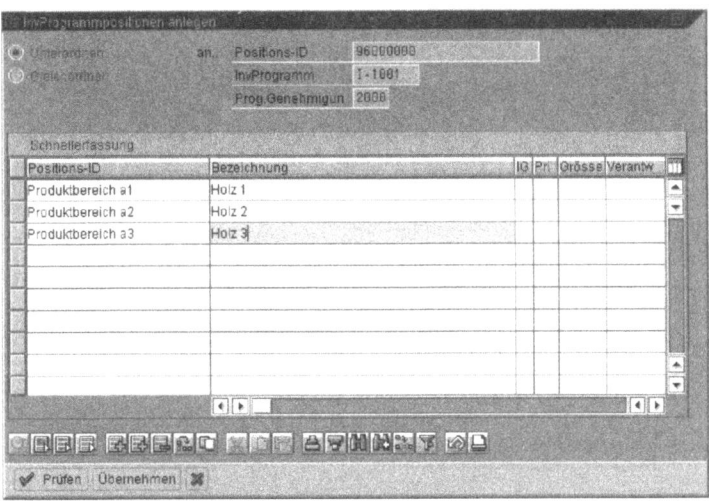

Abb. 5.9 Anlegen von Programmpositionen

Es erscheint wieder das Fenster **Struktur von** ... mit der angelegten Investitionsprogrammstruktur.

Abschließend müssen Sie dann Ihre Eingaben mit der Schaltfläche 🖫 sichern.

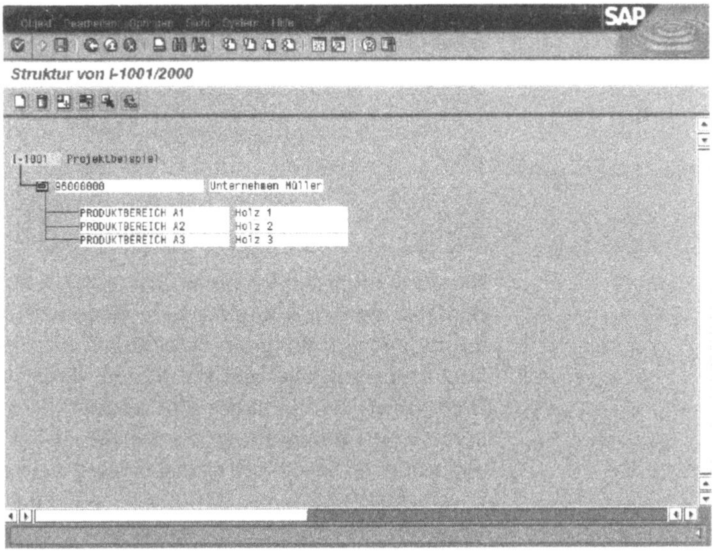

Abb. 5.10 Programmstruktur

Tipps und Tricks

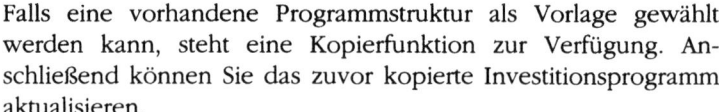

Falls eine vorhandene Programmstruktur als Vorlage gewählt werden kann, steht eine Kopierfunktion zur Verfügung. Anschließend können Sie das zuvor kopierte Investitionsprogramm aktualisieren.

Pflege der Benutzerfelder

Der Schnelleinstieg

> Vom SAP R/3 Einstiegsbild über *SAP Menü / Rechnungswesen / Investitionsmanagement / Programme / Stammdaten / Struktur bearbeiten*.
>
> Durch Doppelklick auf *Struktur bearbeiten* gelangen Sie zum Fenster *Programmstruktur ändern*. Eingabe des Investitionsprogrammnamens, der Programmposition und des Genehmigungsjahres. Anschließend Eingabe bestätigen mit der Schaltfläche ✓. Es erscheint das Fenster: *Pstruktur von ....* Mit Doppelklick gelangen Sie auf die Detailmaske der Programmposition. Anschließend über die Menüfunktion *Springen / Benutzerfelder* in das Fenster für die Pflege der Benutzerfelder. Eingabe der Benutzerfelder und anschließende Bestätigung.

Die Grundlagen

Neben Standardfelder bietet SAP sog. Benutzerfelder an, die frei definiert werden können. Diese Benutzerfelder dienen als Erweiterung der vorhandenen Standardfelder. Sie werden im Customizing festgelegt. Die Benutzerfelder werden nach Text-, Mengen-, Wert- und Terminfelder differenziert. Hervorzuheben ist, dass keine Konsistenzprüfung der Inhalte erfolgt. Im Informationssystem können diese Felder ausgewertet werden.

Die Aufgabe

Im Folgenden wird gezeigt, wie man konkret an die Benutzerfelder gelangt und wie diese gepflegt werden.

Die Lösungsschritte

Starten Sie vom SAP R/3 Einstiegsbild über **SAP Menü / Rechnungswesen / Investitionsmanagement / Programme / Stammdaten / Struktur bearbeiten**.

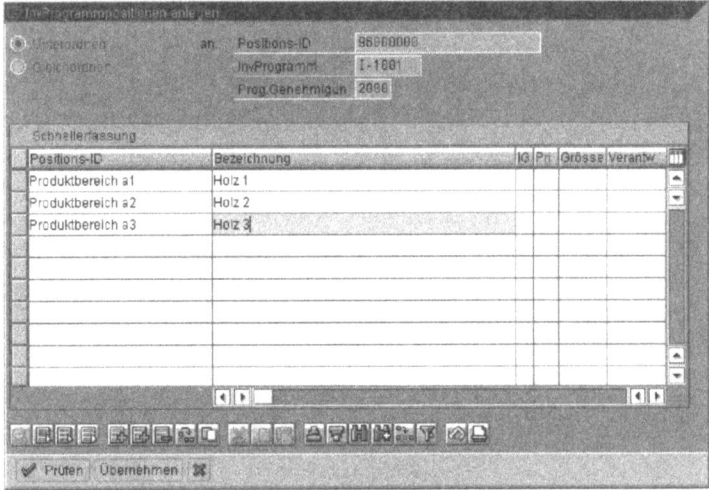

Abb. 5.11 SAP Menü

Durch Doppelklick auf **Struktur bearbeiten** gelanegn Sie zum Fenster **Programmstruktur ändern**. Geben Sie Programmname und Genehmigungsjahr ein und bestätigen Sie die Eingabe mit der Schaltfläche ✓.

5   Anwendungsfall Modul IM

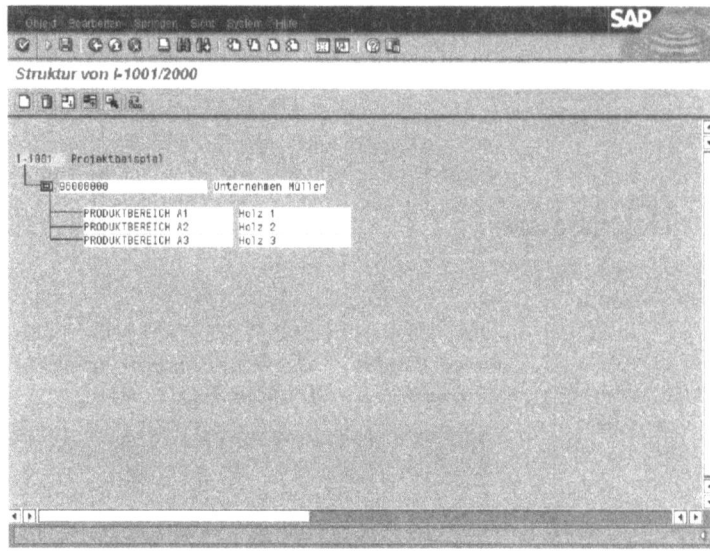

Abb. 5.12 Programmstruktur ändern

Es erscheint das Fenster **Struktur von ....**. Mit Doppelklick gelangen Sie auf die Detailmaske der Programmposition.

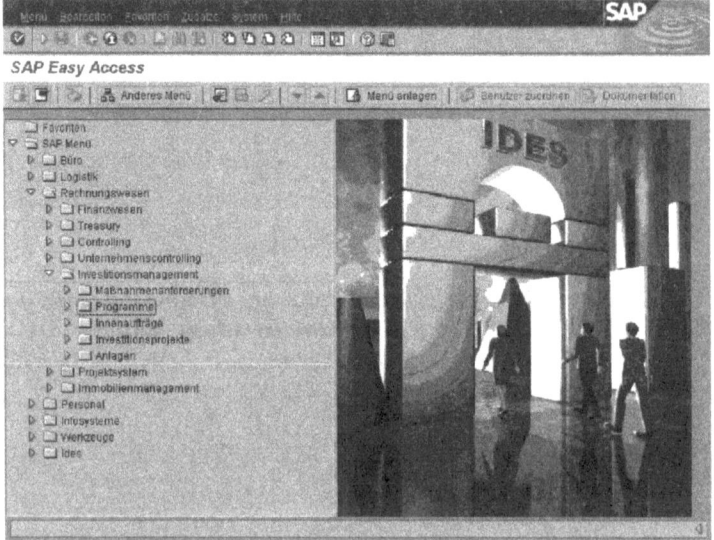

Abb. 5.13 Struktur von I-1001/2000

Es erscheint das Fenster **Programmposition ändern**.

Investitionsprogramme

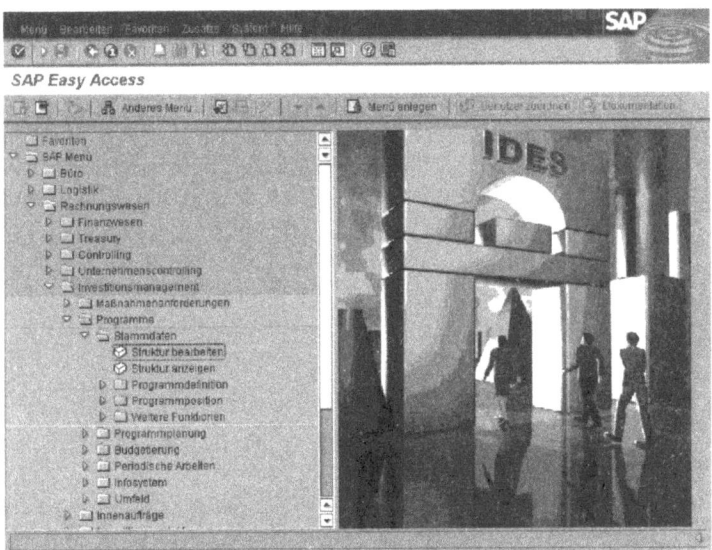

Abb. 5.14 Programmpositionen ändern

Über die Menüfunktion ***Springen / Benutzerfelder*** gelangen Sie in die Benutzerfelder, die zuvor im Customizing definiert worden sind. Hier haben Sie die Möglichkeit, die Benutzerfelder zu der ausgewählten Programmposition einzupflegen und anschließend abzuspeichern.

5 Anwendungsfall Modul IM

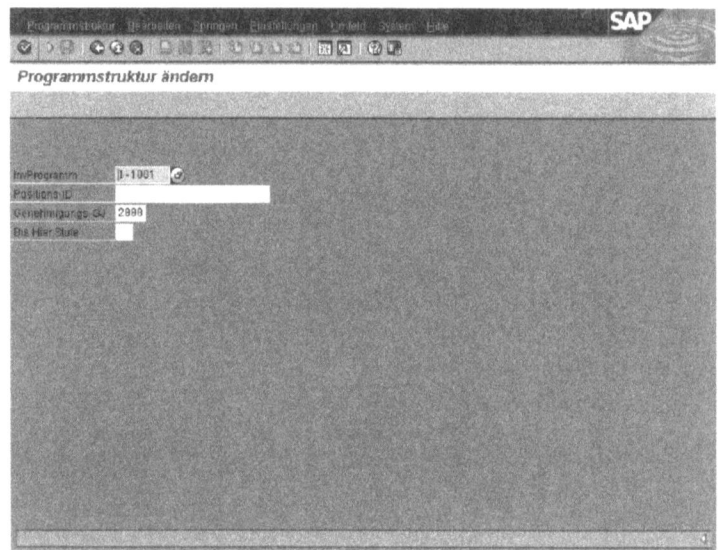

Abb. 5.15 Programmposition ändern

Tipps und Tricks

Siehe Kapitel 3.4 – Benutzerfelder

Zuordnung von Investitionsmaßnahmen zum Investitionsprogramm

Der Schnelleinstieg

1. Über die Stammdatenpflege der IPP:

Vom Einstiegsbild SAP R/3 über *SAP Menü / Rechnungswesen / Investitionsmanagement / Programme / Stammdaten / Struktur bearbeiten*. Durch Doppelklick auf *Struktur bearbeiten* gelangen Sie zum Fenster *Programmstruktur ändern*. Eingabe des Investitionsprogrammnamens, der Programmposition und des Genehmigungsjahrs. Eingabe bestätigen mit der Schaltfläche ✓. Durch Doppelklick auf Programmposition er-

148

Zuordnung von Investitionsmaßnahmen zum Investitionsprogramm

scheint das Fenster **Programmposition ändern**. Zuordnung vornehmen und Art der Maßnahme bestätigen.

2. Über die Stammdatenfelder der Investitionsmaßnahmen

Vom Einstiegsbild SAP R/3 über *SAP Menü / Rechnungswesen / Projektsystem / Grunddaten / Projekt / Spezielle Pflegefunktionen / Projektstrukturplan / ändern*. Durch Doppelklick auf *ändern* gelangen Sie zum Fenster **Projekt ändern: Einstieg**. Eingabe der Projektnummer, die zugeordnet werden soll, und Eingabe bestätigen mit der Schaltfläche ✓. Es erscheint das Fenster **Projekt ändern: PSP-Elementübersicht**. Markieren eines PSP-Elements und anschließend Menüfunktion *Zusätze / Investitionsprogramme* auswählen. Nun Zuordnungen vornehmen.

Die Grundlagen

Durch die Zuordnung der Investitionsmaßnahmen zum Investitionsprogramm ist es möglich, eine unternehmensweite Planung, Überwachung und Berichterstattung aller Investitionsmaßnahmen nach der im Vorfeld definierten Programmstruktur durchzuführen.

Die unternehmensweite Steuerung und Überwachung von Investitionsmaßnahmen wird durch die Zuordnung der einzelnen Projekte oder Innenaufträge zu einer oder mehreren Investitionsprogrammpositionen ermöglicht. Bei der Zuordnung werden die Investitionsmaßnahmen mit der untersten Hierarchieebene (Investitionsprogrammposition IPP) des Investitionsprogramms verknüpft.

Ziel der Verknüpfung ist eine Klassifikation der Investitionen nach unterschiedlichen Klassifikationsmerkmalen. Häufig sind organisatorische oder produktbereichsorientierte Merkmale in der Praxis anzutreffen.

Die Aufgabe

Im Folgenden wird gezeigt, wie ein Investitionsprojekt aus der IPP heraus zugeordnet wird und wie die Zuordnung aus den Projektstammdaten vollzogen wird. Dies wird anhand von zwei möglichen Lösungsschritten gezeigt.

Die Lösungsschritte

Pflege über die Stammdaten der IPP.
Starten Sie vom Einstiegsbild SAP R/3 über **SAP Menü / Rechnungswesen / Investitionsmanagement / Programme / Stammdaten / Struktur bearbeiten.**

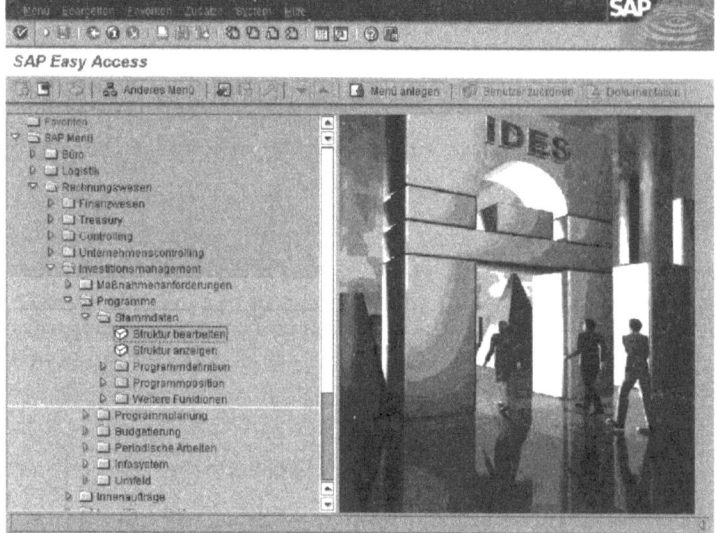

Abb. 5.16 Einstiegsfenster Investitionsprogramme

Durch Doppelklick auf **Struktur bearbeiten** gelangen Sie zum Fenster **Programmstruktur ändern.** Geben Sie den Investitionsprogrammnamen, die Programmposition und das Genehmigungsjahr ein und bestätigen Sie die Eingabe mit der Schaltfläche .

Zuordnung von Investitionsmaßnahmen zum Investitionsprogramm

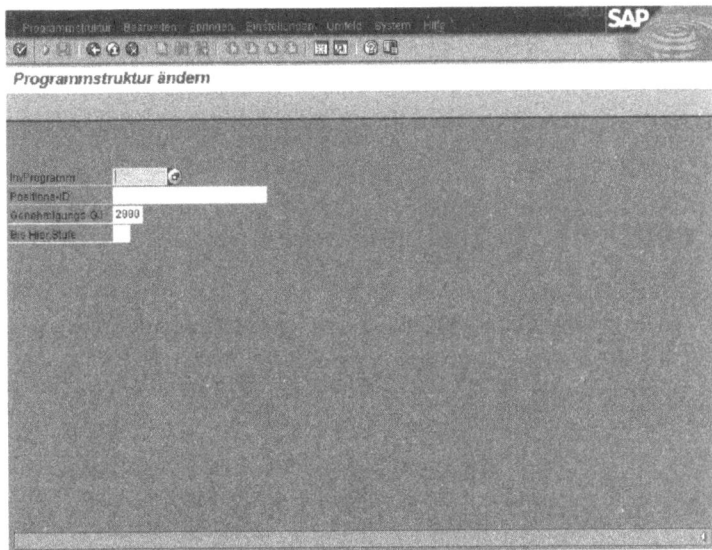

Abb. 5.17 Aufruf Programmstruktur / Programmposition

Durch Doppelklick auf die entsprechende Programmposition erscheint das Fenster **Programmposition ändern**.

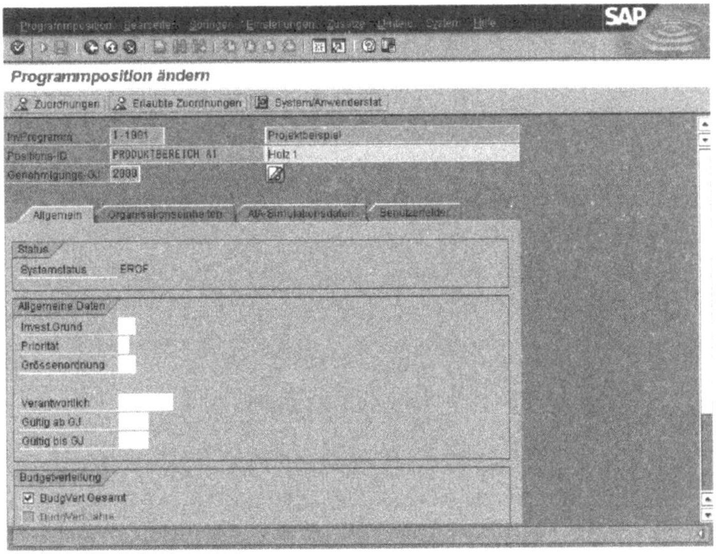

Abb. 5.18 Stammdaten Programmposition

Über die Schaltfläche 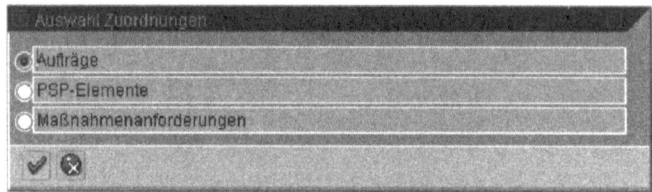 erhalten Sie die Dialogbox **Auswahl Zuordnungen**.

Abb. 5.19 Zuordnung der Maßnahmenauswahl

Bitte wählen Sie die Art der Maßnahme aus und bestätigen Sie mit der Schaltfläche ✓.

Es erscheint die Dialogbox **Zuordnungen (PSP-Elemente)**. Tragen Sie die Investitionsmaßnahmen-Nr. ein, die der betreffenden IPP zugeordnet werden soll. Bestätigen Sie die Eingabe mit der Schaltfläche ✓.

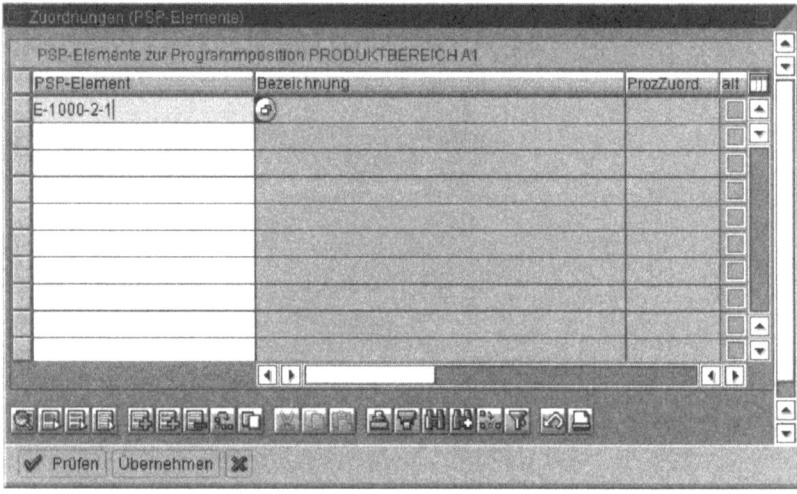

Abb. 5.20 Zuordnung PSP-Element

Pflege der Stammdatenfelder der Investitionsmaßnahmen.

Starten Sie vom Einstiegsbild SAP R/3 über *SAP Menü / Rechnungswesen / Projektsystem / Grunddaten / Projekt / Spezielle Pflegefunktionen / Projektstrukturplan / ändern.*

Zuordnung von Investitionsmaßnahmen zum Investitionsprogramm

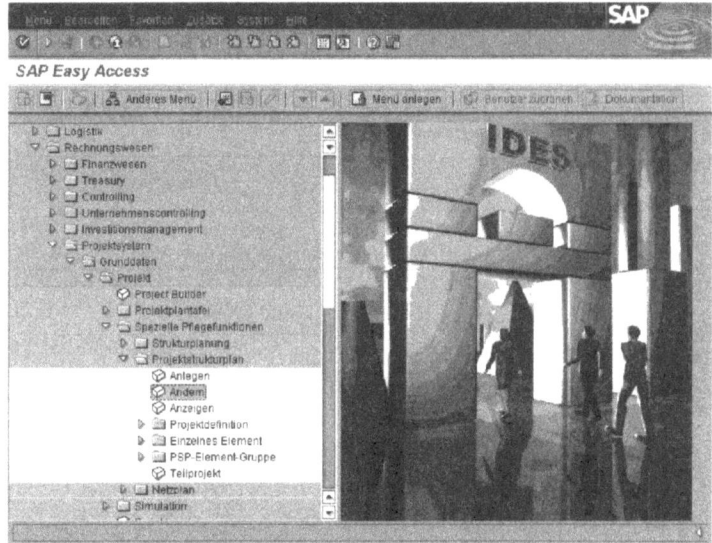

Abb. 5.21 Einstiegsfenster Operative Projektstrukturen

Durch Doppelklick auf **ändern** gelangen Sie zum Fenster **Projekt ändern: Einstieg**.

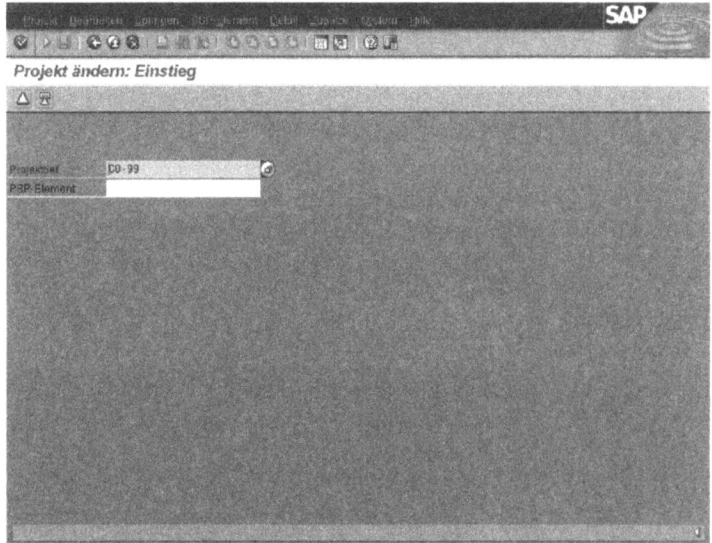

Abb. 5.22 Aufruf Projektstrukturplan

5 Anwendungsfall Modul IM

Geben Sie die Projektnummer ein, die zugeordnet werden soll und bestätigen Sie die Eingabe mit der Schaltfläche ✓.

Es erscheint das Fenster **Projekt ändern: PSP-Elementübersicht**.

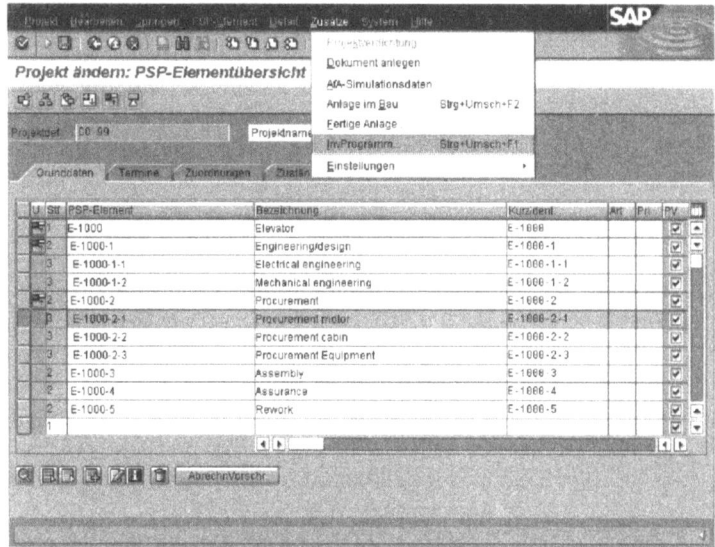

Abb. 5.23 Projektstrukturplan in Listform

Markieren Sie ein PSP-Element und wählen Sie die Menüfunktion **Zusätze / InvProgramm** ....

Es erscheint die Dialogbox **Zuordnung zu Investitionsprogrammposition**. Hier haben Sie die Möglichkeit, die Zuordnung anzulegen, indem Sie den Investitionsprogrammnamen, die Investitionsprogrammposition und das Genehmigungsjahr eintragen. Abschließend bestätigen Sie die Eingabe mit der Schaltfläche ✓.

Abb. 5.24 Zuordnung Programmposition zu PSP-Element

Tipps und Tricks

Falls ein Projekt auf mehrere Programmpositionen zugeordnet werden soll, stehen Ihnen drei Alternativen zur Verfügung:

- prozentuale Aufteilung des Investitionsprojekts nur über IPP möglich. Mehrfachaufteilung. Hierbei werden die Plan-/ Budget- und Ist-Werte auf TOP-PSP-Element-Ebene prozentual auf die IPPs verteilt.

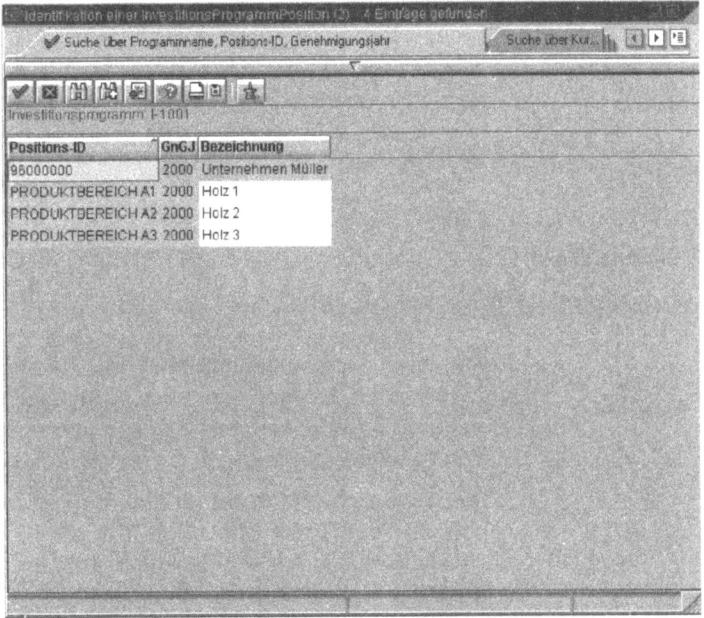

Abb. 5.25 Prozentuale Mehrfachaufteilung

- Zuordnung einzelner PSP-Elemente innerhalb eines Projekts auf mehrere IPPs mit 1:1 Zuordnung. Hierbei werden die Plan-/ Budget- und Ist-Werte pro PSP-Element auf die IPP hochgerollt. Das TOP-PSP-Element wird dabei nicht zugeordnet.
- Zuordnung von einem PSP-Element zu mehreren IPPs.

Investitionsplanung

Maßnahmenbasierte Bottom-Up-Planung

Der Schnelleinstieg

Vom Einstiegsbild SAP R/3 über **SAP Menü / Rechnungswesen / Investitionsmanagement / Programme / Programmplanung / Vorschlag Plan**. Durch Doppelklick auf die Datei **Vorschlag Plan** gelangen Sie zum Fenster **Hochrollen Planwerte aus Maßnahmen / Maßnahmenanforderungen**. Eingabe des Programmnamens und des Genehmigungsjahres. Zusätzlich können noch verschiedene Parametereinstellungen vorgenommen werden. Bestätigen der Eingabe mit der Schaltfläche.

Die Grundlagen

Bei einer maßnahmenbasierten Investitionsplanung liegen konkrete Vorschläge der geplanten Vorhaben vor. Die Investitionsplanung auf der Stufe der Maßnahmen unterscheidet sich durch den Detaillierungsgrad von der programmbasierten Planung.

Die eigentliche Planung erfolgt bei der maßnahmenbasierten Vorgehensweise auf konkreten Investitionsprojekten oder Innenaufträgen. Es stehen Ihnen alle Funktionalitäten zur Kostenplanung der Module PS bzw. CO zur Verfügung. Diese Werte können über eine auszuführende Funktion in die zugeordnete(n) Investitionsprogrammposition(en) übernommen und anschließend bis auf die erste Stufe des Investitionsprogramms hochsummiert werden.

Voraussetzung ist die Zuordnung der Investitionsmaßnahmen zu den entsprechenden Investitionsprogrammpositionen.

Die Aufgabe

Im Folgenden wird gezeigt, wie die auf Projekten oder Innenaufträgen geplanten Investitionen auf die zugeordneten IPP maschinell zu übernehmen sind.

Die Lösungsschritte

Starten Sie vom Einstiegsbild SAP R/3 über ***SAP Menü / Rechnungswesen / Investitionsmanagement / Programme / Programmplanung / Vorschlag Plan***.

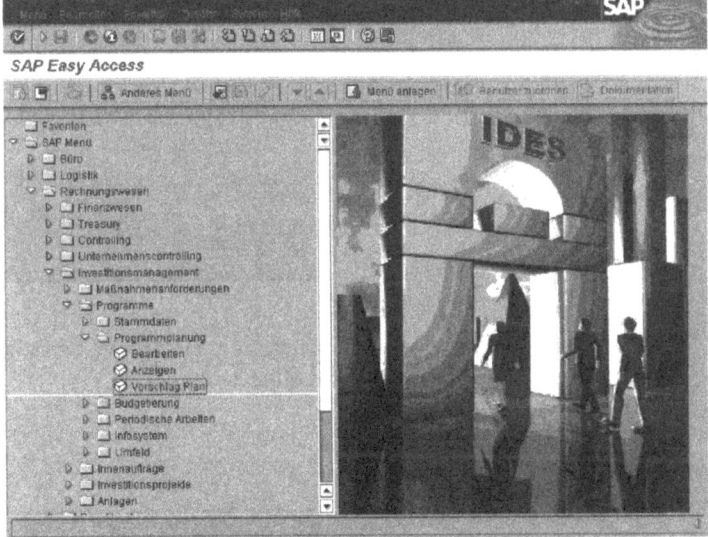

Abb. 5.26 SAP Menü

Durch Doppelklick auf die Datei ***Vorschlag Plan*** gelangen Sie zum Fenster ***Hochrollen Planwerte aus Maßnahmen / Maßnahmenanforderungen***.

5 Anwendungsfall Modul IM

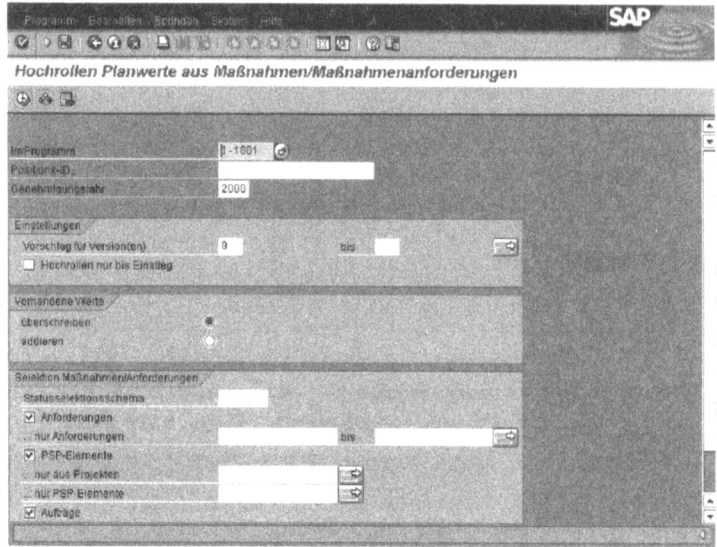

Abb. 5.27 Übernahme geplanter Investitionen auf IPP's

Geben Sie Programmname und Genehmigungsjahr ein und betätigen Sie die Eingabe mit der Schaltfläche .

Anschließend erhalten Sie die Meldung: „Planwerte sind übernommen".

Zur Überprüfung können Sie in das Berichtswesen oder in die Planungsfunktion einsteigen.

Investitionsplanung

Programmbasierte Bottom-Up-Planung

Der Schnelleinstieg

> Vom SAP R/3 Einstiegsbild über *SAP Menü / Rechnungswesen / Investitionsmanagement / Programme / Programmplanung / Bearbeiten.* Durch Doppelklick auf die Datei *Bearbeiten* gelangen Sie zum Fenster *Programmplanung ändern: Einstieg*. Eingabe des Programmnamens, Genehmigungsjahres und der Planversion und Bestätigung mit der Schaltfläche ✓. Es erscheint das Fenster: *Programmplanung ändern: Positionsübersicht*. Eingabe der Jahresplanwerte oder der Gesamtplanwerte.

Die Grundlagen

BASICSBASICSBAS

Bei der programmbasierten Bottom-Up-Planung wird in der Planungsphase im Gegensatz zum maßnahmenbasierten Ansatz nicht auf Projekte oder Innenaufträge geplant, sondern vorerst auf Programmpositionen.

Voraussetzung für eine programmbasierte Bottom-Up-Planung ist die Erstellung eines strukturierten Investitionsprogramms. Die einzelnen geplanten Werte werden auf den untersten Investitionsprogrammpositionen erfasst und auf die oberste Programmebene hochgerollt.

Unabhängig der Programmstruktur bietet das Modul IM die Trennung der Investitionsplanung nach Budgetarten. Die Trennung könnte z. B. nach aktivierungspflichtigem Aufwand oder Gemeinkosten oder nach verschiedenen Finanzierungstöpfen erfolgen.

Die Aufgabe

Im Folgenden wird gezeigt, wie eine programmbasierte Bottom-Up-Planung im Detail aussieht und welche Schritte dabei vorgenommen werden müssen.

Die Lösungsschritte

Starten Sie vom SAP R/3 Einstiegsbild über *SAP Menü / Rechnungswesen / Investitionsmanagement / Programme / Programmplanung / Bearbeiten.*

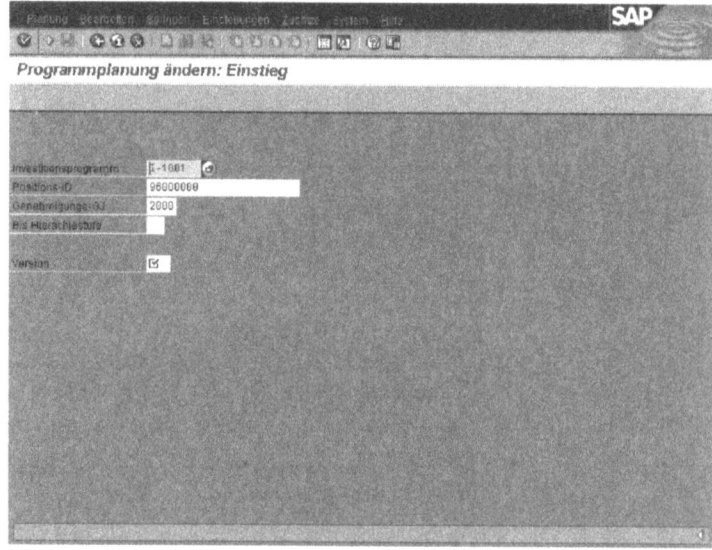

Abb. 5.28 Einstiegsfenster Investitionsprogramme

Doppelklick auf die Datei *Bearbeiten* gelangen Sie zum Fenster *Programmplanung ändern: Einstieg*.

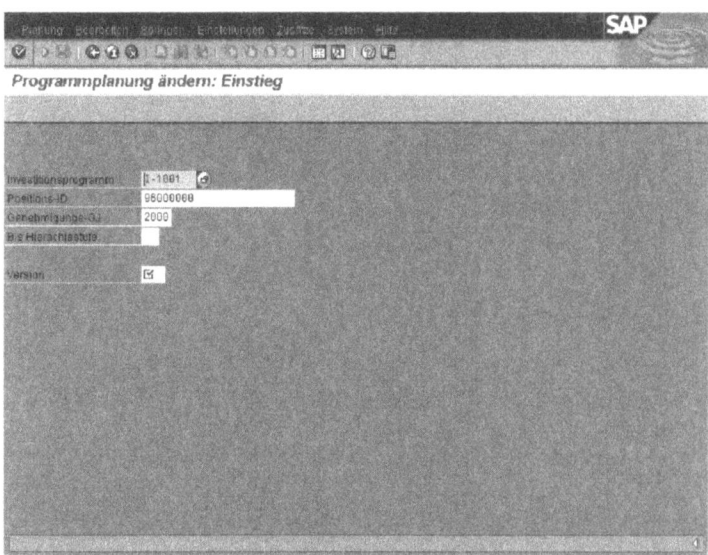

Abb. 5.29 Aufruf der Programmplanung

Geben Sie Programmname, Genehmigungsjahr und Planversion ein und bestätigen Sie die Eingabe mit der Schaltfläche ✓.

Es erscheint das Fenster **Programmplanung ändern: Positionsübersicht**.

5 Anwendungsfall Modul IM

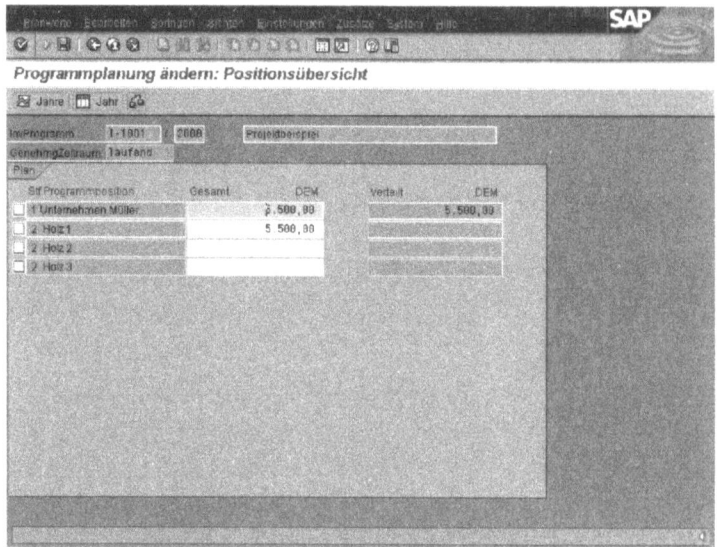

Abb. 5.30 Gesamtplanung Programmposition

Sie haben nun verschiedene Alternativen der Eingabensequenz:

1. Jahresplanwert

Klicken Sie auf [Jahr].

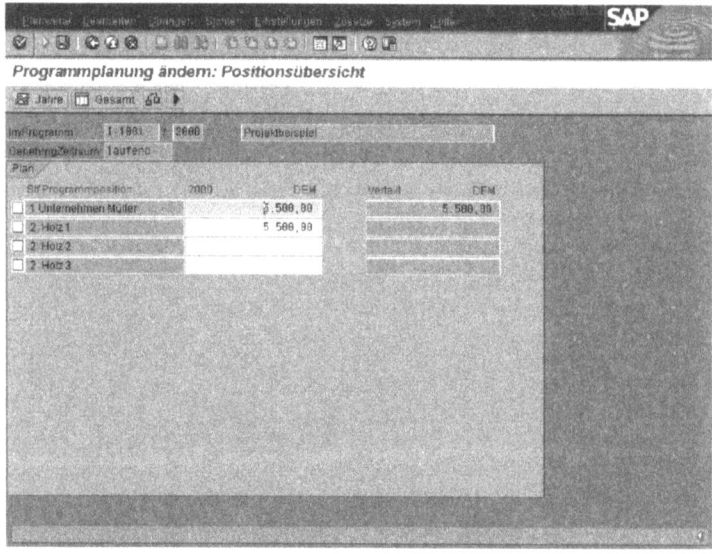

Abb. 5.31 Jahresplanung auf Programmposition

Geben Sie die Jahresplanwerte auf den entsprechenden Programmpositionen der untersten Hierarchieebene ein.

2. Gesamtplanwert

Klicken Sie auf die Schaltfläche ▦ Gesamt . Geben Sie nun die Gesamtplanwerte ein.

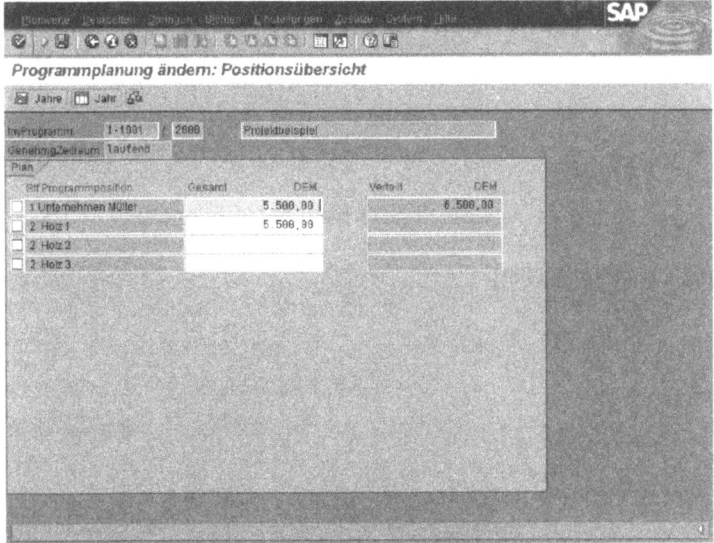

Abb. 5.32 Gesamtplanung auf Programmposition

Anschließend können Sie die Gesamt- und Jahresplanwerte auf die höchste Hierarchieebene über **Bearbeiten / Markieren / alle Markieren / hochsummieren**.

Die Dialogbox **Hochsummieren** erscheint.

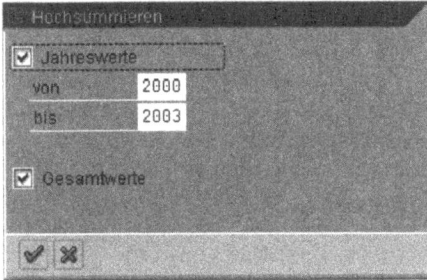

Abb. 5.33 Hochsummieren der Planwerte

5 Anwendungsfall Modul IM

Klicken Sie die Kontrollkästchen vor Jahres- und Gesamtplanwerte an und bestätigen Sie mit ⊙. Anschließend werden die Planwerte hochsummiert. Bitte sichern Sie die Eingaben mit 💾.

Tipps und Tricks

Sie können auch nach Eingabe der Jahresplanwerte die Gesamtplanwerte vom System ermitteln lassen.

Kombinierte Bottom-Up-Planung

Der Schnelleinstieg

1. Programmbasierte Planung:

Vom SAP R/3 Einstiegsbild über *SAP Menü / Rechnungswesen / Investitionsmanagement / Programme / Programmplanung / Bearbeiten* Durch Doppelklicken auf *Bearbeiten* gelangen Sie zum Fenster *Programmplanung ändern: Einstieg*. Eingabe von Programmname, Genehmigungsjahr und Planversion und Eingabe bestätigen mit der Schaltfläche ⊙. Es erscheint das Fenster *Programmplanung ändern: Positionsübersicht*. Eingabe der Jahresplanwerte oder der Gesamtplanwerte.

2. Maßnahmenbasierte Planung:

Vom SAP R/3 Einstiegsbild über *SAP Menü / Rechnungswesen / Investitionsmanagement / Programme Programmplanung / Vorschlag Plan*. Durch Doppelklick auf *Vorschlag Plan* gelangen Sie zum Fenster *Hochrollen Planwerte aus Maßnahmen / Maßnahmenanforderungen*. Eingabe von Programmname und Genehmigungsjahr. In diesem Fenster kann festgelegt werden, ob die Planwerte der Maßnahmen additiv hinzugefügt werden oder ob die vorhandenen Programmplanwerte durch die Maßnahmenplanwerte überschrieben werden sollen. In diesem Fall werden die Planwerte additiv zu den vorhande-

Investitionsplanung

nen programmbasierten Planwerten hinzugefügt. Bestätigen der Eingabe mit der Schaltfläche .

Die Grundlagen

Die kombinierte Bottom-Up-Planung ist eine Verknüpfung der programmbasierten und maßnahmenabhängigen Planung. Diese Alternative ist zu wählen, wenn neben pauschalen Planwerten auch konkrete Maßnahmen zum Planungszeitpunkt bekannt sind.

Wenn also konkrete Investitionsmaßnahmen mit Planwerten zum Planungszeitpunkt vorhanden sind und zusätzlich eine pauschale Investitionsplanung berücksichtigt werden soll, können die Ansätze der maßnahmen- und programmbasierten Bottom-Up-Planung in Kombination zum Einsatz kommen.

Die Aufgabe

Im Folgenden wird gezeigt, wie eine kombinierte Bottom-Up-Planung im Detail aussieht und welche Schritte dabei vorgenommen werden müssen. Hierzu wird in einem ersten Schritt die programmbasierte Planung vorgenommen und in einem zweiten Schritt die maßnahmenbasierte Planung.

Die Lösungsschritte

1. Vom SAP R/3 Einstiegsbild über *SAP Menü / Rechnungswesen / Investitionsmanagement / Programme / Programmplanung / Bearbeiten*

5   Anwendungsfall Modul IM

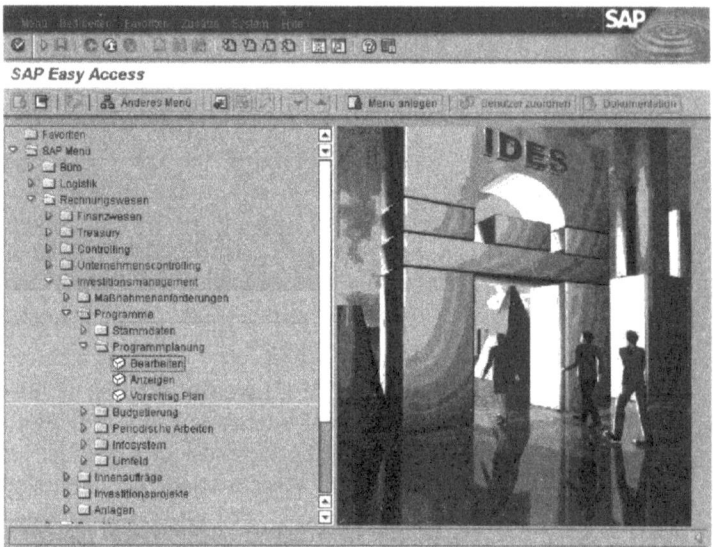

Abb. 5.34 SAP Menü

Durch Doppelklicken auf **Bearbeiten** gelangen Sie zum Fenster ***Programmplanung ändern: Einstieg***. Dort können Sie den Programmnamen, Genehmigungsjahr und die Planversion eingeben und die Eingabe mit der Schaltfläche ![button] bestätigen.

Investitionsplanung

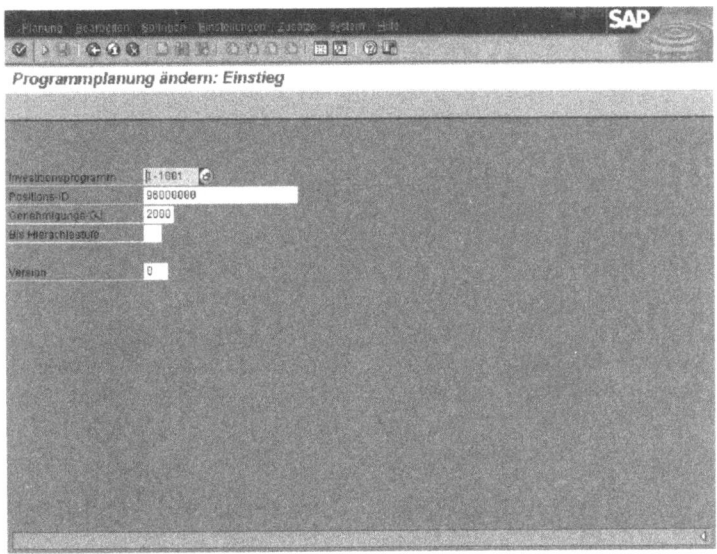

Abb. 5.35 Programmplanung ändern: Einstieg

Es erscheint das Fenster **Programmplanung ändern: Positionsübersicht**. Gehen Sie im weiteren Verlauf so vor wie bei der programmbasierten Bottom-Up-Planung beschrieben.

2. Vom SAP R/3 Einstiegsbild über **SAP Menü / Rechnungswesen / Investitionsmanagement / Programme / Programmplanung / Vorschlag Plan**.

5 Anwendungsfall Modul IM

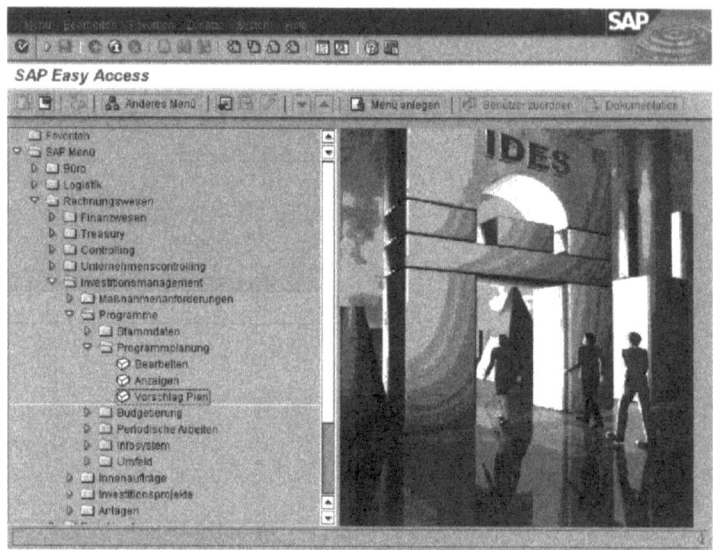

Abb. 5.36 SAP Menü

Durch Doppelklick auf **Vorschlag Plan** gelangen Sie zum Fenster **Hochrollen Planwerte aus Maßnahmen / Maßnahmenanforderungen**. Geben Sie den Programmnamen und das Genehmigungsjahr ein.

Bei der Übernahme der Jahres- und Gesamtplanwerte aus Projekten oder Innenaufträgen erscheint eine Dialogbox mit der Frage: **Überschreiben oder addieren?**

Bitte kreuzen Sie das Feld mit addieren an.

Investitionsplanung

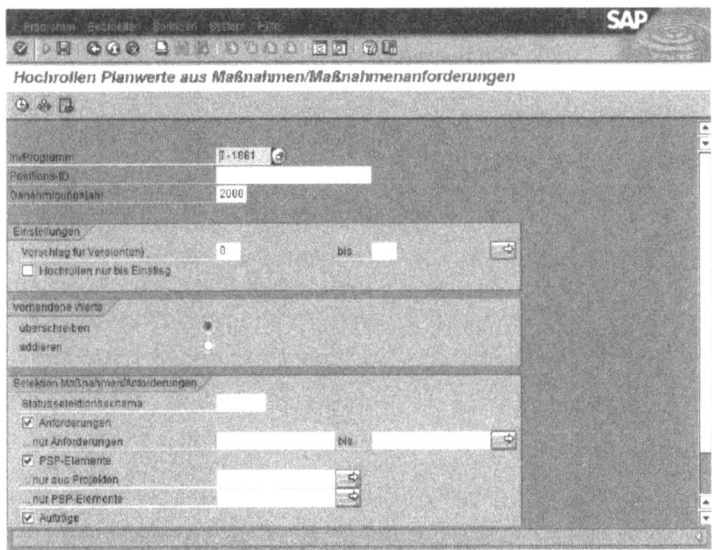

Abb. 5.37 Hochrollen Planwerte aus Maßnahmen / Maßnahmenanforderungen

Die Planwerte aus Projekten oder Innenaufträgen werden additiv zu den vorhandenen programmbasierten Planwerten hinzugefügt.

Tipps und Tricks

Sie können Projekte, die Sie nicht hochsummieren wollen, von der Berücksichtigung ausschließen.

Planversion

Der Schnelleinstieg

Vom SAP R/3 Einstiegsbild über **SAP Menü / Rechnungswesen/ Investitionsmanagement / Programme / Programmplanung / Bearbeiten**. Durch Doppelklick auf **Bearbeiten** gelangen sie zum Fenster **Programmplanung ändern: Einstieg**. Eingabe des Programmnamens, Genehmigungsjahres und der gewünschten Planversion. Dann Eingabe bestätigen mit der Schaltfläche . Es erscheint das Fenster **Programmplanung ändern: Positionsübersicht**. Eingabe der entsprechenden Planwerte.

Die Grundlagen

Die Bottom-Up-Planung kann in verschiedenen Planversionen geführt werden. In der Praxis werden Planversionen zum einen zur Abbildung von Planungsständen (Zeitbezug) herangezogen. Zum anderen können Planversionen für den gleichen zu planenden Sachverhalt eingesetzt werden, um die subjektiven Sicherheitspolster der planenden Personen zu minimieren. Die Höhe des subjektiven Sicherheitspolsters ist unter anderem von folgenden Einflussfaktoren abhängig:

- Erfahrung
- Persönliche Risikoaversion
- Bildung
- Fachwissen

Dies erfolgt meist in Form von definierten Personengruppen, die unabhängig von einander planen. Als Ergebnis wird meist der Durchschnittswert der geplanten Größen in die Planung einbezogen. Die aktuelle Planversion im SAP ist die Planversion null.

Investitionsplanung

Die Aufgabe

Im Folgenden wird gezeigt, wie in SAP R/3 die verschiedenen Planversionen für die Investitionsplanung innerhalb des Moduls IM geführt werden.

Die Lösungsschritte

Vom SAP R/3 Einstiegsbild über **SAP Menü / Rechnungswesen/ Investitionsmanagement / Programme / Programmplanung / Bearbeiten**

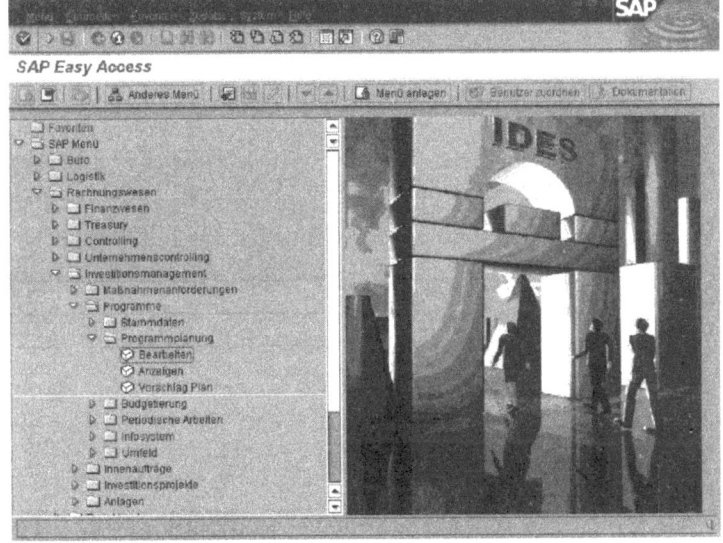

Abb. 5.38 SAP Menü

Durch Doppelklick auf **Bearbeiten** gelangen Sie zum Fenster **Programmplanung ändern: Einstieg**.

171

5   Anwendungsfall Modul IM

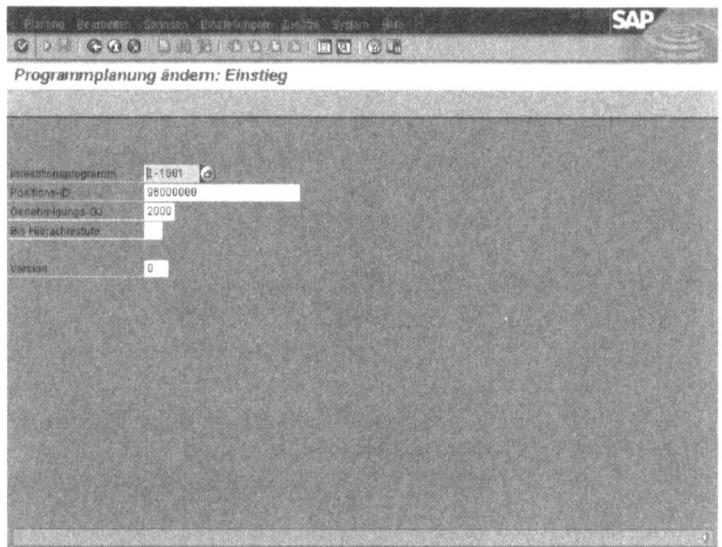

Abb. 5.39 Programmplanung ändern: Einstieg

Geben Sie im Fenster **Programmplanung ändern: Einstieg** Programmnamen, Genehmigungsjahr und Planversion ein und bestätigen Sie die Eingabe mit der Schaltfläche .

Es erscheint das Fenster **Programmplanung ändern: Positionsübersicht**. Geben Sie hier die entsprechenden Planwerte ein und speichern Sie die Eingabe ab.

Investitionsplanung

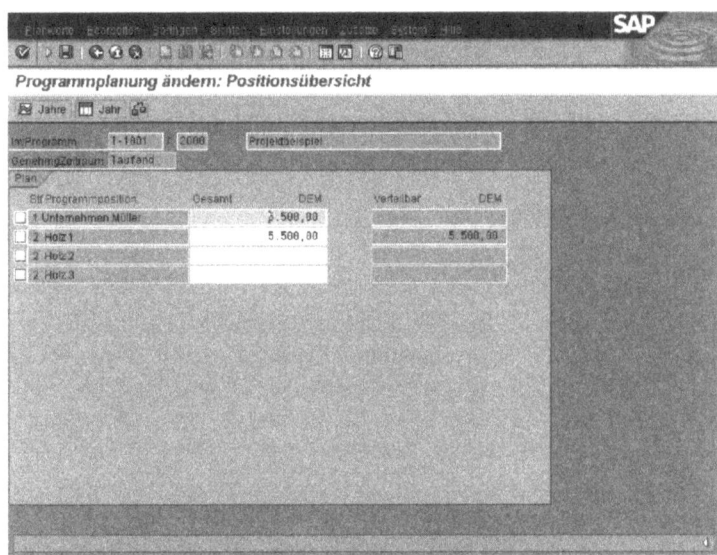

Abb. 5.40 Programmplanung ändern: Positionsübersicht

Tipps und Tricks

Wenn nur einzelne Planwerte in einer zweiten Planversion gegenüber der ursprünglichen Planversion verändert werden, können Sie die Planwerte der ursprünglichen Planversion in eine zweite Planversion kopieren und diese entsprechend aktualisieren.

Planversionen werden in verschiedenen Modulen geführt und werden nicht gegeneinander verprobt. Deshalb ist es ratsam, bei Einsatz der Planintegration, z. B. zwischen PS-CO-IM, eine einheitliche inhaltliche Definition zu wählen.

Investitionsprogrammbudgetierung

Programmbasierte Budgetierung mit separater Maßnahmenbudgetierung

Der Schnelleinstieg

> Vom SAP R/3 Einstiegsbild über **SAP Menü / Rechnungswesen / Investitionsmanagement / Programme / Budgetierung / Original bearbeiten**. Durch Doppelklick auf **Original bearbeiten** gelangen Sie zum Fenster **Originalprogrammbudget ändern: Einstieg**. Eingabe des Programmnamens und des Genehmigungsjahres und Eingabe bestätigen mit der Schaltfläche .
>
> Anschließend erscheint das Fenster **Originalbudget ändern: Positionsübersicht**. Es können entsprechend den Jahres-/ Gesamtplanwerten, die Jahres- und Gesamtbudgetwerte eingegeben werden.

Die Grundlagen

Die Programmbudgetierung ist die verbindliche Vorgabe von Investitionsbudgets für die jeweiligen Programmpositionen. Diese ist losgelöst von der Budgetierung der zugeordneten Investitionsmaßnahmen. Mit diesem Schritt werden nicht automatisch die zugehörigen Maßnahmen budgetiert bzw. genehmigt.

Im Gegensatz zur Bottom-Up-Planung wird die Budgetierung top-down vollzogen.

Bei der programmbasierten Budgetierung werden die zugeordneten Maßnahmen nicht automatisch zum gleichen Zeitpunkt budgetiert. Es erfolgt eine chronologische und funktionale Separierung der Programm- und Maßnahmenbudgetierung. Die Maßnahmenbudgetierung kann, z. B. bei pauschalen Budgets, erst bei der Konkretisierung eines Investitionsvorhabens erfolgen. In diesem Fall werden im Berichtswesen die Maßnahmenbudgets dem Programmpositionsbudget gegenüber gestellt.

Investitionsprogrammbudgetierung

Diese Variante ist in Betracht zu ziehen, wenn eine Voraussage über die Budgetverteilung auf Maßnahmen nicht möglich oder nicht gewollt ist.

Die Aufgabe

Im Folgenden wird gezeigt, wie eine Investitionsprogrammbudgetierung im konkreten Fall durchgeführt wird.

Die Lösungsschritte

Vom SAP R/3 Einstiegsbild über **SAP Menü / Rechnungswesen / Investitionsmanagement / Programme / Budgetierung / Original bearbeiten**

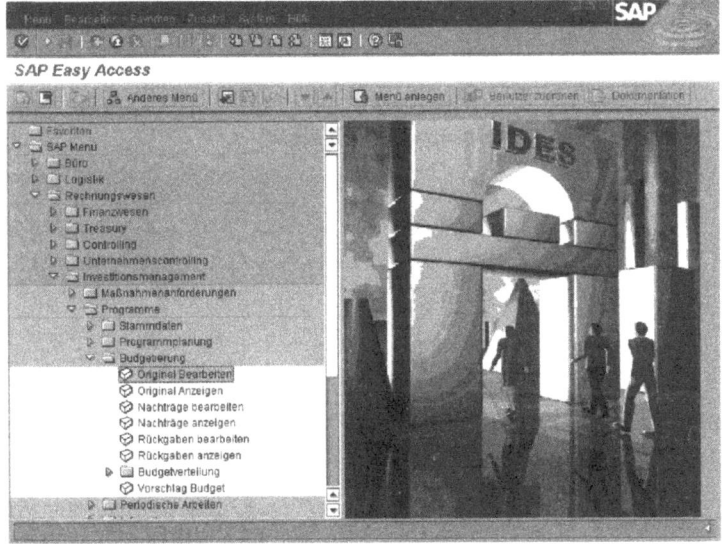

Abb. 5.41 SAP Menü

Durch Doppelklick auf Original bearbeiten gelangen Sie zum Fenster **Originalprogrammbudget ändern: Einstieg**

Geben Sie Programmname und Genehmigungsjahr ein und bestätigen Sie mit der Schaltfläche .

175

5   Anwendungsfall Modul IM

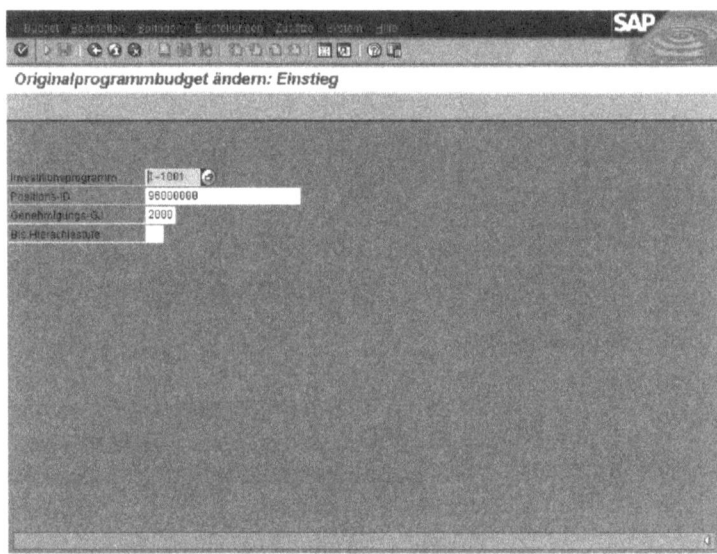

Abb. 5.42 Originalprogrammbudget ändern: Einstieg

Es erscheint das Fenster **Originalprogrammbudget ändern: Positionsübersicht**.

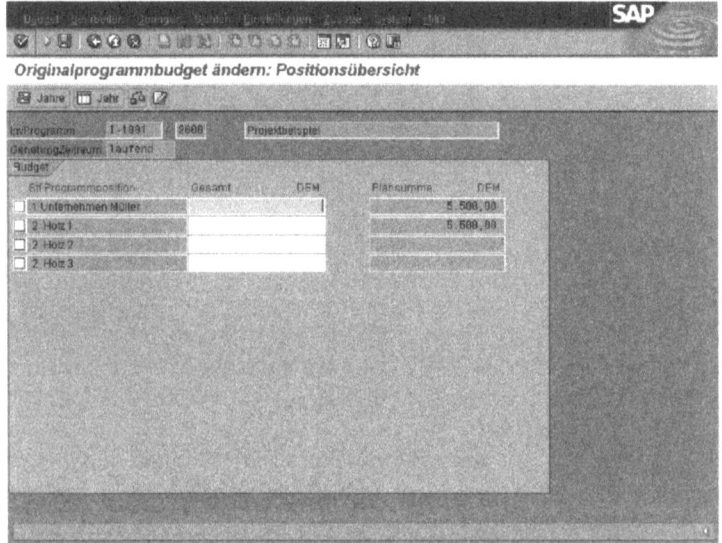

Abb. 5.43 Originalprogrammbudget ändern: Positionsübersicht

Anschließend können Sie, entsprechend den Jahres-/Gesamtplanwerten, die Jahres- und Gesamtbudgetwerte eingeben.

Tipps und Tricks

Falls die bottom-up geplanten Investitionsumfänge den verbindlichen Vorgaben entsprechen, können sie die Planwerte als Budgetwerte kopieren (gesamt/jahresbezogen).

Bei einer pauschalen Kürzung (relativ oder absolut) bietet SAP R/3 die Funktion an, die Planwerte als Bezugsbasis heranzuziehen und mit einem relativen oder absoluten Abschlag zu kopieren.

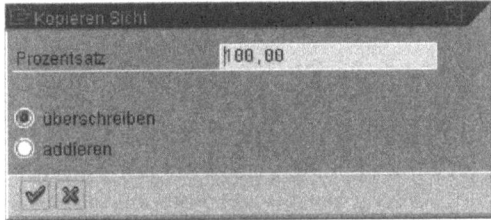

Abb. 5.44 Kopieren Sicht

Die Eingabe der Gesamtbudgets kann durch das System erleichtert werden, indem über das Icon GESAMT in der Planungsmaske über Sicht / kumuliert die kumulierten Budgets ermittelt werden. Falls die Summe der Jahresbudgets (kumuliertes Budget) dem Gesamtbudget entsprechen, werden über **Bearbeiten / Markieren / alle Markieren / kopieren Sicht** die kumulierten Budgets in die Spalte **Gesamtbudget** kopiert.

Die Budgetierung der Investitionsmaßnahmen wird nicht näher erläutert. Es wird darauf hingewiesen, dass bei der programmbasierten Budgetierung keine System-Konsistenzprüfung zwischen dem IPP-Budget und dem Maßnahmenbudget erfolgt, d. h. das Budget der zugeordneten Maßnahmen kann höher sein als das jeweilige IPP-Budget. Im Informationssystem ist eine Überwachung gegeben.

Maßnahmenbasierte Budgetierung mit Budgetverteilung

Der Schnelleinstieg

> Vom SAP R/3 Einstiegsbild über *SAP Menü / Rechnungswesen / Investitionsmanagement / Programme / Budgetierung / Budgetverteilung / Bearbeiten*. Durch Doppelklick auf *Bearbeiten* gelangen Sie zum Fenster *Budgetverteilung*. Eingabe des Investitionsprogrammnamens und des Genehmigungsjahres.
>
> Eingabe bestätigen mit der Schaltfläche ✓.
>
> Anschließend erscheint das Fenster *Originalbudget ändern: Positionsübersicht*. Es kann nun das Maßnahmenbudget eingegeben werden.

Die Grundlagen

Die Investitionsprogrammbudgetierung wird analog dem vorherigen Abschnitt durchgeführt. Die Maßnahmen werden bei der Budgetierung mit Budgetverteilung im Gegensatz zum separaten Maßnahmenbudgetierung direkt aus dem Programmbudget budgetiert. Es erfolgt eine direkte Verdrahtung zwischen Programm- und Maßnahmenbudget. Bei dieser Vorgehensweise kann nicht mehr Budget auf die Maßnahmen verteilt werden, wie in der Programmposition vorhanden ist.

Bei der maßnahmenbasierten Budgetierung durch Budgetverteilung wird das Investitionsbudget top-down bis auf die unterste Hierarchie im IM verteilt.

Die Aufgabe

Im Folgenden wird gezeigt, wie eine Budgetverteilung auf Maßnahmen aus dem Investitionsprogramm heraus im konkreten Fall abläuft.

Die Lösungsschritte

Vom SAP R/3 Einstiegsbild über **SAP Menü / Rechnungswesen / Investitionsmanagement / Programme / Budgetierung / Budgetverteilung / Bearbeiten**.

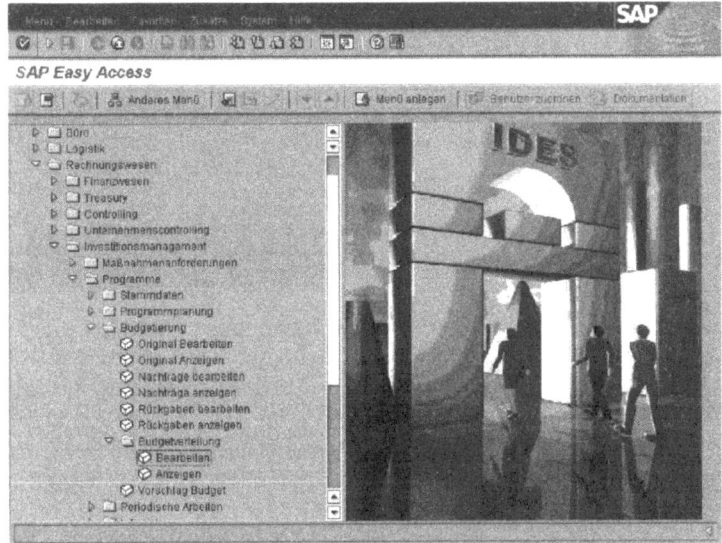

Abb. 5.45 SAP Menü

Durch Doppelklick auf **Bearbeiten** gelangen Sie zum Fenster **Budgetverteilung**.

5 Anwendungsfall Modul IM

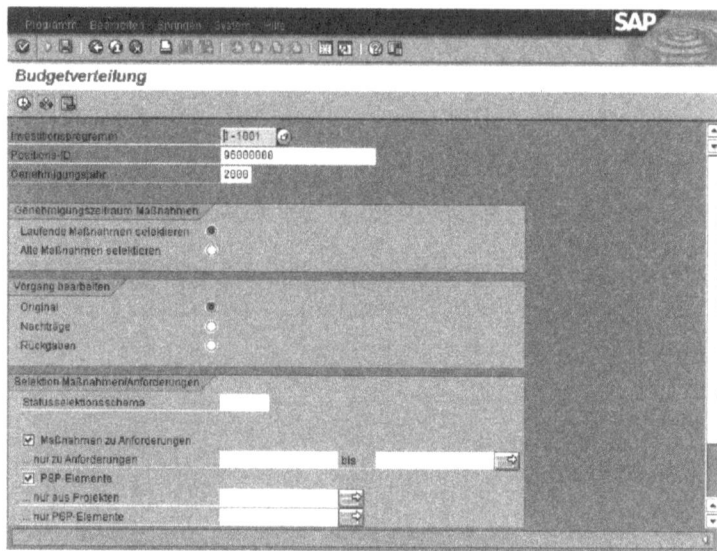

Abb. 5.46 Budgetverteilung

Geben Sie im Fenster **Budgetverteilung** den Investitionsprogrammnamen und das Genehmigungsjahr ein. Darüber hinaus können Sie noch weitere Parameter festlegen. Es erscheint das Fenster ***Originalbudgetverteilung ändern: Positionsübersicht***.

Investitionsprogrammbudgetierung

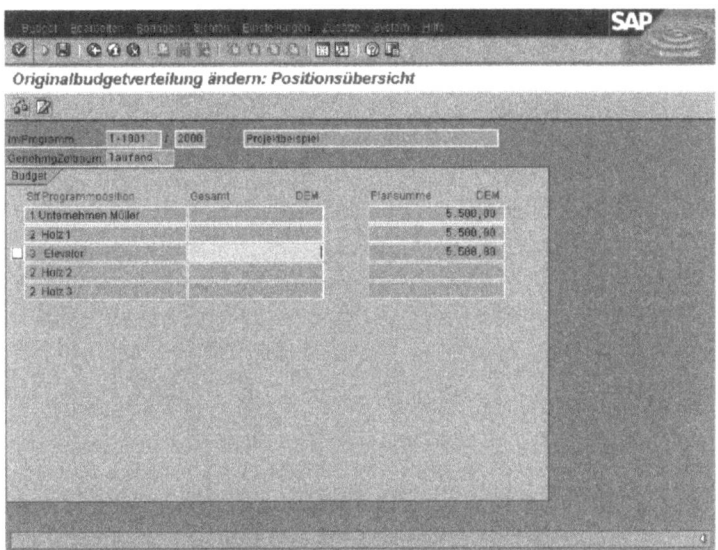

Abb. 5.47 Originalbudgetverteilung ändern: Positionsübersicht

Sie sehen nun in der Budgetierungsmaske die zur jeweiligen IPP zugeordnete Maßnahme. Tragen Sie das Maßnahmenbudget in die Planungsmaske ein und speichern die Eingaben ab.

Tipps und Tricks

Das Gesamtbudget lässt sich auch maschinell ermitteln und über die Kopierfunktion in die Spalte Gesamtbudget kopieren.

Falls es zu einer Überschreitung des IPP-Budget durch Maßnahmenbudgets kommt, muss vor der eigentlichen Budgetverteilung auf die Maßnahme das IPP-Budget erhöht bzw. von einer anderen IPP umgebucht werden. Sonst ist keine Budgetverteilung auf die zugeordnete Maßnahme möglich.

5 Anwendungsfall Modul IM

Statusverwaltung

Der Schnelleinstieg

> Vom SAP R/3 Einstiegsbild über *SAP Menü / Rechnungswesen / Investitionsmanagement / Programme / Stammdaten / Struktur bearbeiten*. Durch Doppelklick auf *Struktur bearbeiten* gelangen Sie zum Fenster *Programmstruktur ändern*. Eingabe des Programmnamens und des Genehmigungsjahres und Eingabe bestätigen mit der Schaltfläche ✓.
>
> Anschließend erscheint das Fenster *Struktur von....* Über die Menüfunktion *Bearbeiten / Status* erhält man einen Überblick des Systemstatus.

Die Grundlagen

Die Sicherstellung des organisatorischen Ablaufs der Planung und Abwicklung von Investitionen wird durch die Statusverwaltung von SAP R/3 gewährleistet. Die Statusverwaltung ermöglicht durch die Festlegung von Anwenderstatus u. a. die Steuerung aller betriebswirtschaftlichen Aktivitäten innerhalb des Investitionsprozesses. Die Verbindung von betriebswirtschaftlichen Aktivitäten mit dazugehörigen Berechtigungen erlauben eine optimale Gestaltung der Entscheidungsfindung. Neben den Systemstatus Eröffnet, Freigegeben, Gesperrt usw. können zusätzlich Anwenderstatus definiert werden.

Mit der Statusverwaltung steuern Sie die betriebswirtschaftlichen Aktivitäten innerhalb des Investitionsprozesses von der Planung über die Abwicklung bis hin zur Aktivierung. Durch die Verknüpfung mit den individuellen Berechtigungen können Sie mit dieser Funktionalität weitgehendst die drei Ws steuern: Wer macht was wann innerhalb des Investitionsprozesses?

Statusverwaltung

Die Aufgabe

Im Folgenden werden verschiedene Systemstatus vorgestellt und aufgezeigt, welche Erweiterungen möglich sind.

Die Lösungsschritte

Vom SAP R/3 Einstiegsbild über ***SAP Menü / Rechnungswesen / Investitionsmanagement / Programme / Stammdaten / Struktur bearbeiten***

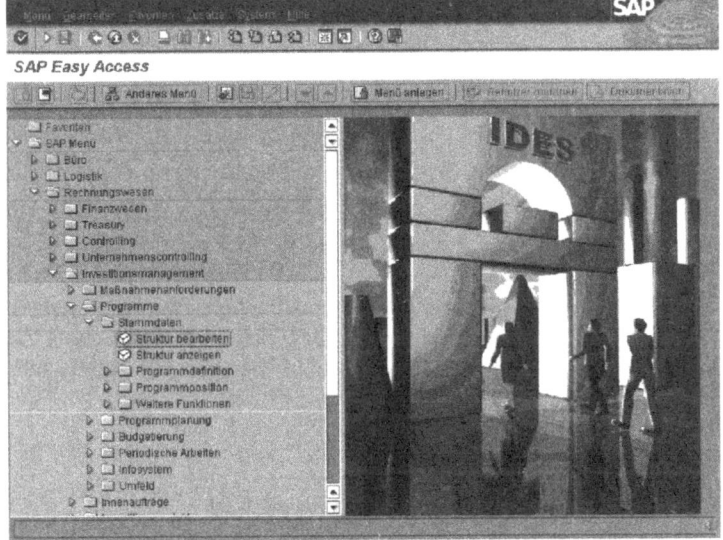

Abb. 5.48 SAP Menü

Durch Doppelklick auf ***Struktur bearbeiten*** gelangen Sie zum Fenster ***Programmstruktur ändern.*** Geben Sie den Programmnamen und das Genehmigungsjahr ein und bestätigen Sie die Eingabe mit der Schaltfläche .

Es erscheint das Fenster ***Struktur von ....***Wählen Sie die Menüfunktion ***Bearbeiten / Status***, um alle verfügbaren Systemstatus zu sehen.

5 Anwendungsfall Modul IM

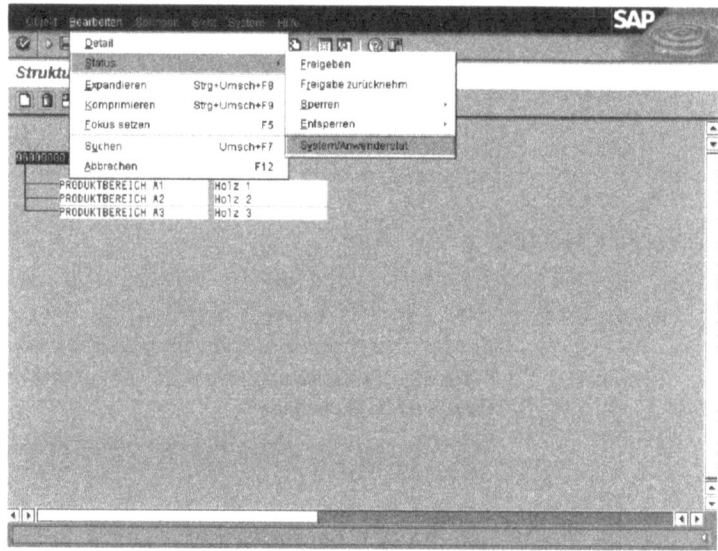

Abb. 5.49 Programmstruktur

Tipps und Tricks

Mit der Menüfunktion **Bearbeiten / Status / System / Anwenderstatus** erhalten Sie eine komplette Übersicht der jeweiligen Status und welche betriebswirtschaftlichen Vorgängen erlaubt und verboten sind.

Abschreibungsvorschau

Der Schnelleinstieg

Vom SAP R/3 Einstiegsbild über **SAP Menü / Rechnungswesen / Investitionsmanagement / Programme / Stammdaten / Programmposition / Ändern**. Durch Doppelklick auf **Ändern** gelangen Sie zum Fenster **Programmposition ändern**.

Eingabe des Programmnamens und des Genehmigungsjahres und evt. die zu bearbeitende Programmposition. Danach Doppelklicken auf die Programmposition und Eingabe des Inbetriebnahmedatums und der Anlagenklasse.

Abschreibungsvorschau

Die Grundlagen

Mit der Abschreibungsvorschau können Sie neben dem aktiven Anlagenbestand auch die geplanten Investitionen in die Vorschau einbeziehen und das Resultat in die Kostenstellenrechnung übernehmen.

Für die frühzeitige Kostenplanung wurde insbesondere mit der Abschreibungssimulation ein Instrument entwickelt, das diesen Anforderungen Rechnung trägt. In die Abschreibungssimulation können sowohl geplante Investitionen als auch das aktive Anlagevermögen einbezogen werden. Die Resultate können anschließend in das Modul CO-Kostenartenrechnung übernommen werden.

Abhängig vom Genauigkeitsgrad und der Konkretisierungsphase der Investitionsplanung ist eine Abschreibungssimulation auf der Ebene der Investitionsprogrammposition, der Projektebene und der Ebene der Innenaufträge durchführbar.

Die Eingabe der Abschreibungsparameter ist zwingende Voraussetzung für die Durchführung der Simulation. Hierbei müssen die Planwerte/Budgetwerte auf der jeweiligen Ebene mit Abschreibungsparameter ergänzt werden.

Die Aufgabe

Im Folgenden wird anhand eines Fallbeispiels erläutert, wie Abschreibungsparameter in SAP R/3 eingepflegt werden.

Die Lösungsschritte

Vom SAP R/3 Einstiegsbild über *SAP Menü / Rechnungswesen / Investitionsmanagement / Programme / Stammdaten / Programmposition / Ändern*.

5 Anwendungsfall Modul IM

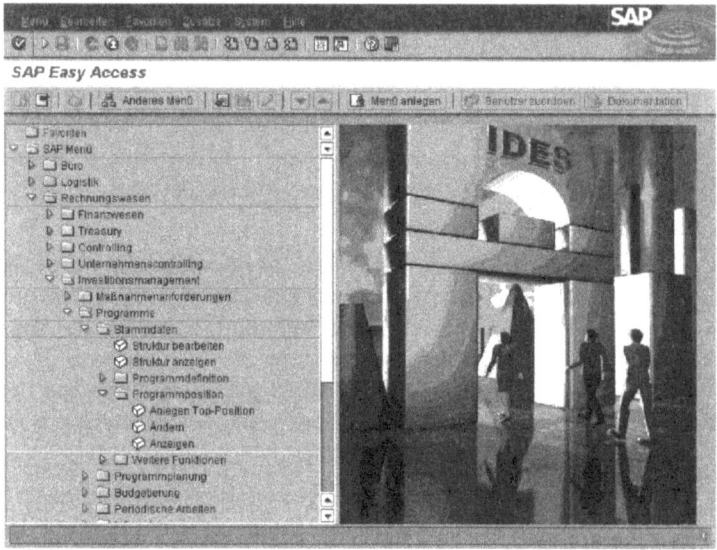

Abb. 5.50 SAP Menü

Durch Doppelklick auf *Ändern* gelangen Sie zum Fenster *Programmposition ändern.*

Geben Sie den Programmnamen und das Genehmigungsjahr ein und evt. die zu bearbeitende Programmposition. Anschließend klicken Sie auf die Schaltfläche ✓ .

Abschreibungsvorschau

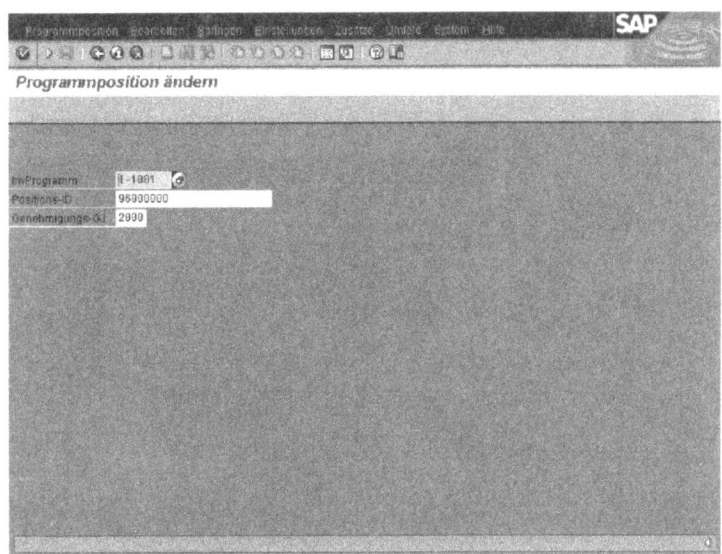

Abb. 5.51 Aufruf Programmposition

Es erschient das Fenster **Programmposition ändern**.

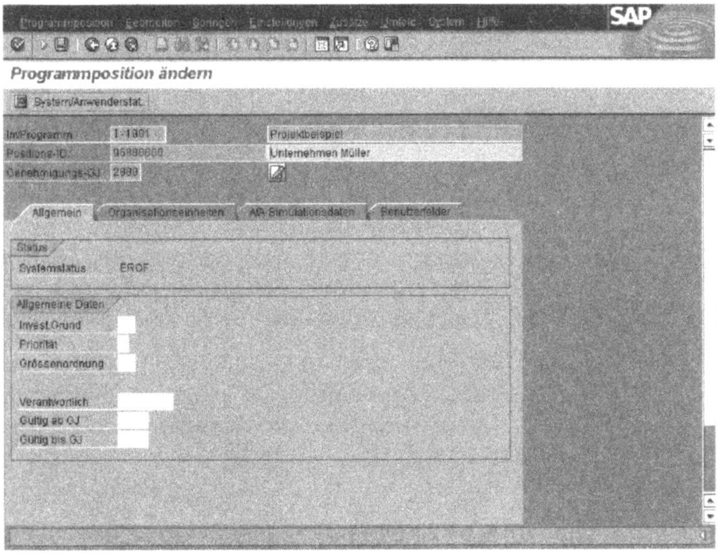

Abb. 5.52 Programmposition ändern

5 Anwendungsfall Modul IM

Geben Sie das Inbetriebnahmedatum und die Anlagenklasse ein und klicken Sie dann auf die Schaltfläche ⊘.

Es erscheint das Fenster **Programmposition ändern**.

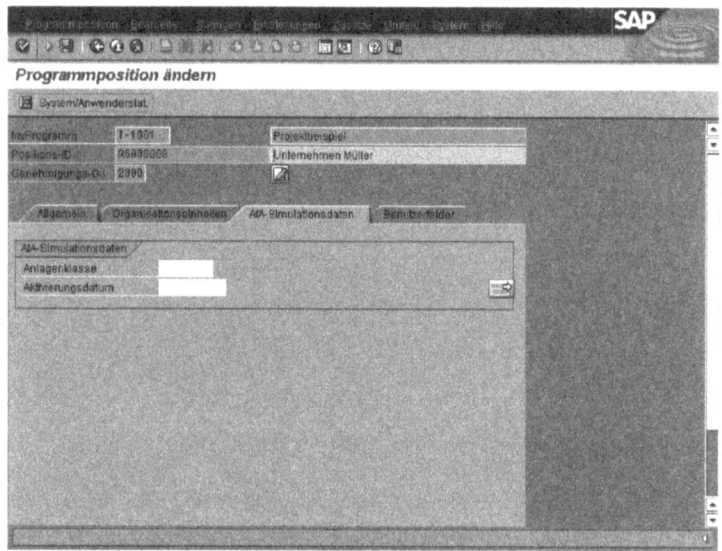

Abb. 5.53 Programmposition ändern

Tipps und Tricks

Die Prozenteingabe wird erleichtert, wenn ein Excel-Sheet mit entsprechenden Dreisatzformeln als Eingabehilfe herangezogen wird. Im späteren Release ist eine Aufteilung der geplanten Investitionen auch über Äquivalenzziffern möglich.

Projekte und Innenaufträge können in die Abschreibungssimulation einbezogen werden, wenn dort AfA-Parameter hinterlegt worden sind. Die Eingabemöglichkeiten sind identisch.

Informationssystem

Der Schnelleinstieg

Planwertorientierter Bericht	Vom Einstiegsbild SAP R/3 über *SAP Menü Rechnungswesen / Investitionsmanagement / Programme /Infosystem / Berichte zum Investitionsmanagement /Programme aktuelle Daten /Planwerte / Gesamt-/Jahresplan im Programm*. Durch Doppelklick auf *Gesamt-/Jahresplan im Programm* gelangen Sie zum Fenster *Selection: Gesamt-/Jahresplan im Programm*. Geben Sie den Namen des Investitionsprogramms ein und klicken Sie auf die Schaltfläche.
Budgetwertorientierter Bericht	Vom Einstiegsbild SAP R/3 SAP Menü *Rechnungswesen / Investitionsmanagement / Programme / Infosystem / Berichte zum Investitionsmanagement / Programme aktuelle Daten / Verfügbarkeit / Budgetwertverfügbarkeit Maßnahmen*. Es erscheint das Fenster *Budgetverteilung auf Maßnahmen*. Geben Sie den Namen des Investitionsprogramms ein und klicken Sie auf die Schaltfläche.
Verfügbarkeitsorientierter Bericht	Vom Einstiegsbild SAP R/3 über die Menüfunktion *Rechnungswesen / Investitionsmanagement / Programme / Infosystem / Berichte zum Investitionsmanagement / Programme aktuelle Daten / Verfügbarkeit / Budgetverfügbarkeit Programm*. Es erscheint das Fenster *Budgetverfügbarkeit Programm*. Geben Sie den Namen des Investitionsprogramms ein und klicken Sie auf die Schaltfläche.

Die Grundlagen

Das Informationssystem des SAP R/3 Modul IM unterstützt mit seinen Berichten die Verwaltung und Steuerung von übergreifenden Investitionsbudgets. Neben der projektorientierten Analyse im Modul PS haben Sie mit IM die Möglichkeit einer dv-gestützten, gesamtheitlichen Berichterstattung über alle Investitionsprojekte eines Unternehmens.

Das Informationssystem bietet Ihnen Analysemöglichkeiten zu Plan-, Budget-, Ist- und Verfügungswerten auf jeder Hierarchiestufe. Zusätzlich ist die Verzweigung in die Stammdaten der Programmpositionen möglich. Die Integration mit PS hilft Ihnen, von der Hierarchieebene auf die Projekte zu verzweigen.

Durch die Technik des Drill-downs eignet sich das Informationssystem sehr gut für Analysen nach unterschiedlichem Detaillierungsgrad.

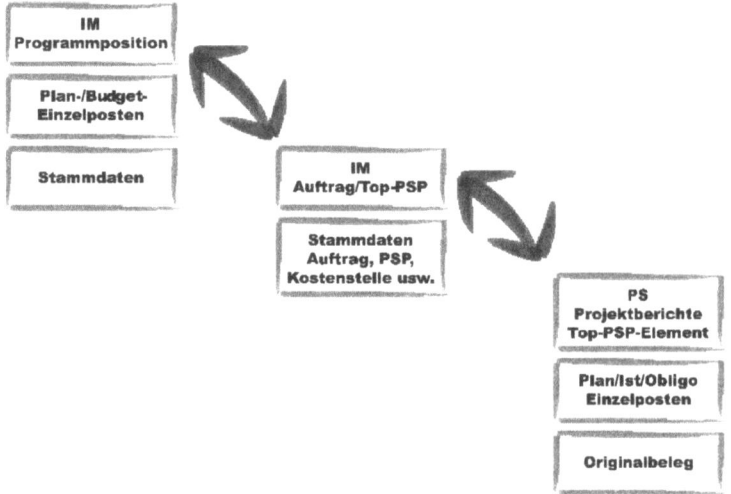

Die Aufgabe

Im Folgenden wird anhand des Planwertorientierten Berichts aufgezeigt, wie Sie in diese Berichte gelangen und wie diese Berichte aufgebaut sind.

Die Lösungsschritte

Vom Einstiegsbild SAP R/3 über SAP Menü **Rechnungswesen / Investitionsmanagement / Programme / Infosystem / Be-**

richte zum Investitionsmanagement / Programme aktuelle Daten / Planwerte / Gesamt-/Jahresplan im Programm.

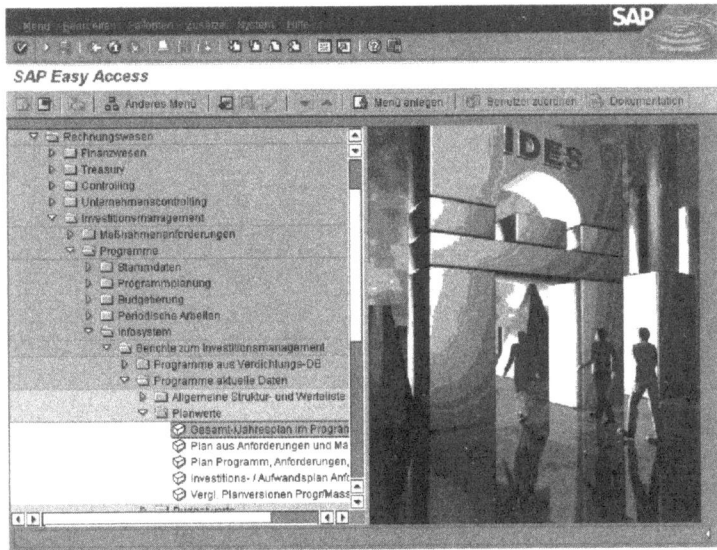

Abb. 5.54 SAP Menü

Durch Doppelklick auf **Gesamt-/Jahresplan im Programm** gelangen Sie zum Fenster **Selektion: Gesamt-/Jahresplan im Programm**.

Geben Sie den Namen des Investitionsprogramms und das Genehmigungsjahr ein und bestätigen Sie die Eingabe mit der Schaltfläche .

5 Anwendungsfall Modul IM

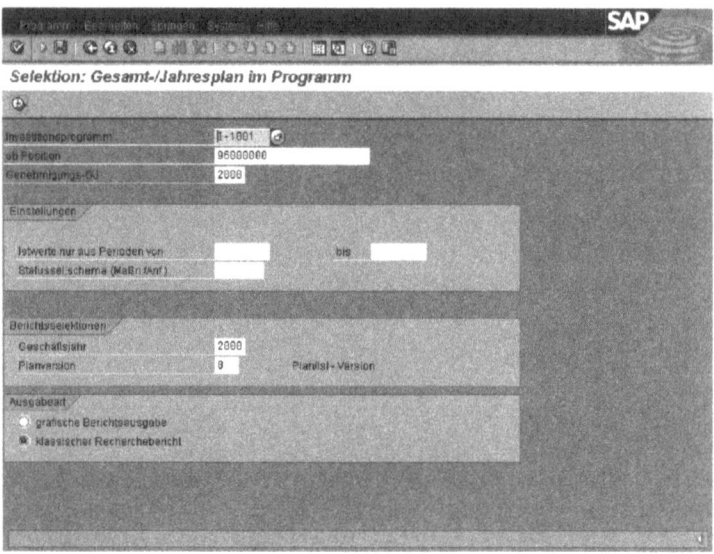

Abb. 5.55 Selektion: Gesamt-/Jahresplan im Programm

Es erscheint das Fenster **Gesamt-/Jahresplan im Programm: Übersicht**. Sie sehen die gesamten und jahresbezogenen Investitionsplanungen, aufgeschlüsselt nach den unterschiedlichen Organisationseinheiten.

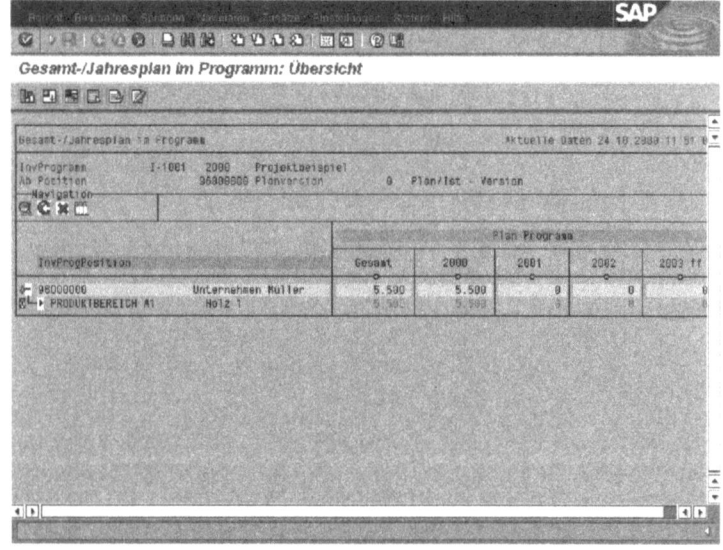

Abb. 5.56 Gesamt-/Jahreplan im Programm: Übersicht

Jahreswechsel

Der Schnelleinstieg

> Vom Einstiegsbild SAP R/3 über *SAP Menü / Rechnungswesen / Investitionsmanagement / Programme / Periodische Arbeiten / Jahreswechsel / Eröffnung neues Jahr*. Durch Doppelklick auf *Eröffnung neues Jahr* gelangen Sie zum Fenster *Eröffnung neues Genehmigungsjahr*. Eingabe des Investitionsprogramms und des Genehmigungsjahrs und bestätigen Sie die Eingabe mit der Schaltfläche .

Die Grundlagen

Für jedes Geschäftsjahr ist ein neues Investitionsprogramm anzulegen. SAP R/3 bietet mit der Funktion Jahreswechsel die Möglichkeit, ein neues Investitionsprogramm aus dem alten Investitionsprogramm zu generieren. Zusätzlich werden Maßnahmen, die durchgeführt und abgeschlossen wurden, aus dem Berichtswesen entfernt.

Die Aufgabe

Im Folgenden wird gezeigt, wie ein Jahreswechsel durchgeführt wird.

Die Lösungsschritte

Vom Einstiegsbild SAP R/3 über SAP Menü / *Rechnungswesen / Investitionsmanagement / Programme / Periodische Arbeiten / Jahreswechsel / Eröffnung neues Jahr*.

5 Anwendungsfall Modul IM

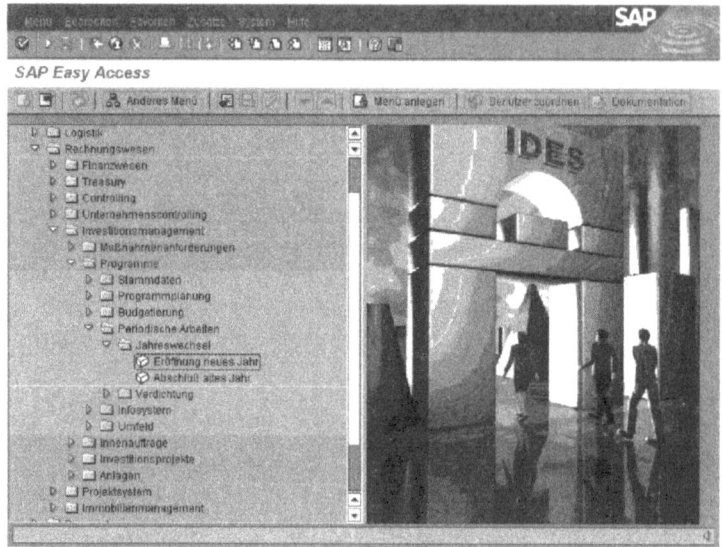

Abb. 5.57 SAP Menü

Durch Doppelklick auf Eröffnung neues Jahr gelangen Sie zum Fenster **Eröffnung neues Genehmigungsjahr**.

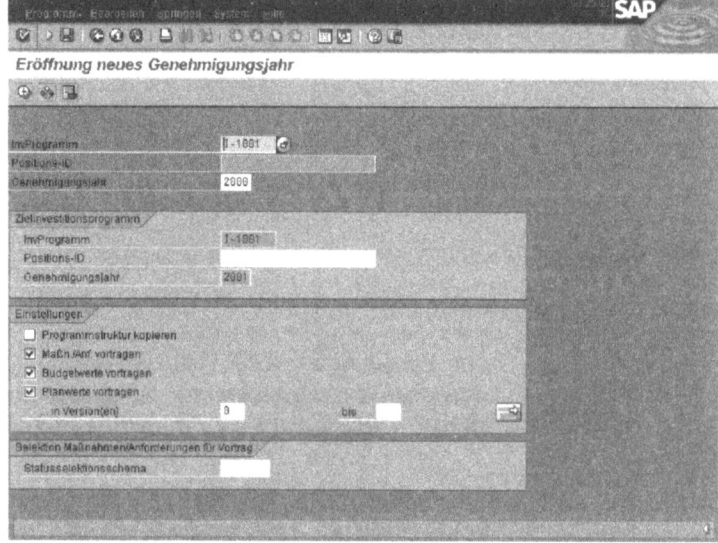

Abb. 5.58 Eröffnung neues Genehmigungsjahr

Bitte geben Sie den Namen des Investitionsprogramms und das Genehmigungsjahr ein. Anschließend haben Sie verschiedenen Einstellmöglichkeiten für den Jahreswechsel. Klicken Sie die entsprechenden Felder an. Anschließend bestätigen Sie die Eingabe.

Es erscheint ein Fehlerprotokoll.

Tipps und Tricks

Über die Vortragsfunktion aus dem alten Investitionsprogramm haben Sie immer die Verknüpfung zwischen dem neuen und alten Investitionsprogramm. Nach dem Jahreswechsel können Sie selbstverständlich das neue Investitionsprogramm aktualisieren.

Die Eröffnung eines neuen Investitionsprogramms kann beliebig oft wiederholt werden. Es muss in diesem Fall nur sichergestellt sein, dass die Einstellung „Programmstruktur kopieren" nicht gesetzt ist. Es ist sinnvoll, wenn zu einem früheren Zeitpunkt das neue Investitionsprogramm eröffnet wird und zum späteren Zeitpunkt die Maßnahmen übernommen werden sollen.

Es wird empfohlen, im Vorfeld nicht verbrauchte Maßnahmenbudgets und Obligos vorzutragen und anschließend den Jahreswechsel im IM durchzuführen.

6 Integration

Das SAP R/3 Integrationsmodell schafft die Voraussetzungen, Daten zwischen den einzelnen SAP R/3-Anwendungen online zu übertragen bzw. redundanzfrei vorzuhalten. Dies bedeutet, dass bei der Erfassung von Daten diese sofort auf ihre Richtigkeit überprüft und die Informationen bei Bedarf in verschiedene Datentabellen und Darstellungen, die zu unterschiedlichen R/3-Modulen gehören, fortgeschrieben werden können.

Die Integration des Projektsystems mit dem internen Rechnungswesen ist aus kaufmännischer Sicht am ausgeprägtesten. Dies wird dadurch verdeutlicht, dass das Projektsystem ohne den Einsatz des CO-Moduls nicht genutzt werden kann. Aber auch die Integration des Projektsystems mit dem IM-Modul ist sehr bedeutsam. Für die Durchführung von Investitionsmaßnahmen im eigenen Unternehmen setzt SAP R/3 das IM-Modul ein. Dabei werden nicht nur Investitionen im buchhalterischen Sinne verstanden. Im Investitionsmanagement werden alle Maßnahmen abgebildet, die zuerst Kosten verursachen und erst zu einem späteren Zeitpunkt Erträge erzielen. Solche Maßnahmen können Instandhaltungsprojekte, aber auch Projekte aus dem Bereich Forschung und Entwicklung betreffen. Zur Durchführung dieser Investitionsmaßnahmen benutzt die Anwendung über die Integration die Komponenten

- PSP-Elemente
- Innenaufträge
- Instandhaltungsaufträge

Durch die Integration mit der Anlagenbuchhaltung werden die aktivierungspflichtigen Kostenteile auf den Konten im Bau korrekt verbucht, während die nicht aktivierungsfähigen Kosten auf Kostenstellen abgerechnet werden.

Investitionsmaßnahmen

Investitionsmaßnahmen dienen dazu, die Plan- als auch Istkosten bzw. Ausgaben nach controllingorientierten – und abrechnungstechnischen – Gesichtspunkten von den übrigen Kosten eines Unternehmens zu separieren. SAP bietet die Option, Investitionsvorhaben über Projekte und/oder Innenaufträge abzubilden. Die Unterschiede beider Alternativen liegen in der Strukturierungsmöglichkeit und in den projektspezifischen Funktionalitäten.

Innenaufträge

Innenaufträge können hierarchisch nicht strukturiert werden, sondern eine Zusammenfassung ist nur über eine Auftragshierarchie möglich. Sie dienen als Sammelstelle für die anfallenden Kosten.

Investitionsprojekte

Die Funktionalitäten der Ressourcen-, Kapazitäts- und Terminplanung werden nur für Projekte angeboten. Ein großer Vorteil gegenüber Innenaufträgen liegt in der hierarchischen Strukturierungsmöglichkeit innerhalb eines Projekts. Komplexe Investitionsvorhaben können somit besser geplant, gesteuert und überwacht werden.

Innenaufträge dienen für einfache, übersichtliche und mit weniger Risiko behaftete Investitionsmaßnahmen, die ein geringes Volumen beanspruchen.

Die Abbildung über Investitionsprojekte sollte zur Anwendung kommen, wenn lang laufende, risikobehaftete und umfangreiche Vorhaben durchgeführt werden, die betriebswirtschaftlich einer besonderen Überwachung unterliegen.

Zuordnung von Investitionsmaßnahmen zum Investitionsprogramm

Die unternehmensweite Steuerung und Überwachung von Investitionsmaßnahmen wird durch die Zuordnung der einzelnen Projekte oder Innenaufträge zu einer oder mehreren Investitionsprogrammpositionen ermöglicht. Bei der Zuordnung werden die Investitionsmaßnahmen mit der untersten Hierarchieebene (Investitionsprogrammposition IPP) des Investitionsprogramms verknüpft. Die Zuordnung kann über die Stammdatenpflege der Investitionsmaßnahme als auch von der IPP hergestellt werden. Innerhalb eines Projektes können neben den Top-PSP-Elementen auch die untergeordneten PSP-Elemente zugeordnet werden. SAP gewährleistet, dass innerhalb eines Teilbaumes nicht PSP-Elemente der 1. und 2. Stufe gleichzeitig zugeordnet werden können. Dies würde zu Inkonsistenzen führen.

SAP bietet Ihnen auch die Möglichkeit, das Projekt auf verschiedene IPP prozentual zu verteilen. Dies kommt häufig vor bei mischfinanzierten Projekten, die von verschiedenen IPP Budget erhalten.

Ziel der Verknüpfung ist eine Klassifikation der Investitionen nach unterschiedlichen Klassifikationsmerkmalen. Häufig sind organisatorische oder produktbereichsorientierte Merkmale in der Praxis anzutreffen.

Maßnahmenbasierte Bottom-Up-Planung

Bei einer maßnahmenbasierten Investitionsplanung liegen konkrete Vorschläge der geplanten Vorhaben vor. Die Investitionsplanung auf der Stufe der Maßnahmen unterscheidet sich durch den Detaillierungsgrad von der programmbasierten Planung und wird im Modul Projektsystem für Projekte oder Controlling im Falle von CO-Innenaufträgen durchgeführt. Mit Hilfe der Module PS und CO ist eine weitreichende Genauigkeit und Strukturierung der Kosten bzw. Ausgaben möglich. Im Modul PS als auch in CO stehen folgende Detaillierungsgrade für die Planung zur Auswahl.

Je nach Bedeutung können die o. g. Planungsalternativen maßnahmenspezifisch zur Anwendung kommen. Durch den hohen Detaillierungsgrad wird die Kostenzusammensetzung der Investitionsmaßnahme sichtbar. Die Kostenartenplanung und die Gesamtplanung laufen parallel nebeneinander und sind nicht miteinander verknüpft. Sie werden additiv vom System unterstützt. Es ist von Bedeutung, dass die Gesamtplanung ihre Werte nicht verändert, wenn eine detaillierte Kostenartenplanung durchgeführt wird.

Nach der Durchführung der Maßnahmenplanung können die Planwerte der einzelnen Investitionsmaßnahmen durch die vorhandene Verknüpfung zum IM als Vorschlagswerte in die zugehörigen Programmpositionen übernommen werden. Dies ist im Vergleich zur programmbasierten Planung eine erweiterte Bottom-Up-Planung, da sie auf Investitionsprojekten oder -aufträgen basiert und die Planwerte bis zur höchsten Ebene im Investitionsprogramm verdichtet werden. Hervorzuheben ist, dass ab Release 4.0 verschiedene Arbeitspakete (PSP-Elemente) innerhalb eines Projekts mit verschiedenen Programmpositionen verknüpft werden können.

Programmbasierte Budgetierung mit separater Maßnahmenbudgetierung

Die Investitionsprogrammbudgetierung erfolgt top-down, d. h. die genehmigten Werte werden von den übergeordneten Programmpositionen an die nächsten Hierarchiestufen verteilt, bis die untersten Programmpositionen erreicht werden.

Die Budgetierung wird durch verschiedene Hilfsmittel erleichtert. Drei Alternativen sind in der Praxis häufig anzutreffen:

a) Übereinstimmung der bottom-up Planwerte mit den top-down Budgetwerten

   Die Budgetierung wird mit einer Kopierfunktion der Planwerte durchgeführt.

b) Prozentualer/absoluter Abschlag auf die Planwerte

Durch die Umwertungsfunktion können die Planwerte mit einem relativen bzw. absoluten Abschlag als Budgetwerte übernommen werden.

c) Separate Budgetierung

In diesem Fall tragen Sie manuell die entsprechenden Budgetwerte ein.

Grundsätzlich ist eine Kombination aller Alternativen durchaus denkbar. Bei der programmbasierten Budgetierung werden die zugeordneten Maßnahmen nicht automatisch zum gleichen Zeitpunkt budgetiert. Es erfolgt eine chronologische und funktionale Separierung der Programm- und Maßnahmenbudgetierung. Die Maßnahmenbudgetierung kann, z. B. bei pauschalen Budgets, erst bei der Konkretisierung eines Investitionsvorhabens erfolgen. In diesem Fall werden im Berichtswesen die Maßnahmenbudgets dem Programmpositionsbudget gegenübergestellt. Wichtig ist hierbei zu erwähnen, dass bei der o. g. Vorgehensweise eine systemtechnisch unterstützte Verfügbarkeitskontrolle im Investitionsprogramm nicht vorhanden ist, d. h. es kann auf Maßnahmenebene mehr Budget verteilt werden, als für diese Programmposition genehmigt wurde. Eine Verfügbarkeitskontrolle kann nur über das Berichtswesen visuell erzielt werden.

Diese Variante ist in Betracht zu ziehen, wenn eine Voraussage über die Budgetverteilung auf Maßnahmen nicht möglich oder nicht gewollt ist.

Maßnahmenbasierte Budgetierung mit Budgetverteilung

Bei der maßnahmenbasierten Budgetierung durch Budgetverteilung wird wie in der obigen Erläuterung, das Investitionsbudget top-down bis auf die unterste Hierarchie im IM verteilt. Anschließend werden die Investitionsmaßnahmen, im Gegensatz zur separaten Budgetierung, aus der Programmposition heraus durch die Funktionalität Budgetverteilung budgetiert. Die durchgängige Budgetierung gewährleistet, dass nicht mehr Programmbudget auf die Maßnahmen verteilt wird als vorhanden ist (passive Verfügbarkeitskontrolle). Bei Überschreitungen des Programmbudgets muss das Programmbudget über die Funktionalität Programmbudgetumbuchung von einer anderen Programmposition umgebucht werden, damit eine Maßnahmenbudgetierung durchgeführt werden kann.

Die Anwendung der Budgetverteilung ist über das Customizing einstellbar.

Abschreibungsvorschau

Investitionen in Sachanlagen haben meist langfristige Auswirkungen auf die Kostenstruktur und Flexibilität eines Unternehmens. Eine frühzeitige Berücksichtigung der Kostenauswirkungen ist für ein vorausschauendes Investitions-Controlling unabdingbar. Für die frühzeitige Kostenplanung wurde mit der Abschreibungssimulation ein Instrument entwickelt, das diesen Anforderungen Rechnung trägt.

Funktionsumfang

In die Abschreibungssimulation können sowohl geplante Investitionen als auch das aktive Anlagevermögen einbezogen werden. Die Resultate können anschließend in das Modul CO-Kostenartenrechnung übernommen werden.

Abhängig vom Genauigkeitsgrad und der Konkretisierungsphase der Investitionsplanung ist eine Abschreibungssimulation auf drei Ebenen durchführbar:

1. Ebene Investitionsprogrammposition

Eine Abschreibungssimulation auf Investitionsprogrammpositionen ist zu präferieren, wenn

a) eine pauschale Investitionsplanung ohne eindeutige Konkretisierung der Maßnahmen vorliegt,

b) eine Reduzierung des Zeitaufwands für die Stammdatenpflege von Projekten oder Innenaufträge zum Planungszeitpunkt angestrebt wird.

2. Ebene Projekt	Die Durchführung der Abschreibungssimulation auf Projektebene ist zu favorisieren, wenn konkrete Investitionsmaßnahmen bekannt sind.
3. Ebene Innenauftrag	Bei großen Investitionsmaßnahmen ist es möglich, Projekte als auch Innenaufträge innerhalb eines Investitionsvorhabens einzusetzen. In diesem Fall wird die Projektstruktur meist zur Abbildung der technischen Struktur herangezogen, während die Ausführungsebene auf CO-Innenaufträge abgebildet wird.

Die Abschreibungssimulation kann auch unter Berücksichtigung der drei Ebenen und dem aktiven Anlagenbestand erfolgen.

Es ist darauf hinzuweisen, dass sich die Module IM, PS oder CO im Rahmen der Abschreibungssimulation auf die Funktionalitäten der Anlagenbuchhaltung zurückgreifen. So sehen beispielsweise die Eingabemasken für die Abschreibungsparameter in allen Modulen gleich aus.

Abschreibungsparameter

Die Eingabe der Abschreibungsparameter ist zwingende Voraussetzung für die Durchführung der Simulation. Hierbei müssen die Plan-/Budgetwerte auf der jeweiligen Ebene mit Abschreibungsparametern ergänzt werden. Die Plan-/Budgetwerte können auf verschiedene Kostenstellen, Inbetriebnahmedaten und Anlagenklassen prozentual aufgeteilt werden. Mit dem Bezug zur Anlagenklasse werden alle Stammdaten der Anlagenklasse bezüglich der Abschreibungsparameter aus der Anlagenbuchhaltung herangezogen: Bewertungsbereiche, Nutzungsdauer, Schichtfaktor, Abschreibungsarten etc. Zukünftig ist neben der prozentualen Aufteilung der Plan-/Budgetwerte auch eine Aufteilung nach Äquivalenzziffern geplant.

Abrechnung und Aktivierung von Investitionsmaßnahmen

Die Gestaltung der Abrechnung und Aktivierung von Investitionsmaßnahmen steht im engen Zusammenhang mit der Gesamtabbildung des Vorhabens im SAP R/3. Neben der Direktaktivierung für einfache Anschaffungsvorgänge stehen für die Abwicklung von komplexeren Investitionsvorhaben vielfältige Ab-

6 Integration

rechnungsvarianten zur Verfügung. Die Abrechnungsparameter finden Sie im Modul PS für Projekte bzw. im Modul CO für Innenaufträge. Bei der Direktaktivierung wird im eigentlichen Sinne keine Abrechnung durchgeführt.

Direktaktivierung

Im Folgenden wird der Prozess der Direktaktivierung in groben Zügen erläutert und auf die wesentlichen Teilprozesse aufmerksam gemacht.

Der Prozess der Direktaktivierung wird für einfache Beschaffungsvorgänge (z. B. Hardware, Maschinen etc.) herangezogen. Hierbei wird in der Bestellanforderung die von der Anlagenbuchhaltung zuvor generierte Anlagennummer eingetragen. Parallel wird das Kontierungsobjekt (Investitionsprojekt oder Innenauftrag) in der Bestellanforderung angegeben. Der bewertete Wareneingang wird anschließend mit Bestellbezug im System erfasst. Bei Übereinstimmung des Bestellwerts mit dem Warenwert wird die in der Bestellung hinterlegte Anlage mit dem Warenwert bebucht. Gleichzeitig wird das Kontierungsobjekt (Investitionsprojekt oder Innenauftrag) statistisch mitgebucht.

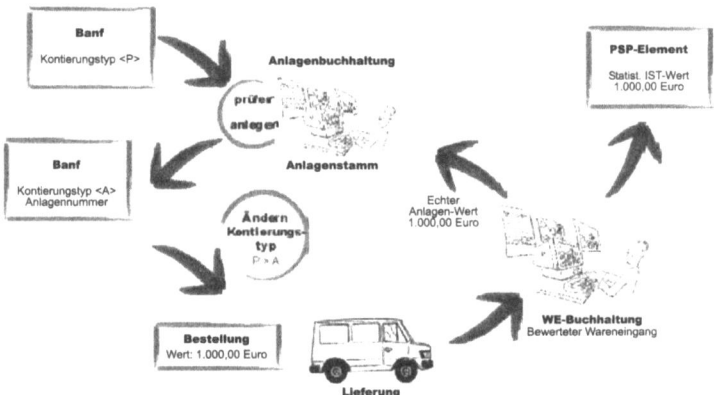

Abrechnung und Aktivierung auf Anlage im Bau

Die Anwendung der Anlage im Bau als Kostensammler wird für komplexe Investitionsvorhaben herangezogen, dessen Erstellung sich u. a. über eine längere Periode erstreckt und ein korrekter bilanzieller Ausweis der Gesamtkosten notwendig ist.

Über Customzing-Einstellungen können Sie definieren, dass bei der Anlage und Freigabe der Investitionsmaßnahme (Investitionsprojekt oder Innenauftrag) automatisch eine Anlage im Bau (AiB) erzeugt wird. Es wird darauf hingewiesen, dass diese AiB erst nach der ersten Abrechnung in den Abrechnungsparameter als Abrechnungsempfänger vom System automatisch eingetragen wird, obwohl die AiB schon im Vorfeld bei der Freigabe generiert wurde.

Die auf Projekte oder Aufträge gesammelten Kosten werden nach ihrer Aktivierungsfähigkeit unterschieden. Aktivierungspflichtige Anteile der Investitionsmaßnahme werden auf Anlage im Bau abgerechnet, nicht aktivierungspflichtige werden auf CO-Empfänger (Kostenstelle, CO-Innenauftrag) abgerechnet. SAP stellt die Funktionalität bereit, Prozentsätze für die zu aktivierenden Anteile von Kostenarten oder Kostenartengruppen anzugeben. Die Prozentsätze können zeitraumabhängig festgelegt werden. Auch innerhalb der individuellen Kostenarten kann nach verschiedenen Bewertungssätzen (SAP: Aktivierungsversionen) differenziert werden. Die periodische als auch die Gesamtabrechnung kann einzelpostengenau oder pauschal durchgeführt werden. Analog zu den Abrechnungsansätzen für die AiB können für nicht aktivierungsfähige Kostenarten pauschale oder individuelle Aufteilungsregeln definiert werden. Dies ist unter anderem sinnvoll, wenn eine Kostenart auf verschiedene Empfänger zu verteilen ist.

Nach Fertigstellung der Anlage wird die Anlage im Bau an die korrespondierende Anlage abgerechnet.

Periodische Abrechnung auf CO-Empfänger und Anlage im Bau

Das Ziel der periodischen Abrechnung ist die perioden- und verursachungsgerechte Ermittlung und Verrechnung der Kosten von Investitionsmaßnahmen. Sie kann für einen frei wählbaren Zeitraum durchgeführt werden. In der Praxis ist häufig die monatliche Abrechnung anzutreffen. Abrechnungsempfänger können CO-Empfänger (Kostenstellen, Projekte oder Innenaufträge) und AiB sein. Die Abrechnung auf AiB erfolgt zeitgleich mit der Abrechnung auf CO-Empfänger.

Gesamtabrechnung

Die Gesamtabrechnung wird bei Fertigstellung der Investitionsmaßnahme durchgeführt, wenn der Systemstatus „technisch abgeschlossen" gesetzt wurde. Teilaktivierungen sind vorher auch schon möglich. Analog zu der periodischen Abrechnung werden die auf Investitionsmaßnahmen gebuchten Belastungen nach ihrer Aktivierungsfähigkeit abgerechnet. Die Funktionalitäten innerhalb der Gesamtabrechnung entsprechen denen der periodischen Abrechnung.

Wenn eine periodische Abrechnung schon durchgeführt wurde, wird vom System sichergestellt, dass nur noch die zwischenzeitlich angefallenen Belastungen abgerechnet werden. Korrekturen bezüglich der Buchung von nicht aktivierbaren Belastungen oder von schon aktivierten Kosten auf AiB sind dennoch möglich.

Verfügbarkeitsüberwachung

Die Steuerung und Überwachung von Investitionsbudgets ist eine der wichtigen Aufgaben des Investitions-Controllings. Sie wird ergänzt um die inhaltliche und zeitliche Steuerung und Überwachung der Investitionsmaßnahmen. In der Praxis werden diese Aufgaben auch dem Projekt-Controlling zugeordnet. SAP unterscheidet für die Budgetüberwachung zwischen der aktiven und passiven Verfügbarkeitskontrolle.

Aktive Verfügbarkeitskontrolle

Die aktive Verfügbarkeitskontrolle greift auf der Maßnahmenebene ein. Sie prüft bei jeder Bestellanforderung, Bestellung oder FI-Buchung, ob diese Maßnahme Budget für die Transaktion zur Verfügung hat. Die Aktivierung der Verfügbarkeitskontrolle kann bei Budgetvergabe automatisch oder durch manuelle Aktivierung erfolgen. Dabei kann eine prozentuale und wertmäßige Toleranzgrenze für Budgetüberschreitungen angegeben werden.

Erst bei Überschreitung dieser Toleranzgrenze wird ein Hinweis erfolgen. Hinweise für Budgetüberschreitungen können nach zwei Alternativen ausgewiesen werden:

Warning mit optionaler Benachrichtigung
Beim Warning wird die betroffene Maßnahme (bei Projekten auch PSP-Elemente) in Auswertungen rot hervorgehoben und der Anwender erhält bei jeder Transaktion automatisch eine Nachricht.

Fehlermeldung
Bei Überschreitungen wird eine Fehlermeldung ausgegeben, die erst berichtigt werden muss.

Es ist durchaus möglich, Toleranzgrenzen innerhalb des Budgets einzugeben, d. h. der Anwender kann einstellen, dass bei Verfügungen in Höhe von z. B. 80% des Maßnahmenbudgets eine frühzeitige Meldung an den Maßnahmenverantwortlichen ergeht.

Bei der Budgetierung durch Budgetverteilung aus der Programmposition auf die zugeordneten Maßnahmen ist auch eine aktive Verfügbarkeitskontrolle im Einsatz, d. h. es kann nur das verfügbare Programmbudget verteilt werden.

Passive Verfügbarkeitskontrolle

Die passive Verfügbarkeitskontrolle ist nur auf Programmebene einsetzbar. Unter der Annahme, dass keine Budgetverteilung vorgenommen wird, erhält der Anwender keine Mitteilung, wenn die Summe der Maßnahmenbudgets oder die Verfügungen (ohne Einsatz der aktiven Verfügbarkeitskontrolle) größer als das IPP-budget ist.

Informationssystem

Das Berichtswesen im IM unterstützt das Investitionsmanagement von der Investitionsplanung-, über die Durchführung- bis hin zur Abrechnungs- und Aktivierungsphase. Durch die Integration innerhalb des Moduls IM und innerhalb des SAP R/3-Systems sind flexible Darstellungen mit Hilfe der Recherche-Technik von SAP R/3 und aktuelle Informationsauswertungen möglich. Innerhalb des Berichtswesens bietet SAP neben den Standardreports die Möglichkeit, kundenindividuelle Berichte zu generieren.

	Der Berichtsbaum ist nach den Komponenten Investitionsprogramme, Investitionsmaßnahmen und Anlagen strukturiert. Innerhalb dieser Strukturierung lassen sich die Berichte nach folgenden Kriterien einteilen:
Planwertorientierte Berichte	Bei den planwertorientierten Berichte sind Periodenvergleiche und Gegenüberstellungen von Programmplanung und Maßnahmenplanung möglich.
Budgetorientierte Berichte	Bei den budgetorientierten Berichte sind Periodenvergleiche und Gegenüberstellungen von Programmbudget und Maßnahmenbudget möglich. Des Weiteren können Sie auch Budgethistorien sowohl für Programme als auch für Maßnahmen auswerten.
Verfügbarkeitsorientierte Berichte	Die verfügbarkeitsorientierten Berichte sind wichtiger Bestandteil der Abwicklung von Investitionen. In diesen Berichten sind Informationen über die genehmigten Mittel auf Programm- und Maßnahmenebene vorhanden. Denen werden die Ist-Ausgaben und offene Banf bzw. Bestellungen von Maßnahmen als Obligo gegenübergestellt.

Die Berichtsauswertungen können jederzeit mit dem aktuellen Stand gespeichert werden. Bei erneutem Abruf des Berichts mit den gleichen Selektionen können Sie entscheiden, ob aktuelle Daten oder der zuvor gesicherte Datenbestand erscheinen sollen.

Informationssystem Investitionsprogramm

Auf der Ebene des Investitionsprogramms sind Analysen von Plan- und Budgetwerten sowie den zugeordneten Maßnahmen nach verschiedenen Kriterien möglich. Für die Budgetüberwachung unterscheidet das Modul IM zwischen Original-, Nachtrags- und Vortragsbudget. Es wird Ihnen die Möglichkeit geboten, eine Budgethistorie aufzubauen, so dass Sie jede Budgetaktualisierung analysieren können. Die Budgethistorie kann auch innerhalb von Budgetarten analysiert werden.

Informationssystem Investitionsmaßnahmen

Die Investitionsmaßnahmen können durch Projekte oder Innenaufträge abgebildet werden. Falls sie über Projekte abgewickelt werden, stehen die Auswertungsmöglichkeiten des PS zur Verfügung. Im anderen Falle bedient sich das IM der Berichtsmöglichkeiten des Auftragswesens.

Das Informationssystem des Moduls IM basiert auf der Recherchetechnik des SAP R/3–Systems. Hierdurch haben Sie die Möglichkeit, eine Analyse der Investitionswerte mit unterschiedlichem Detaillierungsgrad durchzuführen. Beispielsweise können Sie schrittweise von der Unternehmens- über die Bereichs- und Kostenstellensicht auf die untergeordneten Investitionsprojekte verzweigen. Für eine weitere Detaillierung springen Sie in die strukturorientierten Berichte des Moduls PS. Über die Einzelpostenliste gelangen Sie bis zum Originalbeleg der Finanzbuchhaltung.

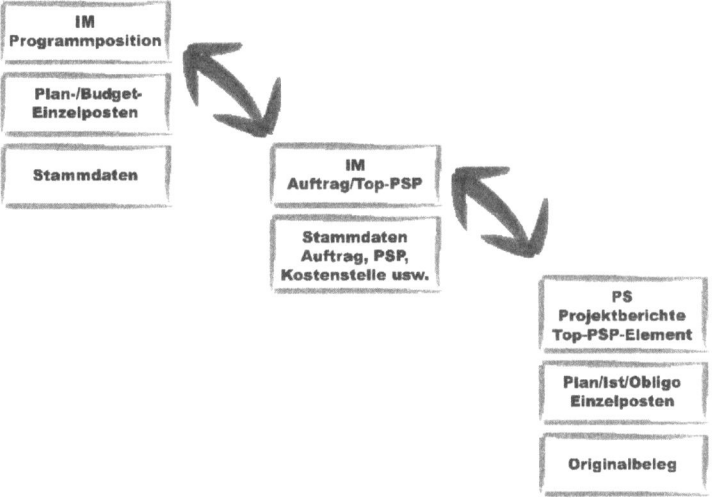

Es ist oft notwendig, beispielsweise zur Kontrollzwecken, auf die der Buchhaltung zugrunde liegenden Rechnungsbelege zugreifen zu können. SAP R/3 bietet die Möglichkeit, direkt vom Arbeitsplatz aus zu jedem Einzelposten den Originalbeleg aufzurufen. Dazu müssen die Belege bei der Erfassung eingescannt und in einem Archivierungspool abgelegt werden. Sie können über eine Standardfunktion jeden gewünschten Beleg am Bildschirm aufrufen und ausdrucken. Im Folgenden wird der Weg ausgehend vom Investitionsprogramm zum Originalbeleg dargestellt und erläutert.

In unserem Beispiel wurde zur bestehenden Programmstruktur das zu analysierende PSP-Element markiert, um mit Hilfe der Schaltfläche in den dazugehörenden Maßnahmenbericht (Projektbericht) zu verzweigen.

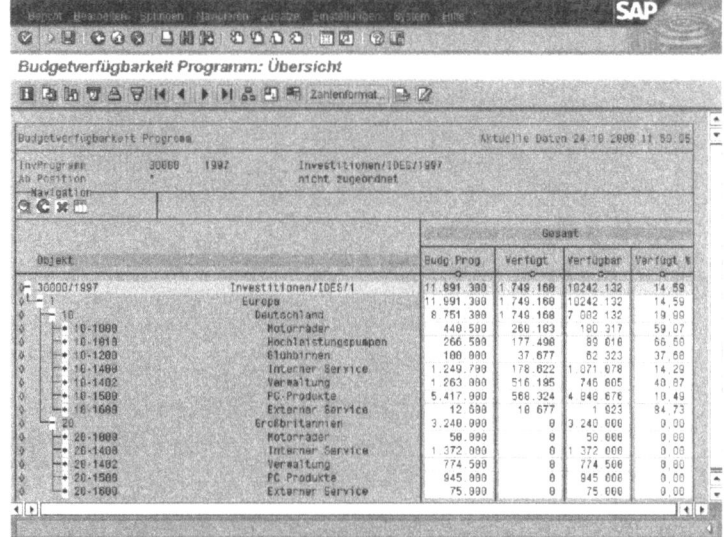

Abb. 6.1 Strukturorientierte Budgetverfügbarkeit

Es erscheint das Fenster mit dem Projektbericht. Um die gewünschten Einzelposten anzeigen zu lassen, markieren Sie die Ist-Kosten und wählen Sie die Menüfunktion **Springen / Bericht aufrufen / Einzelposten**.

Informationssystem

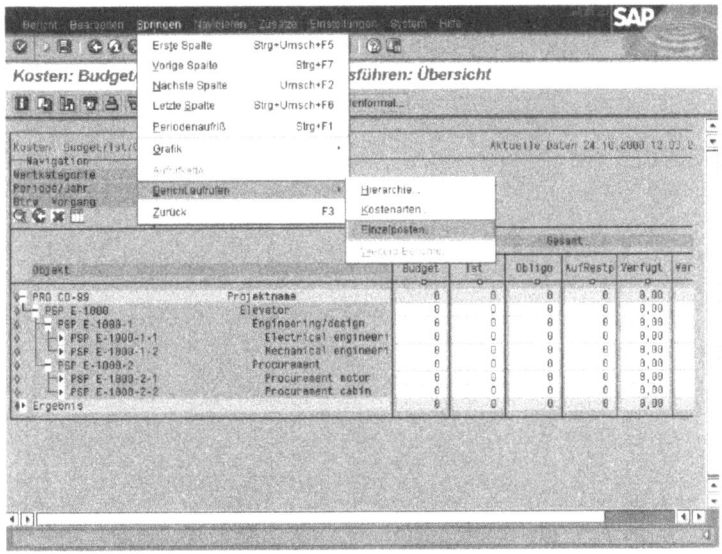

Abb. 6.2 Strukturbericht PS

Es erscheint eine Übersicht mit den einzelnen Buchungsbelegen. Von hier aus können Sie sich noch zu den einzelnen Buchungsbelegen die Originalbelege anzeigen lassen.

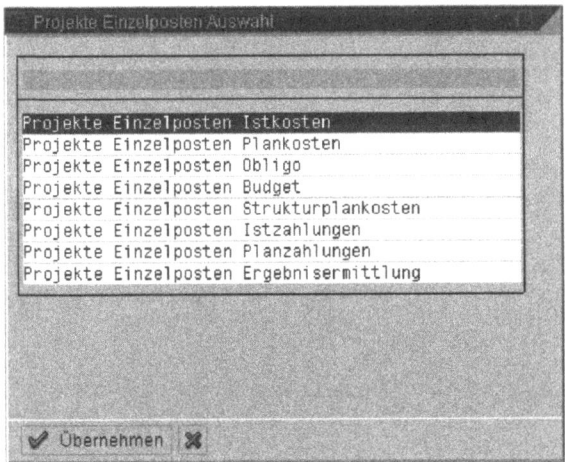

Abb. 6.3 Einzelpostenbericht PS

7 Customizing

Das Customizing umfasst die unternehmensspezifischen Anpassungen des SAP R/3-Systems ohne Programmierung. Das Customizing erfolgt über dialogorientierte Einstellungen in Tabellen. Das Ziel des Customizings ist ein SAP R/3-System, das auf das jeweilige Unternehmen abgestimmt ist. Das Customizing von SAP R/3 wird durch bestimmte Werkzeuge unterstützt. Hierzu gehören beispielsweise die Implementation-Guides (IMG). Die Implementation-Guides grenzen den Umfang an Funktionen ein, die direkt in R/3 eingestellt werden müssen. Dabei wird die zeitlich-logistische Reihenfolge des Verfahrensablaufs von diesen mitberücksichtigt. Jeder Implementation-Guide kann kundenspezifisch konfiguriert werden. Dadurch kann jeder Anwender nur die Teile des Implementation-Guides aktivieren, die für ihn relevant sind. So können beispielsweise im Rahmen der Projektsteuerung durch den Implementation-Guide die jeweiligen Ressourcen zugeordnet werden.

Allgemeines zum Customizing

Um in das Customizing zu gelangen, müssen Sie im SAP R/3 Einstiegsbild über die Menüfunktion *Werkzeuge / AcceleratedSAP / Customizing* einsteigen und Doppelklicken.

7 Customizing

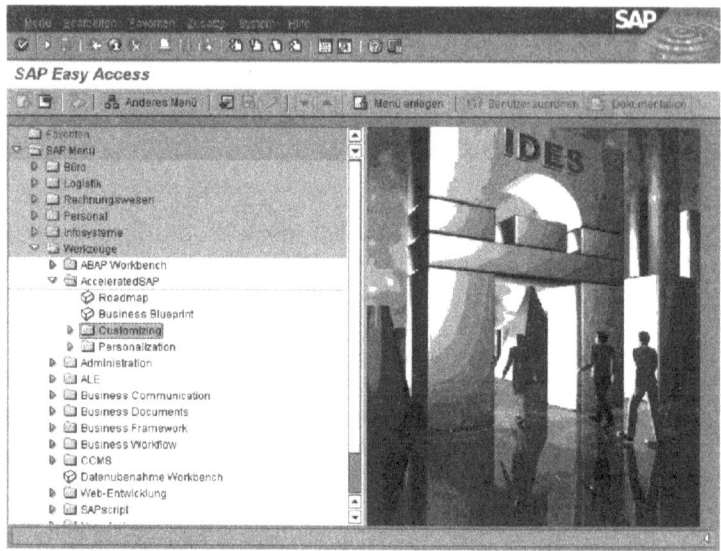

Abb. 7.1 Einstiegsfenster SAP R/3

Dadurch gelangen Sie in das Fenster **Customizing** mit der Bemerkung: **Erste Schritte im Customizing**. Um vollständig in das Customizing zu gelangen, klicken Sie auf die Schaltfläche .

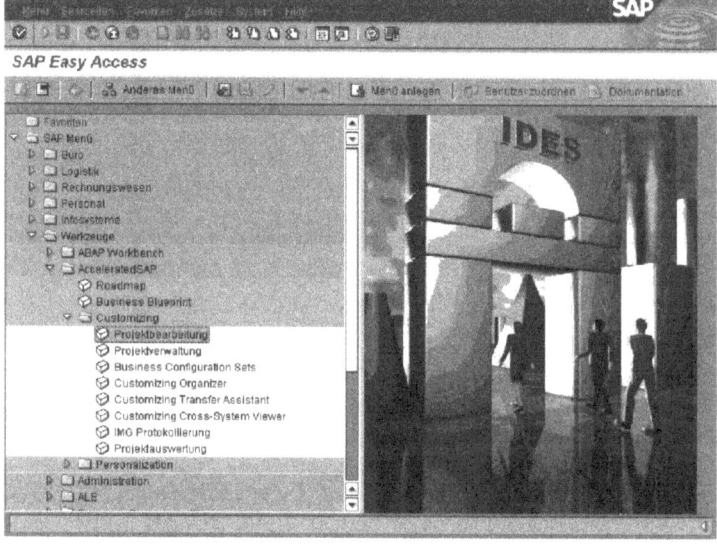

Abb. 7.2 Customizing News zum Release

Allgemeines zum Customizing

Es erscheint nun das Fenster für das Customizing im R/3-System.

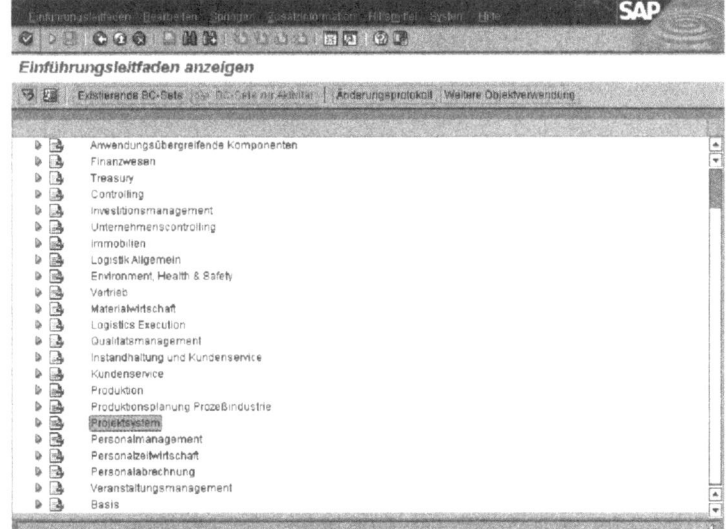

Abb. 7.3 Einstiegsfenster Customizing

Im Customizing können Sie nun die unternehmensspezifischen Anpassungen für das SAP R/3-System vornehmen. Sie haben auch die Möglichkeit, den Implementation-Guide aufzurufen, um diesen anwenderspezifisch zu konfigurieren. Sie haben außerdem die Möglichkeit, direkt in das betreffende Modul für die jeweiligen Customizingeinstellungen zu springen.

Um direkt in das Customizing des PS-Moduls von SAP R/3 zu gelangen, müssen Sie einen Doppelklick auf PS-Teilprojektsicht ausführen.

Es erscheint das Fenster **_Einführungsleitfaden anzeigen_**.

7 Customizing

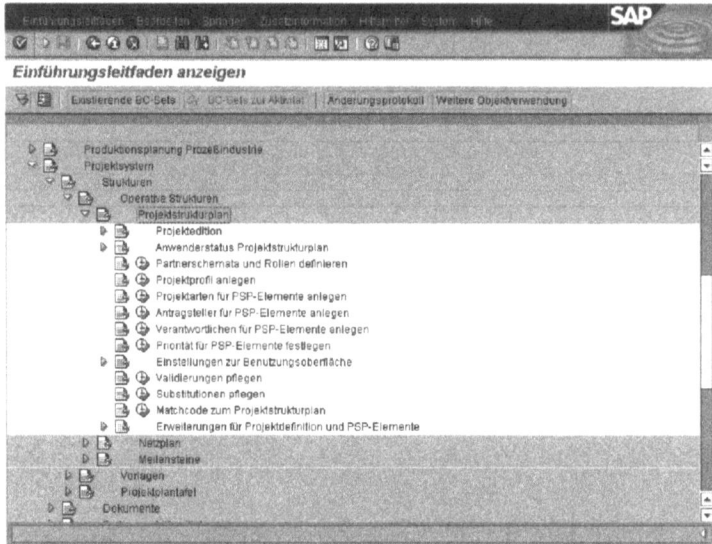

Abb. 7.4 Implementation-Guide

Übergreifende Customizingeinstellungen

Buchungskreis

Die oberste Organisationsebene eines Unternehmens stellt die Firma dar, die rechtlich eine selbständige Einheit gegenüber der Steuerbehörde ist. Im SAP R/3-System wird die Firma als Buchungskreis implementiert. Im R/3 Einführungsleitfaden gelangen Sie über die Verzweigung ***R/3 Customizing Einführungsleitfaden / Unternehmensstruktur / Definition / Finanzwesen Buchungskreis definieren, kopieren, löschen, prüfen*** zum Buchungskreis.

Um in den Buchungskreis zu gelangen führen Sie einen Doppelklick auf Buchungskreis definieren, kopieren, löschen, prüfen aus. Es erscheint das Fenster, in dem Sie eine Übersicht der angelegten Werke sehen und neue Werke anlegen können.

Übergreifende Customizingeinstellungen

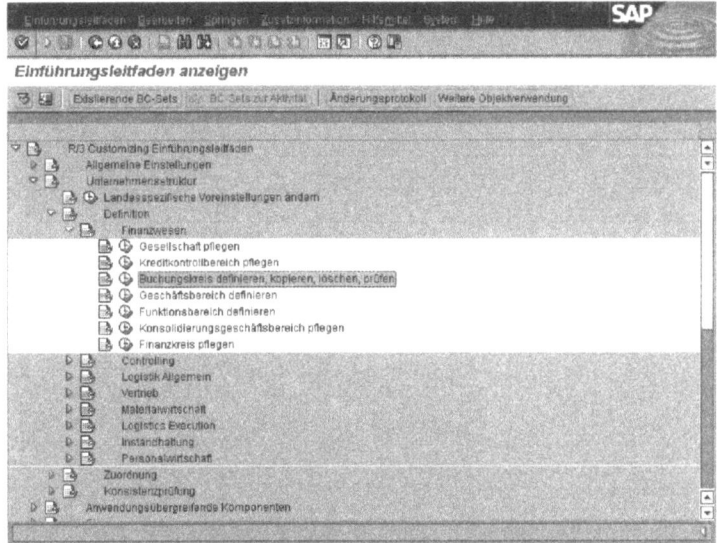

Abb. 7.5 Implementation-Guide

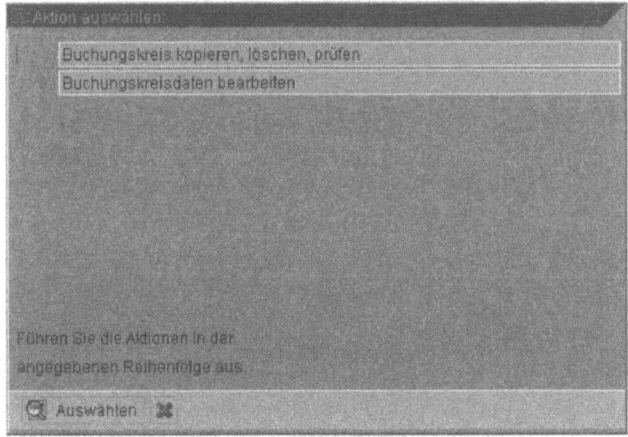

Abb. 7.6 Aktionen für die Pflege Buchungskreises

Sie haben nun die Möglichkeit, sich die bestehenden Buchungskreise anzeigen zu lassen oder aber diese zu ändern oder zu löschen. In diesem Beispiel wurde die Option Buchungskreis-Zuordnungen anzeigen ausgewählt. Es erscheint das Fenster **Buchungskreis anzeigen: Zuordnung Gesellschaft**.

217

7   Customizing

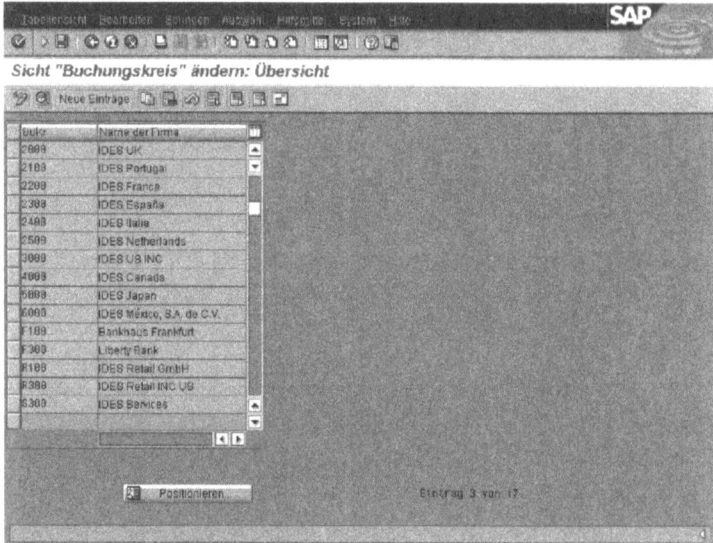

Abb. 7.7 Sicht „Buchungskreis" ändern: Übersicht

Die Firma wird als Buchungskreis in das R/3-System implementiert. Hierzu müssen alle wesentlichen Daten der Finanzbuchhaltung eines Unternehmens einem bestimmten Buchungskreis eindeutig zugeordnet werden. Somit stellt der Buchungskreis einen Teil des externen Rechnungswesens dar, auf den eine vollständige und in sich abgeschlossene Buchhaltung abgebildet werden kann. Der Buchungskreis stellt somit das rechtlich selbständige Unternehmen einer Unternehmensgruppe bzw. eines Konzerns dar.

Kostenrechnungskreis

Im R/3 Einführungsleitfaden gelangen Sie über die Verzweigung *R/3 Customizing Einführungsleitfaden / Unternehmensstruktur / Definition Controlling / Controlling allgemein / Organisation / Kostenrechnungskreis pflegen* zum Kostenrechnungskreis.

Übergreifende Customizingeinstellungen

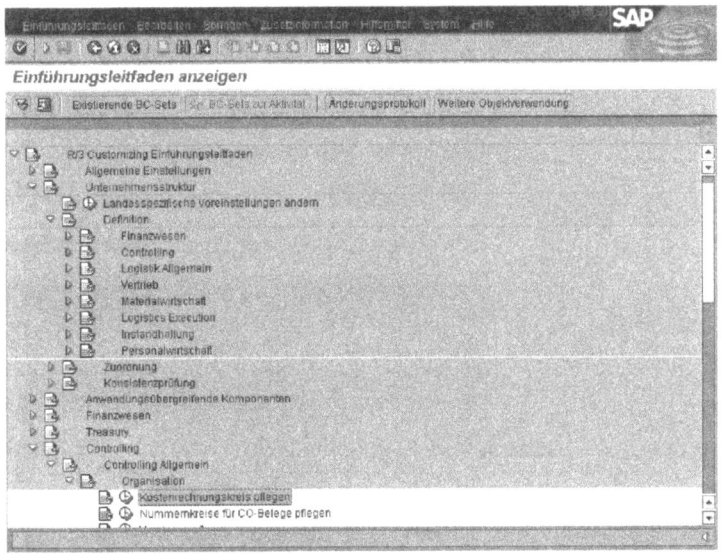

Abb. 7.8 Einführungsleitfaden anzeigen

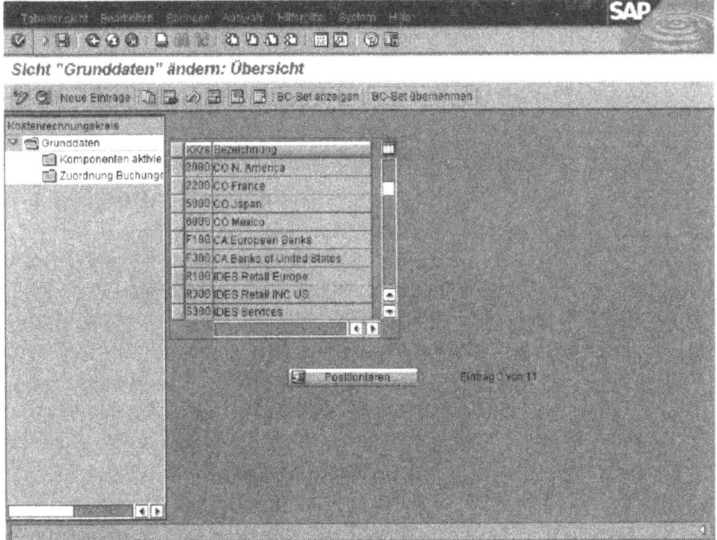

Abb. 7.9 Sicht „Grunddaten" ändern: Übersicht

Der Kostenrechnungskreis bietet für eine Unternehmensgruppe die Möglichkeit eines konzernweiten Kosten- und Erlös-

7 Customizing

Controllings. Dies setzt allerdings voraus, dass ein zentrales, konzernweites Controlling etabliert ist, denn nur dann wird ein Kostenrechnungskreis wiederum mehreren Buchungskreisen zugeordnet. Sie haben auch die Möglichkeit, neue Kostenrechnungskreise anzulegen. Hierzu klicken Sie auf die Schaltfläche Neue Einträge.

Es erscheint das Fenster: *Sicht „Grunddaten ändern": Detail*.

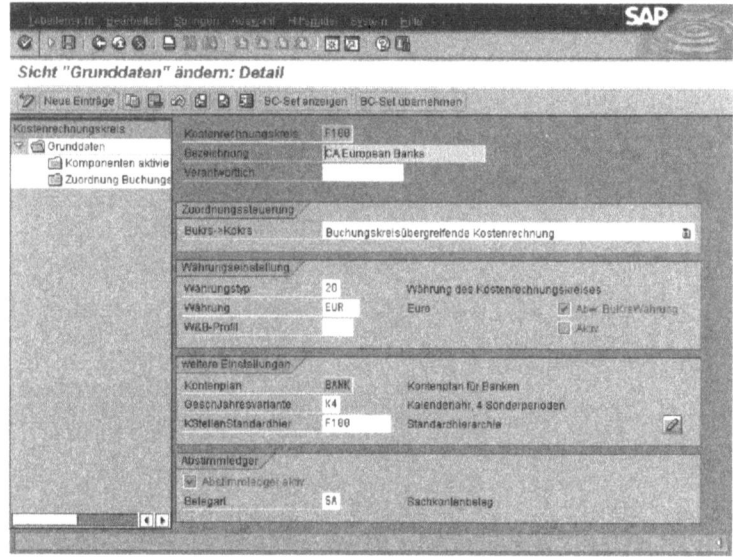

Abb. 7.10 Sicht „Grunddaten ändern": Detail

In diesem Fenster haben Sie nun die Möglichkeit, einen neuen Kostenrechnungskreis anzulegen. Für das Anlegen eines neuen Kostenrechnungskreises muss eine eindeutige Bezeichnung angegeben werden. Anschließend müssen dem Kostenrechnungskreis ein oder mehrere Buchungskreise zugeordnet werden. Nach dieser Zuordnung muss der Kostenrechnungskreis um die Kostenrechnungsattribute (Währung, Kontenplan, Geschäftsjahresvariante, Kostenstellenstandardhierarchie) ergänzt werden. Es ist zwingend notwendig, dass der Kostenrechnungskreis sich auf den gleichen Buchungskreis wie der Kontenplan bezieht.

Werk

Im R/3 Einführungsleitfaden gelangen Sie über die Verzweigung *R/3 Customizing Einführungsleitfaden / Unternehmensstruktur / Definition / Controlling / Logistik Allgemein / Werk definieren, kopieren, löschen, prüfen* in die Übersicht mit dem Werk.

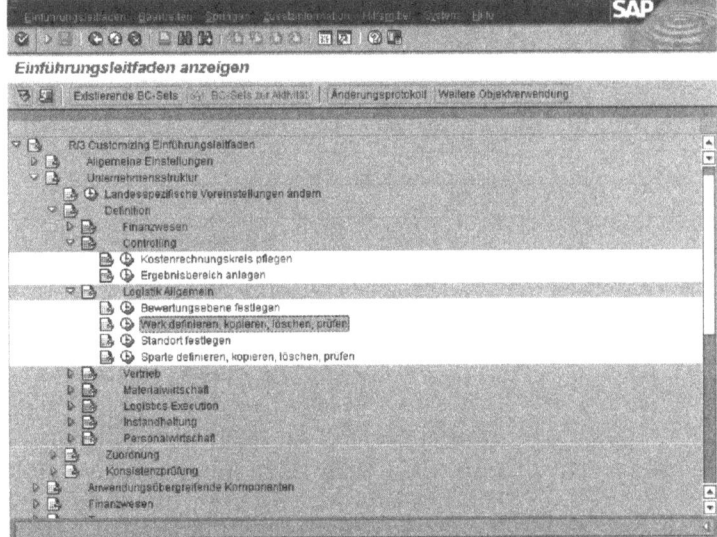

Abb. 7.11 Implementation-Guide

Um in die Werke zu gelangen, klicken Sie auf die Schaltfläche . Es erscheint das Fenster, in dem Sie eine Übersicht der angelegten Werke sehen und auch neue Werke anlegen können.

7 *Customizing*

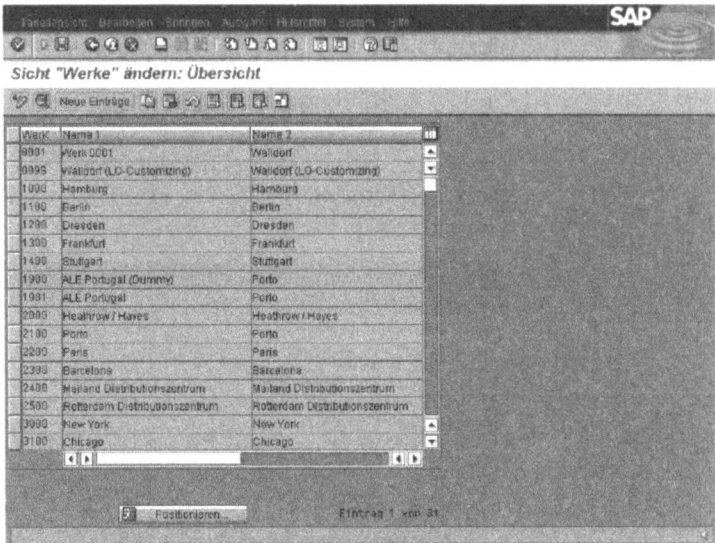

Abb. 7.12 Sicht „Werke" ändern: Übersicht

In dem Fenster **Sicht „Werke" ändern: Übersicht** erhalten Sie eine Übersicht aller bereits angelegten Werke. Ein Werk stellt eine Betriebsstätte innerhalb eines Buchungskreises dar. Gleichzeitig ist das Werk auch eine dispositive Einheit der Logistik und kann daher auch später im Informationssystem bei Auswertungen verwendet werden. Um ein neues Werk anzulegen, klicken Sie auf die Schaltfläche .

Kostenstelle

Im R/3 Einführungsleitfaden gelangen Sie über die Verzweigung ***R/3 Customizing Einführungsleitfaden / Controlling / Kostenstellenrechnung / Stammdaten / Kostenstellen / Kostenstellen anlegen*** in das Fenster mit der Kostenstelle.

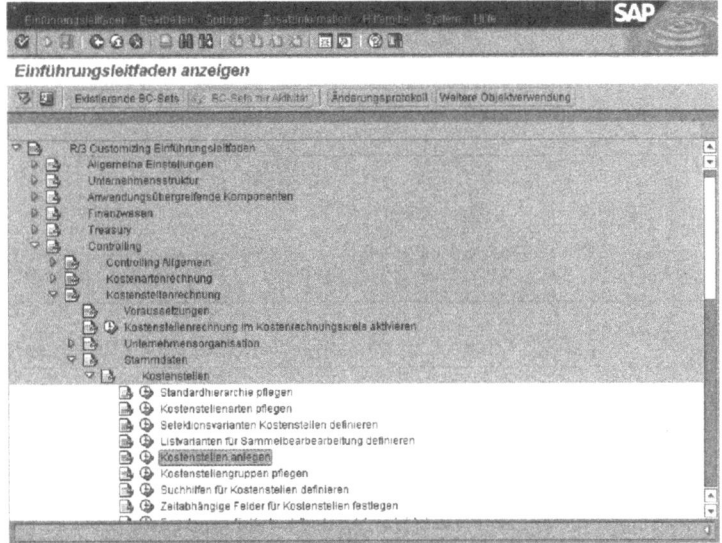

Abb. 7.13 Implementation-Guide

Um in die Kostenstellen zu gelangen, klicken Sie auf die Schaltfläche ⊕. Es erscheint ein Fenster, in dem Sie eine neue Kostenstelle anlegen können.

7 Customizing

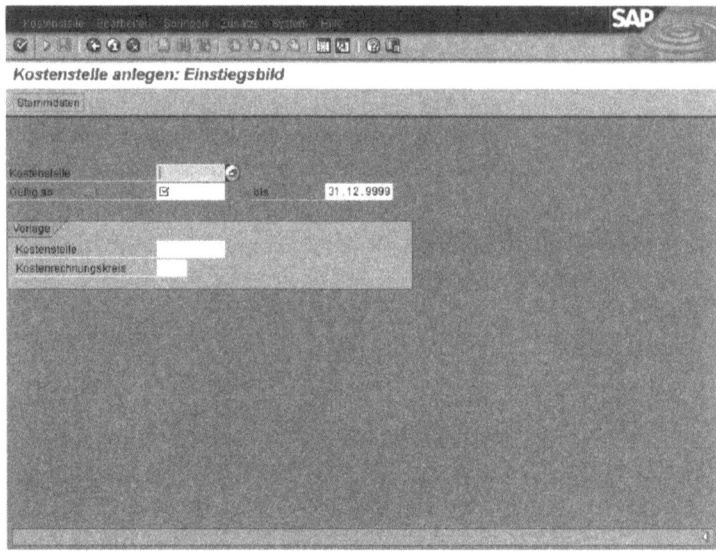

Abb. 7.14 Kostenstellen anzeigen: Einstiegsbild

Sie müssen den Schlüssel der neu anzulegenden Kostenstelle eingeben und den Gültigkeitszeitraum festlegen. Um die jeweiligen Stammdaten zur Kostenstelle zu pflegen, klicken Sie auf die Schaltfläche Stammdaten , damit Sie die Stammdaten der jeweiligen Kostenstelle eingeben können.

Kostenarten

Im R/3 Einführungsleitfaden gelangen Sie über die Verzweigung ***R/3 Customizing Einführungsleitfaden / Controlling / Kostenartenrechnung / Stammdaten / Kostenarten / Kostenarten anlegen*** in das Fenster mit den Kostenarten.

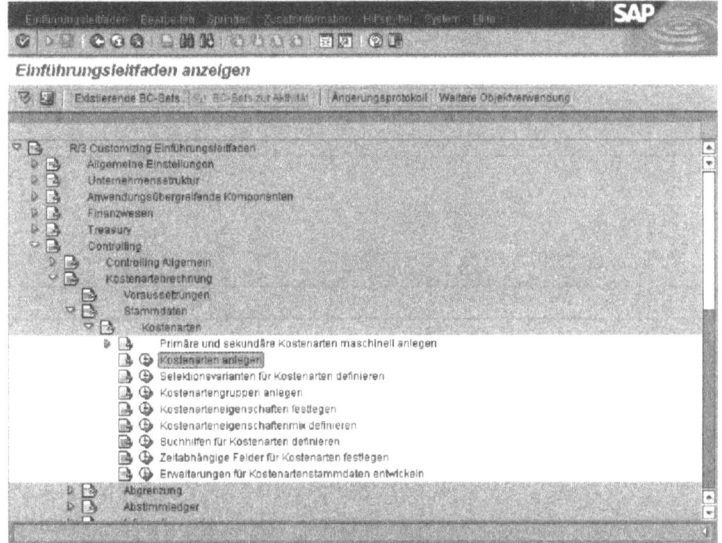

Abb. 7.15 Implementation-Guide

Um in die Kostenarten zu gelangen, klicken Sie auf die Schaltfläche ⊕. Es erscheint das Fenster, in dem Sie eine neue Kostenart anlegen können.

7   *Customizing*

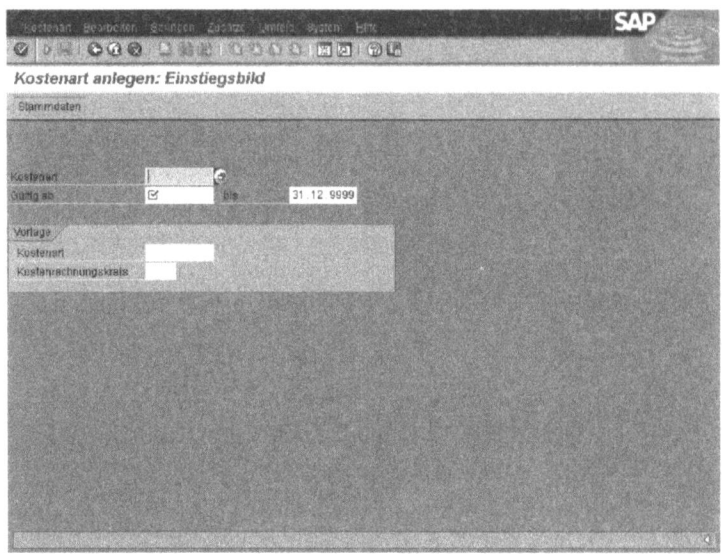

Abb. 7.16 Anlegen einer Kostenart

In diesem Fenster können nun die wesentlichen Angaben über die Bezeichnung und die Grunddaten zur Kostenart gemacht werden. Die Kostenarten sind eine Grundvoraussetzung für die Kostenstellenrechnung. Das Anlegen von Kostenarten ist notwendig, damit überhaupt festgestellt werden kann, was für Kosten angefallen sind und um Verrechnungen durchführen zu können. Bei den Kostenarten unterscheidet man zwischen primären und sekundären Kostenarten. Eine primäre Kostenart kann nur angelegt werden, wenn sie zuvor im Kontenplan als Sachkonto verzeichnet und in der Finanzbuchhaltung als Konto angelegt wurde. Primäre Kostenarten müssen also in der Finanzbuchhaltung eine Entsprechung haben. Das SAP R/3-System überprüft beim Anlegen der primären Kostenarten, ob ein entsprechendes Konto in der Finanzbuchhaltung existiert. Die sekundären Kostenarten werden dagegen ausschließlich in der Kostenrechnung angelegt und verwaltet. Die sekundären Kostenarten dienen lediglich dazu, den innerbetrieblichen Wertefluss abzubilden.

Kontenplan

Im R/3 Einführungsleitfaden gelangen Sie über die Verzweigung *R/3 Customizing Einführungsleitfaden / Finanzwesen / Hauptbuchhaltung / Sachkonten / Stammdaten / Vorarbeiten / Kontenplanverzeichnis pflegen* in das Fenster mit dem Kontenplan.

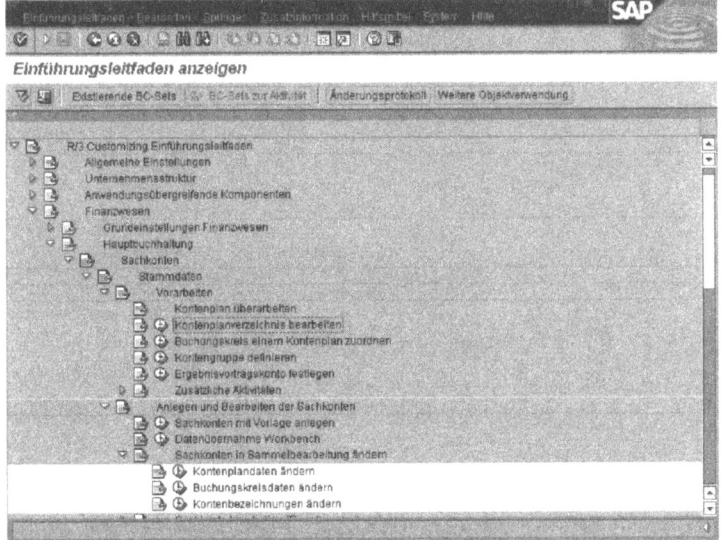

Abb. 7.17 Implementation-Guide

Um in das Kontenplanverzeichnis zu gelangen, klicken Sie auf die Schaltfläche ⊕. Es erscheint das Fenster: *Sicht „Verzeichnis aller Kontenpläne" ändern: Übersicht*.

7   Customizing

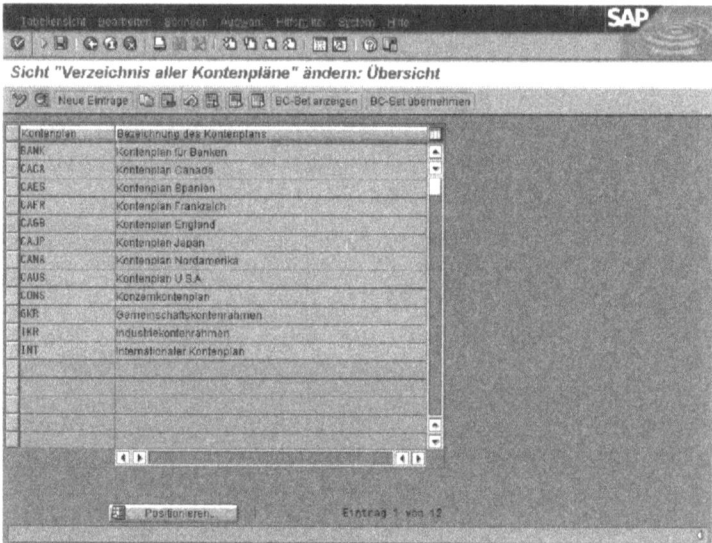

Abb. 7.18 Übersicht Kontenpläne

Sie erhalten eine Liste aller bereits angelegten Kontenpläne. Der Kontenplan ist ein vom Rechnungswesen definiertes Gliederungsschema für die genaue Erfassung von Werten bzw. Wertströmen. Der Kontenplan ist somit eine Aufstellung aller Konten, die im Buchhaltungssystem eines Unternehmens geführt werden. Ein Kontenplan stellt also das Verzeichnis aller Konten dar, die innerhalb eines Buchungskreises verfügbar sind. Jeder Buchungskreis und jeder Kostenrechnungskreis muss daher genau einem Kontenplan zugeordnet werden. Dieser Kontenplan muss in den jeweils zusammengehörenden Buchungs- und Kostenrechnungskreisen identisch sein. Um einen neuen Kontenplan anzulegen, klicken Sie auf die Schaltfläche Neue Einträge .

Übergreifende Customizingeinstellungen

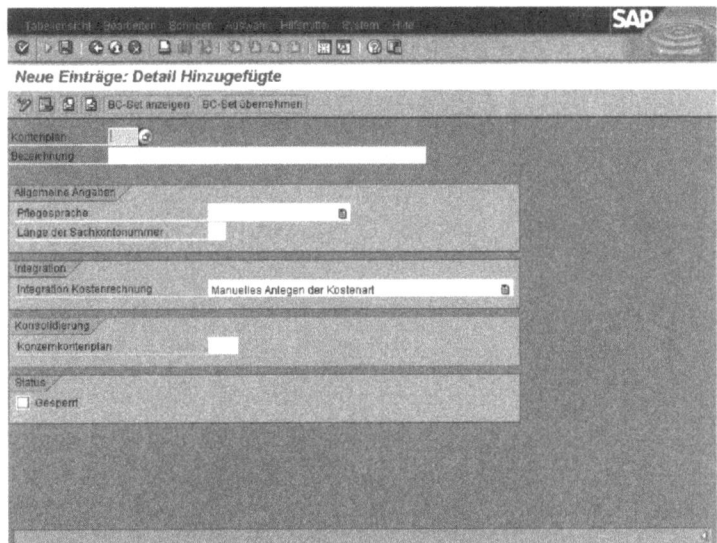

Abb. 7.19 Anlegen eines Kontenplans

In dem Fenster **Sicht „Verzeichnis aller Kontenpläne" ändern** haben Sie nun die Möglichkeit, neue Kontenpläne anzulegen.

Leistungsart

Im R/3 Einführungsleitfaden gelangen Sie über die Verzweigung **R/3 Customizing Einführungsleitfaden / Controlling / Kostenstellenrechnung / Stammdaten / Leistungsarten / Leistungsarten anlegen** in das Fenster mit den Leistungsarten.

7 Customizing

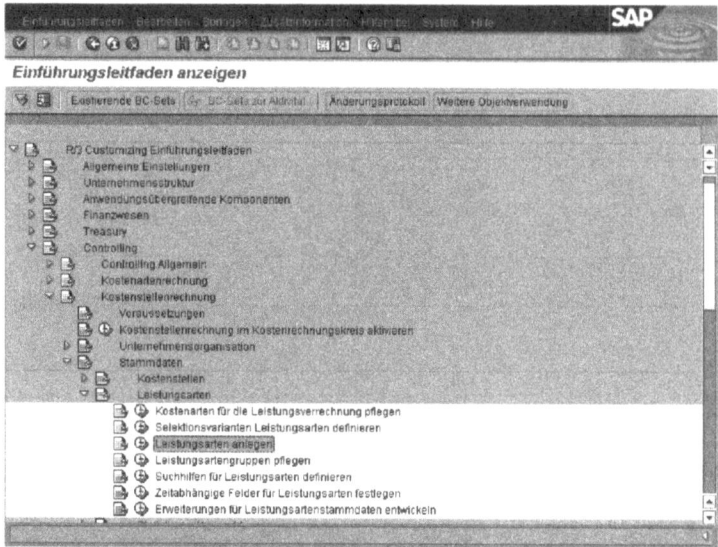

Abb. 7.20 Implementation-Guide

Um in die Leistungsarten zu gelangen, klicken Sie auf die Schaltfläche ⊕. Es erscheint das Fenster, in dem sie eine neue Leistungsart anlegen können.

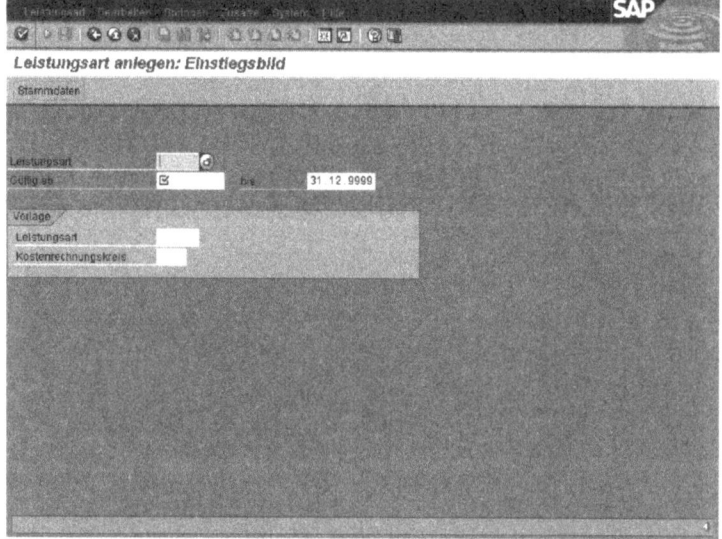

Abb. 7.21 Leistungsarten anlegen: Einstiegsbild

Tragen Sie hierzu die entsprechende neu anzulegende Leistungsart und deren Gültigkeitszeitraum ein. Anschließend sollten die Stammdaten wie Leistungseinheit, Kostenstellenart etc. eingetragen werden. Klicken Sie hierzu auf die Schaltfläche `Stammdaten`.

Die Leistungsart stellt die Kapazität dar, die von einer Kostenstelle erbracht wird. Die Kapazität kann hierbei in verschiedenen Einheiten (Stunden, Stück, Meter etc.) erbracht werden. Die Leistungsart stellt somit eine Messgröße für die Kostenverursachung dar, mit deren Hilfe sich der Output einer Kostenstelle beschreiben lässt. In der Kostenstellenrechnung werden Leistungsarten zur Soll-Kostenermittlung und zur innerbetrieblichen Leistungsverrechnung benötigt.

Customizingeinstellungen im Modul PS/IM

Projektprofil

Das Projektprofil enthält die jeweiligen Vorschlagswerte und die Steuerungsparameter, die bei der späteren Bearbeitung des Projekts zugrunde gelegt werden. Im R/3 Einführungsleitfaden gelangen Sie über die Verzweigung ***R/3 Customizing Einführungsleitfaden / Projektsystem / Strukturen / Operative Strukturen / Projektstrukturplan / Projektprofil anlegen*** zum Projektprofil.

7 Customizing

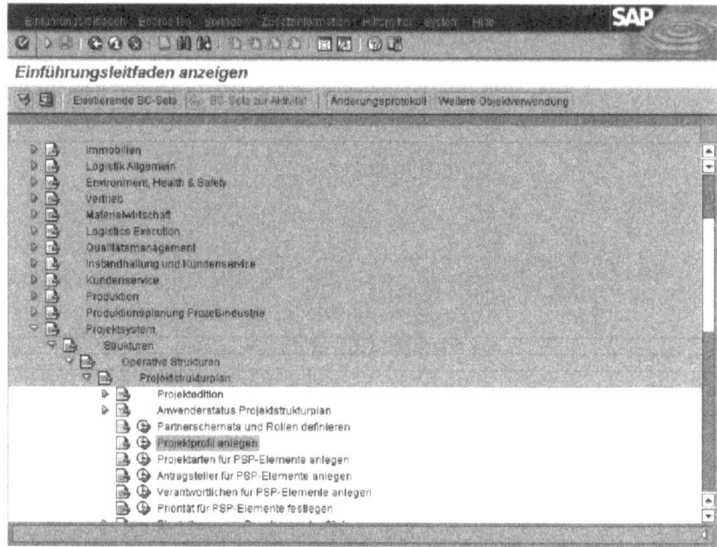

Abb. 7.22 Implementation-Guide

Um in das Projektprofil zu gelangen, klicken Sie auf die Schaltfläche ⊕. Es erscheint das Fenster **Sicht „Profil Projekt" ändern: Übersicht**

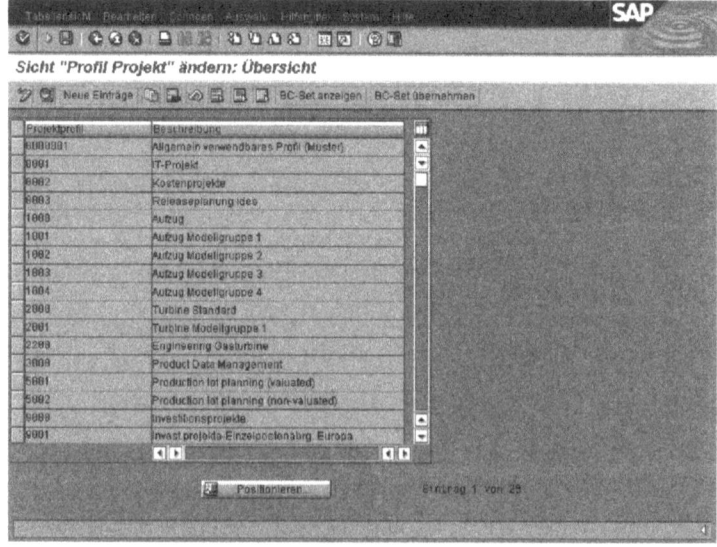

Abb. 7.23 Übersicht Projektprofil

Das Projektprofil wird beim Anlegen eines neuen Fensters gemeinsam mit der Projektdefinition hinterlegt. Durch das Projektprofil wird ein verbindlicher Rahmen für alle Elemente des angelegten Projekts festgelegt. Wird im Rahmen der Projektdefinition das Projektprofil einmal festgelegt, so ist dieses Projektprofil verbindlich und kann nicht mehr durch ein anderes Projektprofil ersetzt werden. Die einzige Möglichkeit einer nachträglichen Änderung ist über das Customizing möglich. Allerdings kann auch im Customizing lediglich eine inhaltliche Änderung des Projektprofils, d. h. der Parameter des Projektprofils, vorgenommen werden. Im Fenster **Sicht „Profil Projekt" ändern: Übersicht** werden alle bisherigen Projektprofile in Listenform dargestellt. Die linke Spalte enthält die Kennung, die rechte Spalte eine Beschreibung des Projektprofils. Um sich die Parameter eines bestimmten Projektprofils genauer anzusehen, markieren Sie zuerst das jeweilige Projektprofil und klicken auf die Schaltfläche .

Es erscheint das Fenster **Sicht „Profil Projekt" ändern: Detail**. Hier können Sie nun die Parameter des jeweiligen Projektprofils sehen.

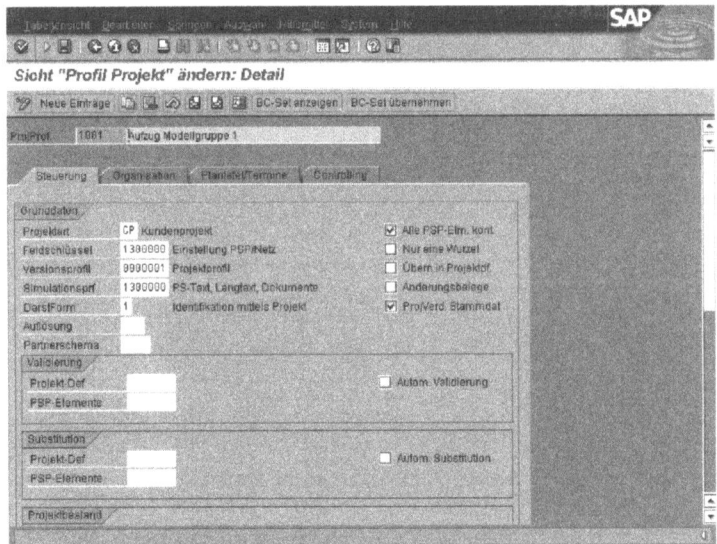

Abb. 7.24 Stammdaten Projektprofil

7 Customizing

Sie haben auch die Möglichkeit, ein völlig neues Projektprofil anzulegen. Um ein neues Projektprofil anzulegen, klicken Sie auf die Schaltfläche Neue Einträge.

Sie müssen nun die wesentlichen Parameter und eine eindeutige Kennung für das neue Projektprofil eingeben.

Projektart

Im R/3 Einführungsleitfaden gelangen Sie über die Verzweigung *R/3 Customizing Einführungsleitfaden / Projektsystem / Strukturen / Operative Strukturen / Projektstrukturplan / Projektarten für PSP-Elemente anlegen* in das Fenster mit den Projektarten.

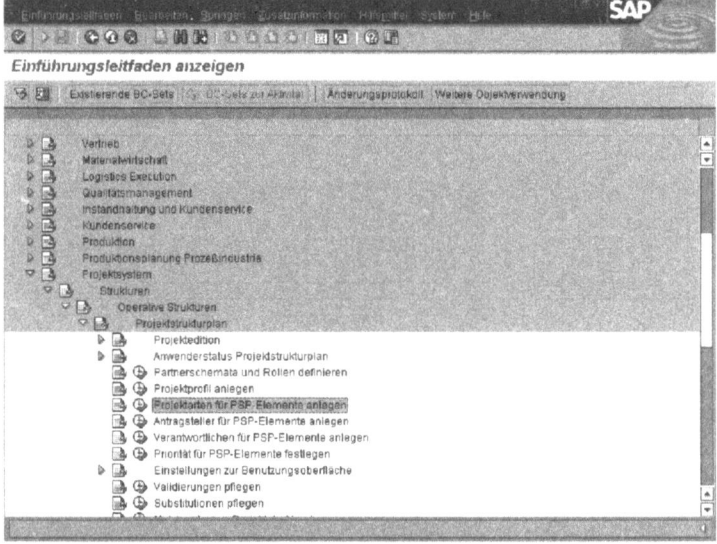

Abb. 7.25 Implementation-Guide

Um in die Projektarten zu gelangen, klicken Sie auf die Schaltfläche ⊕. Es erscheint das Fenster *Sicht „Projektarten" ändern: Übersicht*.

Customizingeinstellungen im Modul PS/IM

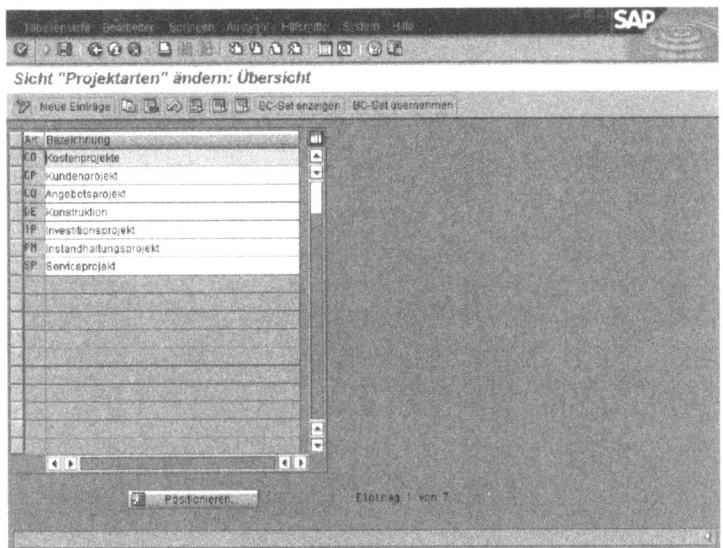

Abb. 7.26 Übersicht Projektart

Die bisher angelegten Projektarten werden in Listenform dargestellt. Um ein neues Projekt anzulegen, klicken Sie auf die Schaltfläche Neue Einträge. Anschließend haben Sie die Möglichkeit, eine neue Projektart anzulegen. Durch die Projektart können Sie die einzelnen PSP-Elemente in bestimmte Kategorien einordnen, wie beispielsweise Forschungs- oder Entwicklungsprojekte. Durch diese Einteilung bietet sich Ihnen später die Möglichkeit, über das Informationssystem eine Auswertung zur der Projektverdichtung vorzunehmen. Über die Projektart lassen sich außerdem Einschränkungen bezüglich der Berechtigung festlegen.

Projektverdichtung

Im R/3 Einführungsleitfaden gelangen Sie über die Verzweigung **R/3 Customizing Einführungsleitfaden / Projektsystem / Infosystem / Bereichscontrolling / Projektverdichtung / Projektverdichtung über Klassifizierungsmerkmale / Verdichtungshierarchie definieren** in die Projektverdichtung.

7 Customizing

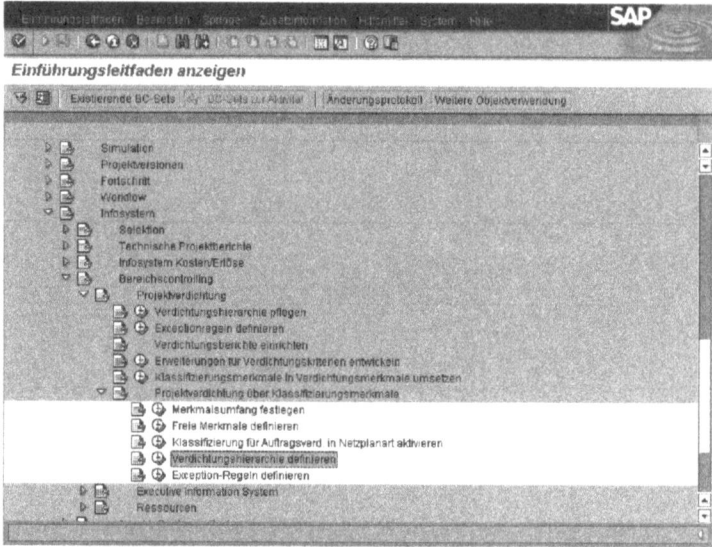

Abb. 7.27 Implementation-Guide

Mit Hilfe der Projektverdichtung können Sie im Informationssystem Auswertungen projektübergreifend durchführen. Hierbei werden strukturorientierte und kostenartenorientierte Projektwerte anhand gleichwertiger Merkmale zu einem Oberbegriff summiert und können dann ausgewertet werden. Über die Projektverdichtung haben Sie unter anderem die Möglichkeit, Referenzmerkmale auszuwählen, freie Merkmale zu definieren oder Verdichtungshierarchien aufzubauen. Im Folgenden wird die Projektverdichtung anhand einer Verdichtungshierarchie erläutert. Um in die Verdichtungshierarchie zu gelangen, klicken Sie auf die Schaltfläche ⊕. Es erscheint das Fenster Sicht „**Verdichtungshierarchien" ändern: Übersicht.**

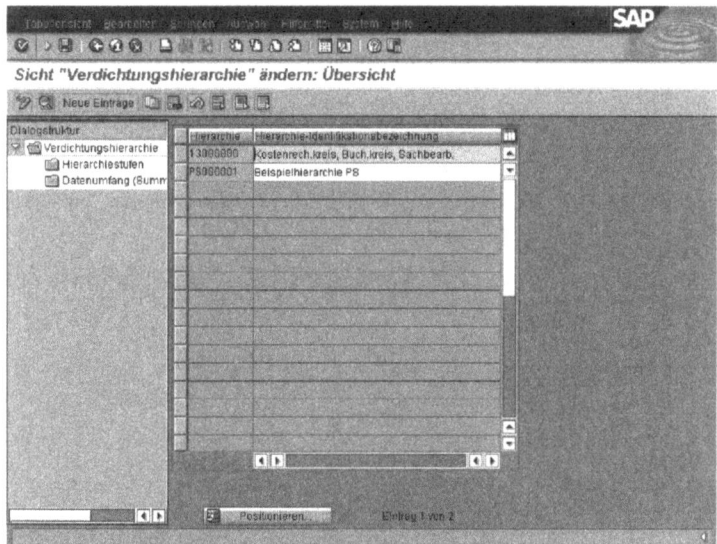

Abb. 7.28 Übersicht der Verdichtungshierarchie

Über die Schaltfläche `Neue Einträge` haben Sie nun die Möglichkeit, eine neue Hierarchie anzulegen. Sie können dann die Hierarchiestufen ändern. Nach der Sicherung der neuen Hierarchie kann eine Projektverdichtung durchgeführt werden. Beim Verdichtungslauf werden die Projekte bezüglich der in der Hierarchie definierten Merkmale selektiert und die Werte kumuliert. Bei mehreren Verdichtungshierarchien kann ein Projekt auch in mehreren Auswertungen vorkommen.

PSP-Terminierung

Im R/3 Einführungsleitfaden gelangen Sie über die Verzweigung *R/3 Customizing Einführungsleitfaden / Projektsystem / Termine / Terminplanung im Projektstrukturplan / Parameter für PSP-Terminierung festlegen* in die PSP-Terminierung.

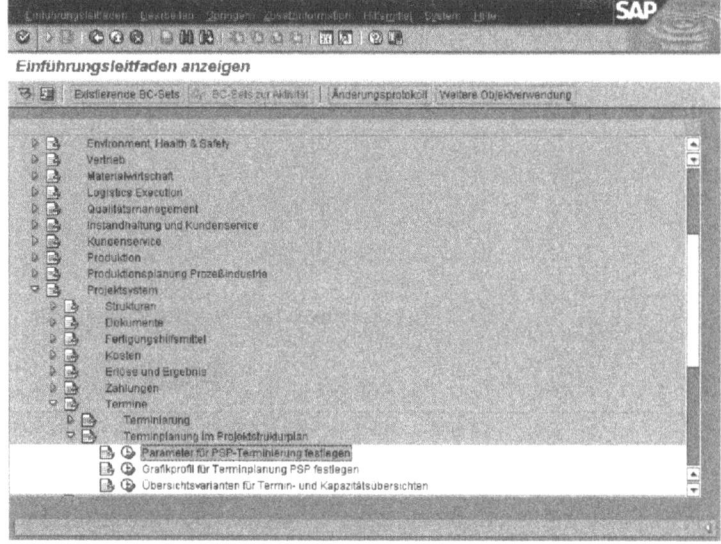

Abb. 7.29 Implementation-Guide

Um in die PSP-Terminierung zu gelangen, klicken Sie auf die Schaltfläche ⊕. Es erscheint das Fenster *Sicht „Steuerungsparameter für PSP-Terminierung" ändern*: Übersicht.

Customizingeinstellungen im Modul PS/IM

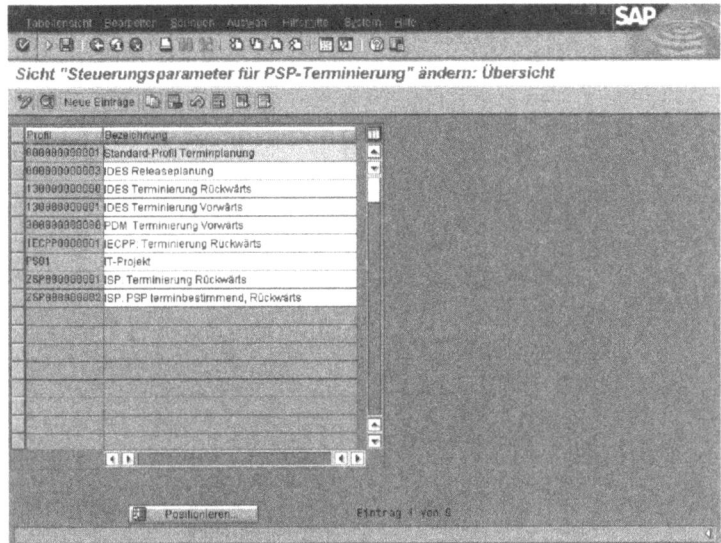

Abb. 7.30 PSP-Terminierungsprorfile

In diesem Fenster sehen Sie eine Liste der bereits angelegten PSP-Terminierungsprofile. Um ein neues Profil anzulegen, klicken Sie auf die Schaltfläche `Neue Einträge`. In dem anschließend erscheinenden Fenster: **Neue Einträge: Detail Hinzugefügte** haben Sie die Möglichkeit, ein neues Profil anzulegen.

7 Customizing

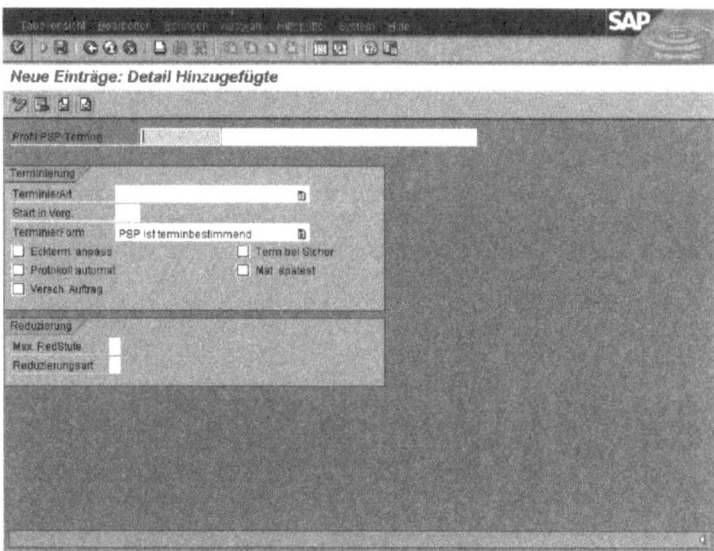

Abb. 7.31 Anlegen eines Terminierungsprofils

Sichern Sie die Eingabe zum Schluss mit der Schaltfläche ▢.

Anwenderstatusschema

Im R/3 Einführungsleitfaden gelangen Sie über die Verzweigung *R/3 Customizing Einführungsleitfaden / Projektsystem / Strukturen / Operative Strukturen / Projektstrukturplan / Anwenderstatus Projektstrukturplan / Statusschema anlegen* in das Anwenderstatusschema.

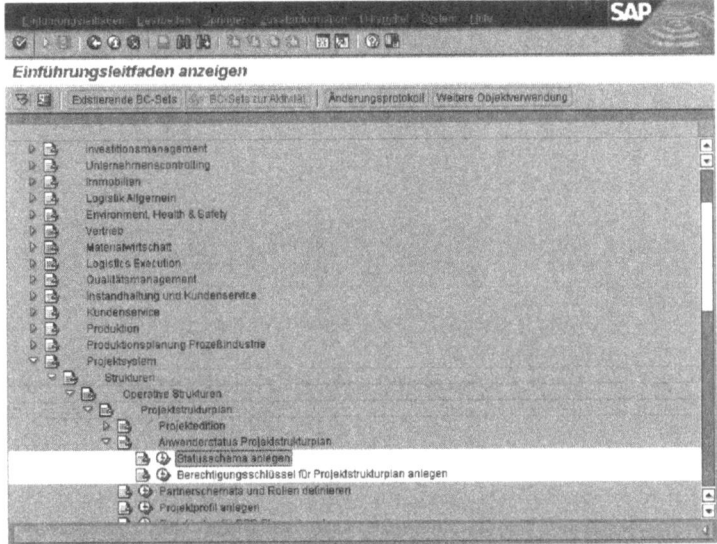

Abb. 7.32 Implementation-Guide

Um in das Statusschema zu gelangen, führen Sie einen Doppelklick auf Statusschema anlegen aus. Es erscheint das Fenster mit den Anwenderstatusschemata.

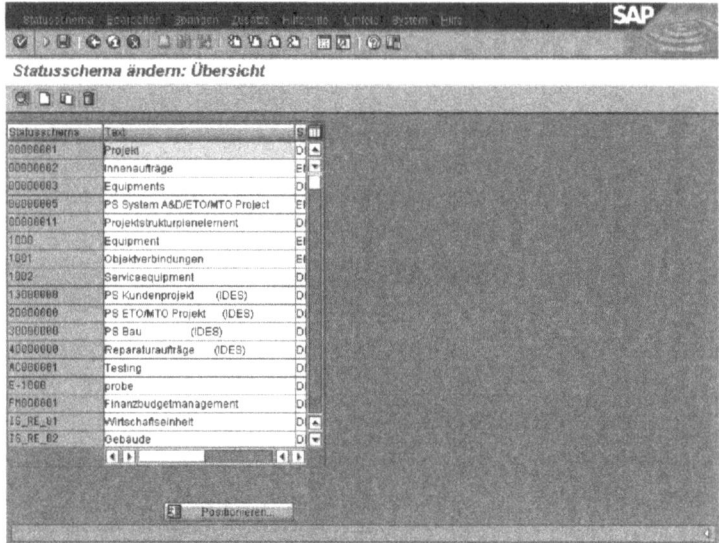

Abb. 7.33 Übersicht Statusschema

Sie sehen eine Liste der Statusschemata. Jedem Statusschema können ein oder auch mehrere Anwenderstatus zugewiesen werden. Einem Anwenderstatus sind wiederum betriebswirtschaftliche Vorgänge zugeordnet. Wollen Sie einen neuen betriebswirtschaftlichen Vorgang zuordnen, so markieren Sie das jeweilige Statusschema und drücken die Schaltfläche .

Sie gelangen dann in das Fenster **Statusschema ändern: Anwenderstatus**. Hier haben Sie die Möglichkeit, betriebswirtschaftliche Vorgänge zuzuordnen.

Customizingeinstellungen im Modul PS/IM

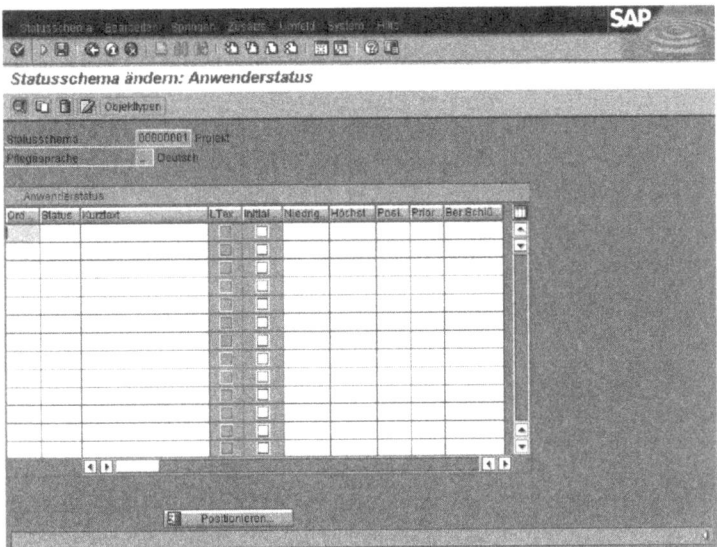

Abb. 7.34 Anlegen eines Statusschemas

Versionsprofil

Im R/3 Einführungsleitfaden gelangen Sie über die Verzweigung ***R/3 Customizing Einführungsleitfaden / Projektsystem / Projektversion / Profil für Projektversion anlegen*** in das Versionsprofil.

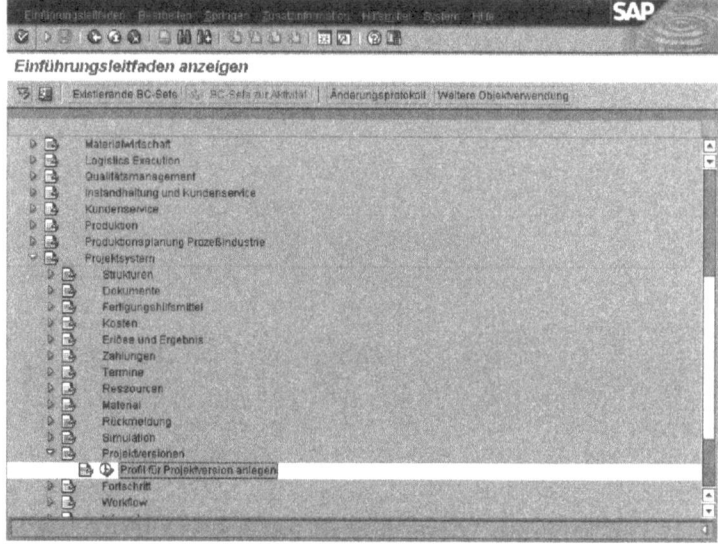

Abb. 7.35 Implementation-Guide

Um in das Versionsprofil zu gelangen, klicken Sie auf die Schaltfläche ⊕. Es erscheint das Fenster mit der Sicht ***Sicht "Versionsprofil" ändern: Übersicht***.

Customizingeinstellungen im Modul PS/IM

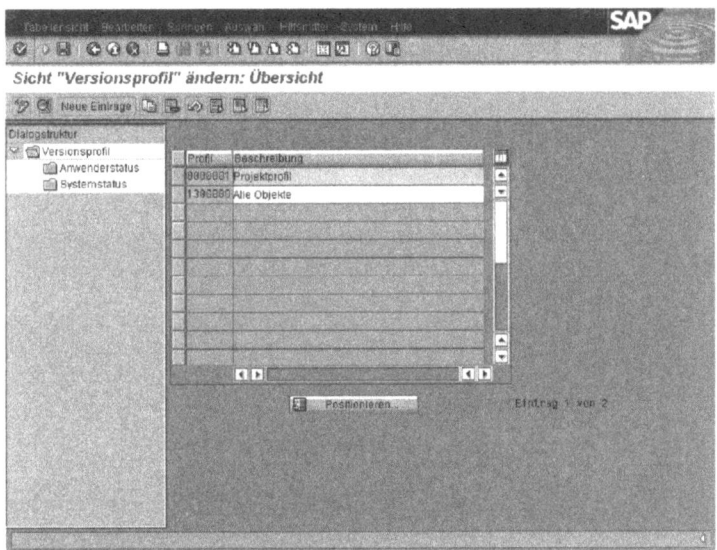

Abb. 7.36 Übersicht Versionsprofil

Sie erhalten eine Übersicht der bereits angelegten Versionsprofile, die in Listenform dargestellt werden. Mit Hilfe der Versionsprofile bestimmen Sie, welche Daten bei der Erstellung eines Projekts abgespeichert werden. Die Projektversion ist die Ausgangsbasis für statistische Auswertungen und ermöglicht den Vergleich unterschiedlicher Planstände. Der Projektverlauf kann dadurch vollständig und lückenlos dokumentiert werden. Sie haben die Möglichkeit, über den Navigationsbereich das betreffende Versionsprofil einem Anwenderstatus oder Systemstatus zuzuordnen.

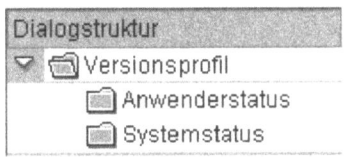

Abb. 7.37 Navigation Versionsprofil

Plantafelprofil

Im R/3 Einführungsleitfaden gelangen Sie über die Verzweigung ***R/3 Customizing Einführungsleitfaden / Projektsystem / Strukturen / Projektplantafel / Profil für die Projektplantafel anlegen*** in das Plantafelprofil.

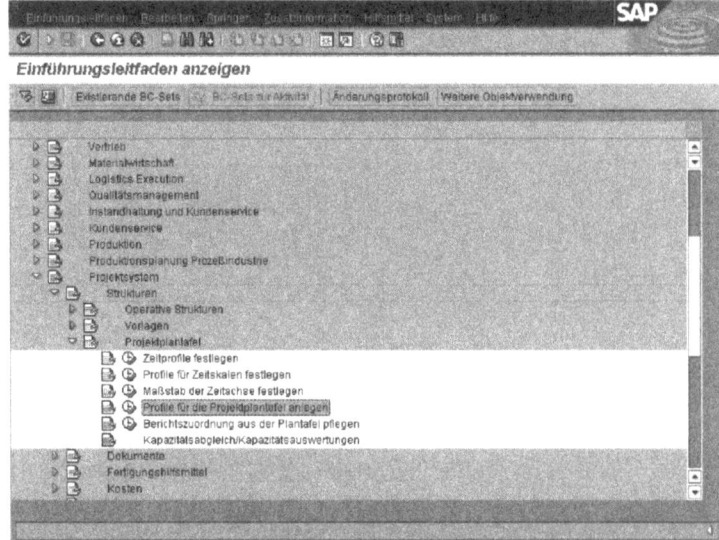

Abb. 7.38 Implementation-Guide

Um in das Plantafelprofil zu gelangen, klicken Sie auf die Schaltfläche ⊕ . Es erscheint das Fenster ***Sicht „Projektplantafel: Einstellungen" ändern: Übersicht***.

Customizingeinstellungen im Modul PS/IM

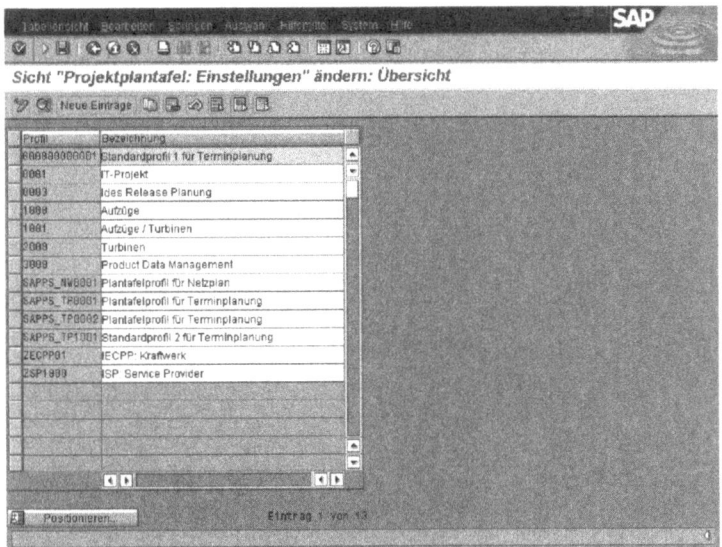

Abb. 7.39 Übersicht Plantafelprofil

Alle bisher angelegten Plantafelprofile werden in Listenform dargestellt. Mit Hilfe des Plantafelprofils legen Sie das Erscheinungsbild bzw. die Oberfläche der Projektplantafel fest. Über das Plantafelprofil haben Sie z. B. die Möglichkeit, die Zeitskala oder die Feldauswahl festzulegen. Sie haben auch die Möglichkeit, ein neues Plantafelprofil anzulegen. Klicken Sie hierzu auf die Schaltfläche Neue Einträge.

Es erscheint das Fenster **Neue Einträge: Detail Hinzugefügte**. In diesem Fenster können Sie ein neues Plantafelprofil anlegen. Mit Hilfe des Plantafelprofils bestimmen Sie dann das spätere Erscheinungsbild der Projektplantafel.

7 Customizing

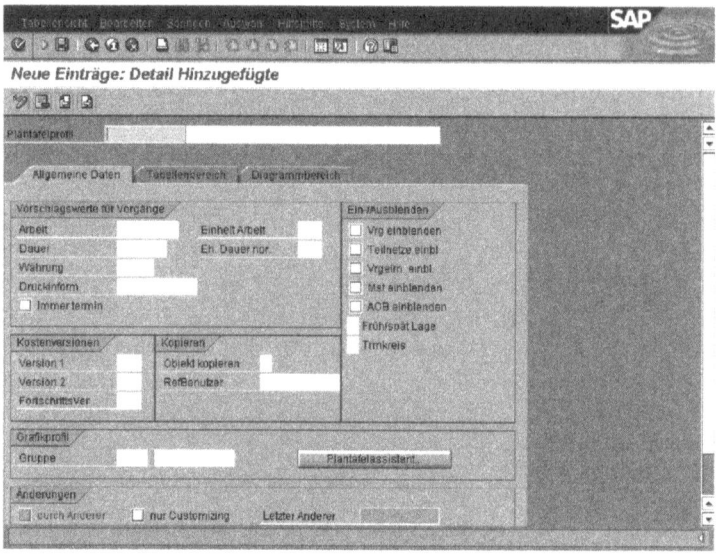

Abb. 7.40 Anlegen eines Plantafelprofils

Netzplanprofil

Im R/3 Einführungsleitfaden gelangen Sie über die Verzweigung ***R/3 Customizing Einführungsleitfaden / Projektsystem / Struktur / Operative Strukturen / Netzplan / Steuerung für Netzpläne / Netzplanprofil pflegen*** in das Netzplanprofil.

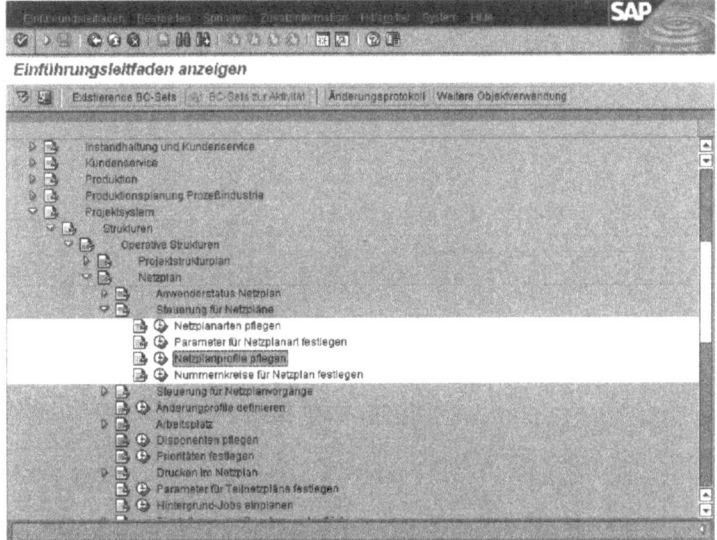

Abb. 7.41 Implementation-Guide

Um in das Netzplanprofil zu gelangen, klicken Sie auf die Schaltfläche ⊕ . Es erscheint das Fenster ***Sicht „Vorschlagswerte für Netzpläne" ändern: Übersicht.***

7 Customizing

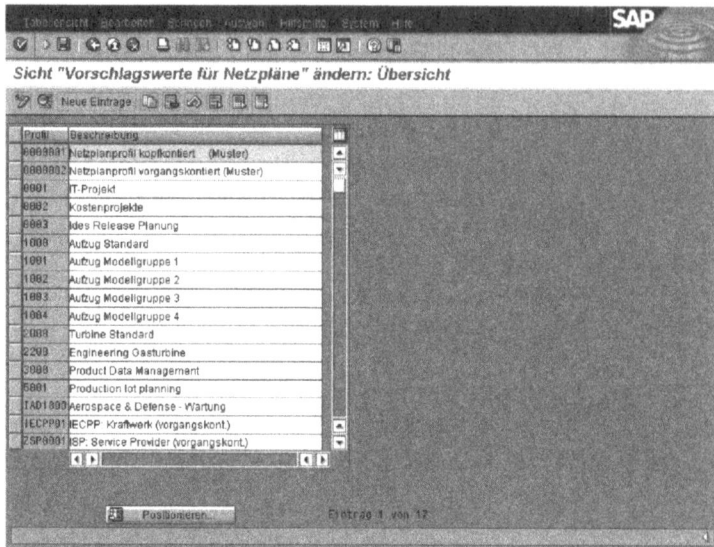

Abb. 7.42 Übersicht Netzplanprofil

Sie erhalten eine Übersicht der bisher angelegten Netzplanprofile in Listenform. Das Netzplanprofil enthält die Parameter und die Vorschlagswerte für die Bearbeitung und den Aufbau eines Netzplans. Sobald im Projektprofil einmal ein Netzplan gesetzt wurde, kann dieser später nicht mehr durch ein anderes Netzplanprofil ersetzt werden. Sie haben auch die Möglichkeit, ein neues Netzplanprofil anzulegen. Klicken Sie hierzu auf die Schaltfläche Neue Einträge.

Es erscheint das Fenster mit der Sicht **Neue Einträge: Detail Hinzugefügte**. Hier haben Sie nun die Möglichkeit, ein neues Netzplanprofil anzulegen.

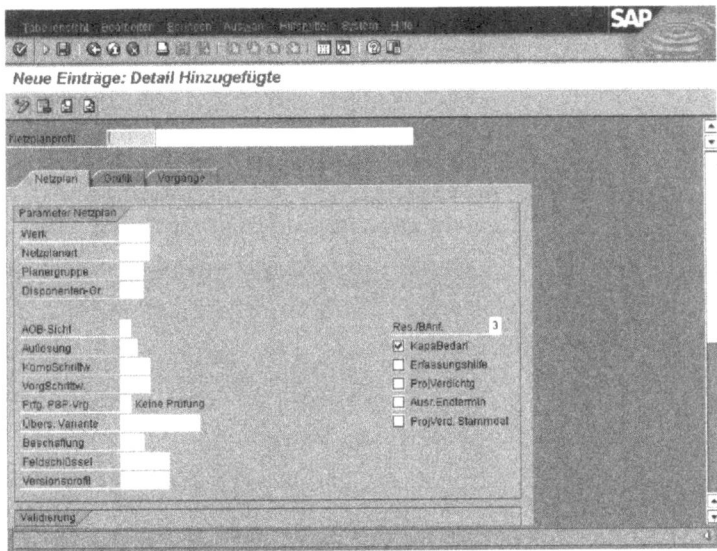

Abb. 7.43 Anlegen eines Netzplanprofils

7 Customizing

Planprofil PS

Im R/3 Einführungsleitfaden gelangen Sie über die Verzweigung ***R/3 Customizing Einführungsleitfaden / Projektsystem / Kosten / Plankosten / Manuelle Kostenplanung im PSP / Hierarchische Kostenplanung / Planprofile anlegen/ändern*** in das Planprofil.

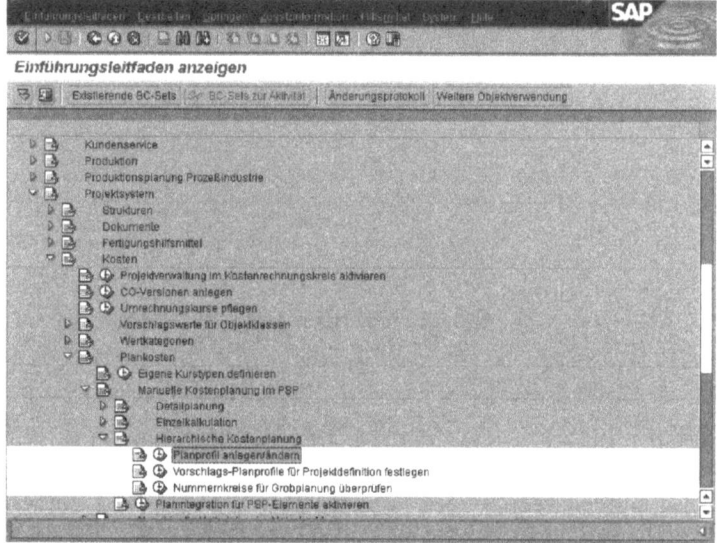

Abb. 7.44 Implementation-Guide

Um in das Planprofil zu gelangen, klicken Sie auf die Schaltfläche ⊕. Es erscheint das Fenster ***Sicht „Planprofil Kosten-/erlösplanung Projekte" ändern: Übersicht***.

Customizingeinstellungen im Modul PS/IM

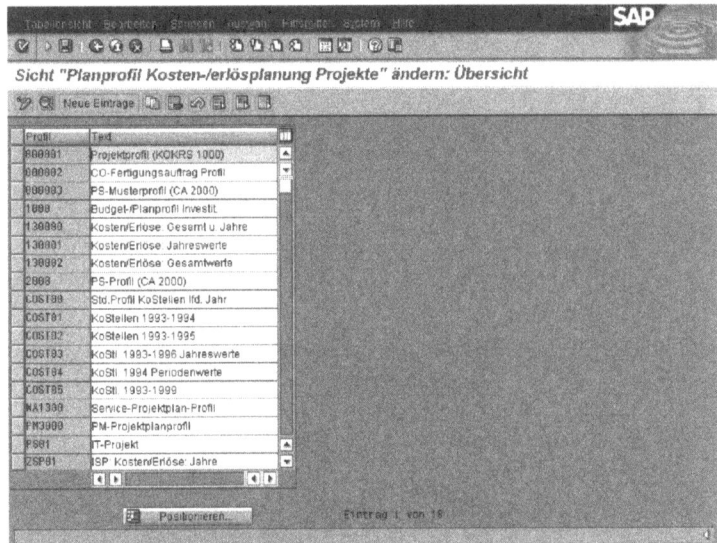

Abb. 7.45 Übersicht Planprofil

Sie erhalten einen Überblick aller bereits angelegten Planprofile. Das Planprofil enthält die Parameter und Vorschlagswerte für die Planung. Um ein neues Planprofil anzulegen, klicken Sie auf die Schaltfläche Neue Einträge.

Es erscheint das Fenster **Neue Einträge: Detail Hinzugefügte**.

7 Customizing

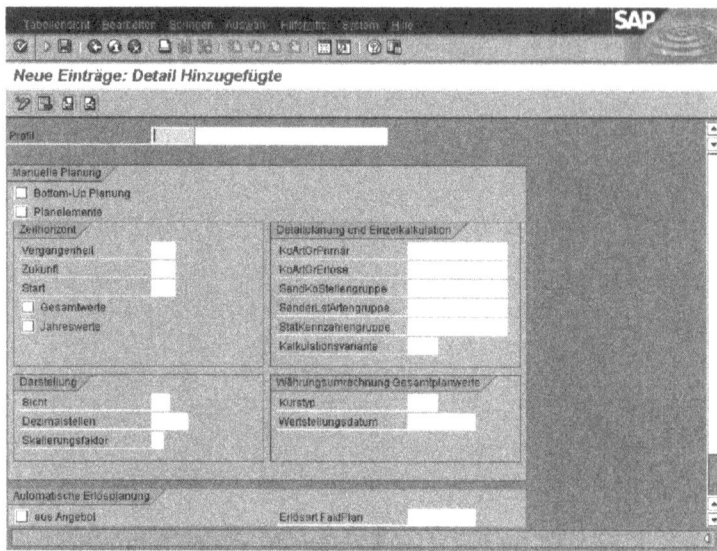

Abb. 7.46 Anlegen eines Planprofils

Sie haben nun die Möglichkeit, ein neues Planprofil anzulegen. Durch das Planprofil können Sie den Zeithorizont festlegen. Der Zeithorizont umfasst das Startjahr und die Möglichkeit, in die Zukunft oder die Vergangenheit zu planen. Das Startjahr ist hierbei der Bezugswert für Planungen in die Vergangenheit und die Zukunft.

Planprofil IM

Durch das Planprofil können Sie den Zeithorizont der Planung und Sichteinstellungen für die Planwerte in der Planungsmaske definieren.

Im R/3 Einführungsleitfaden gelangen Sie über die Verzweigung ***R/3 Customizing Einführungsleitfaden / Investitionsprogramme / Planung im Programm / Kostenplanung / Planprofile anlegen*** in die Planprofildefinition.

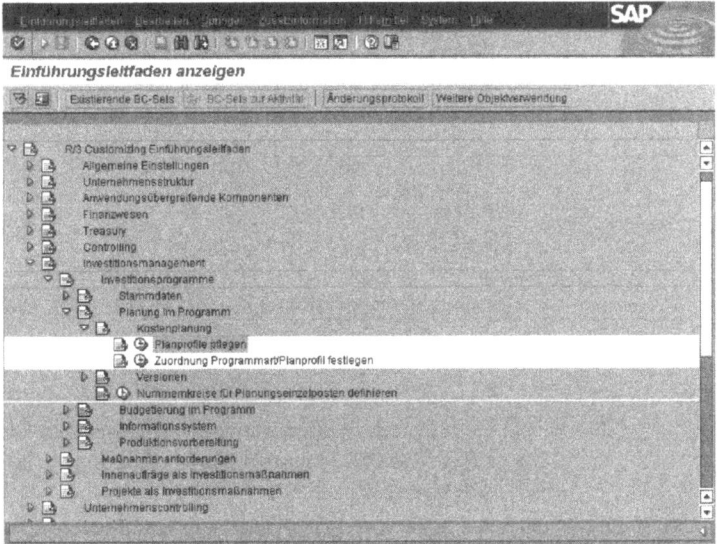

Abb. 7.47 Implementation-Guide

Um in das Planprofil zu gelangen, klicken Sie auf die Schaltfläche ⊕. Es erscheint das Fenster, in dem Sie eine Übersicht der angelegten Planprofile sehen und neue Planprofile anlegen können.

7   Customizing

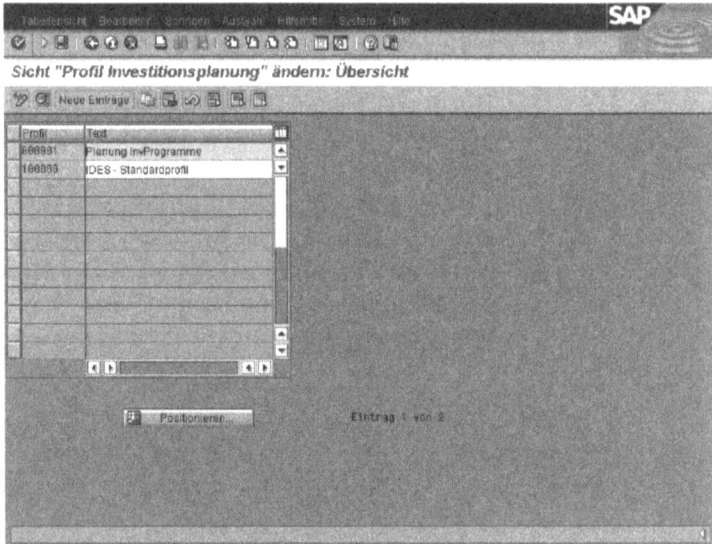

Abb. 7.48 Übersicht Planprofil

Durch Doppelklick auf ein bestehendes Planprofil gelangen Sie in die Detailsicht des gewählten Planprofils.

Über die Schaltfläche Neue Einträge haben Sie die Möglichkeit, neue Planprofile anzulegen. Es öffnet sich das Fenster **Neue Einträge: Detail Hinzugefügte**. Es können neue Einträge hinzugefügt werden.

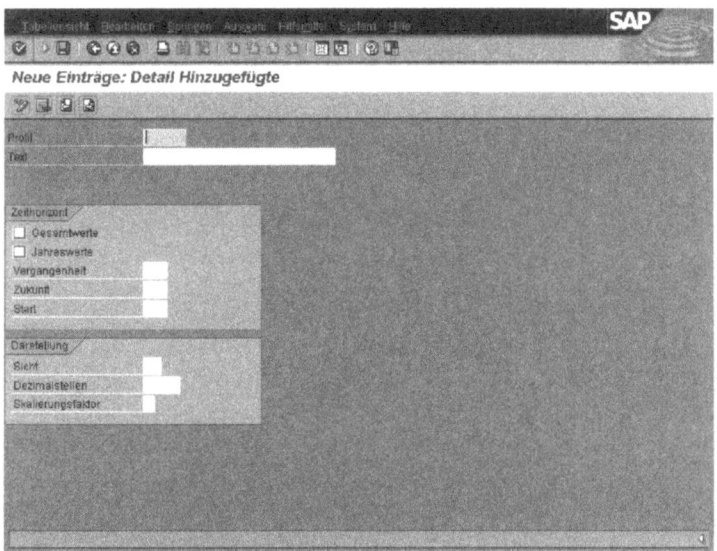

Abb. 7.49 Anlegen eines Planprofils

Budgetprofil PS

Im R/3 Einführungsleitfaden gelangen Sie über die Verzweigung ***R/3 Customizing Einführungsleitfaden / Projektsystem / Kosten / Budget / Budgetprofile pflegen*** in das Budgetprofil.

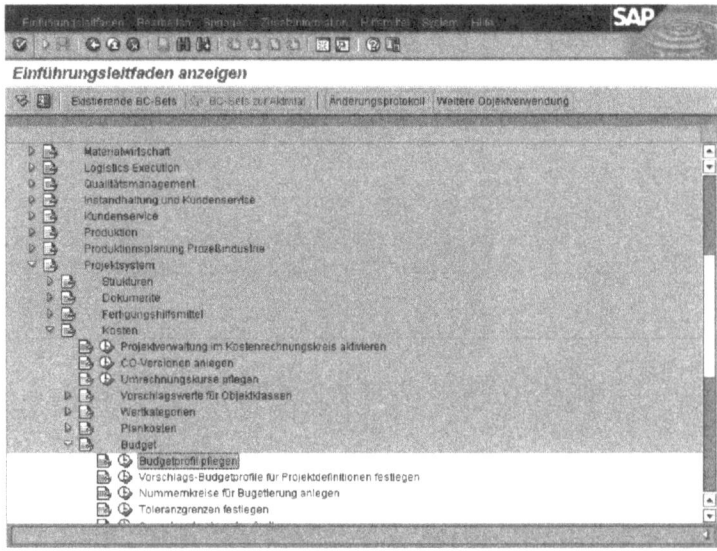

Abb. 7.50 Implementation-Guide

Um in das Budgetprofil zu gelangen, klicken Sie auf die Schaltfläche ⊕. Es erscheint das Fenster ***Sicht „Budgetprofil Projekte" ändern: Übersicht***.

Customizingeinstellungen im Modul PS/IM

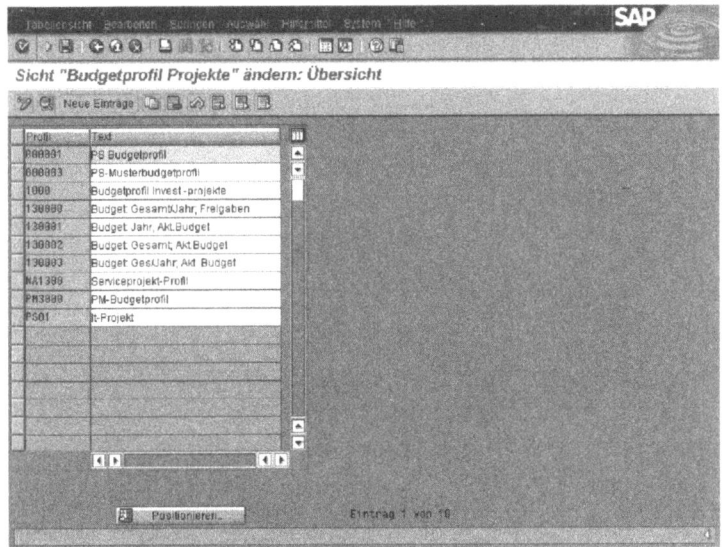

Abb. 7.51 Übersicht Budgetprofil

Die bisher angelegten Budgetprofile werden in Listenform dargestellt. Das Budgetprofil enthält die wesentlichen Parameter und Vorschlagswerte für die Budgetierung. Um ein neues Budgetprofil anzulegen, klicken Sie auf die Schaltfläche Neue Einträge.

Es erscheint das Fenster **Neue Einträge: Detail Hinzugefügte**.

7 Customizing

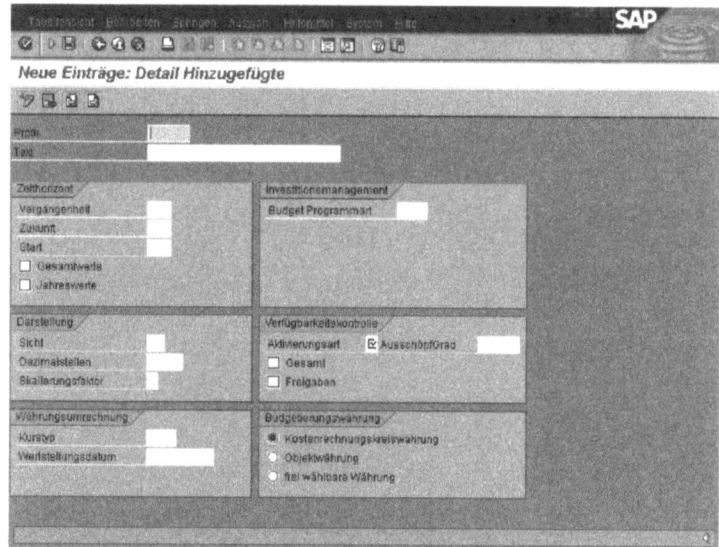

Abb. 7.52 Anlegen eines Budgetprofils

Sie haben nun die Möglichkeit, ein neues Budgetprofil anzulegen. Hier werden die wesentlichen Parameter eingestellt, wie beispielsweise das Startjahr für die Budgetierung, der Zeithorizont, der in die Vergangenheit hinein budgetiert ist, und der Zeithorizont, der in die Zukunft budgetierbar ist.

Budgetprofil IM

Im R/3 Einführungsleitfaden gelangen Sie über die Verzweigung ***R/3 Customizing Einführungsleitfaden / Investitionsmanagement / Investitionsprogramme / Budgetierung im Programm / Budgetprofile für Investitionsprogramme definieren*** in die Budgetierungsprofilmaske.

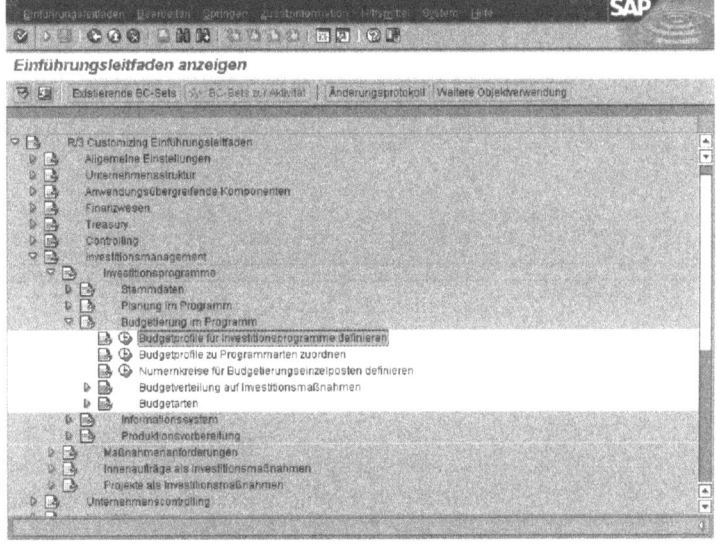

Abb. 7.53 Implementation-Guide

Um in das Budgetprofil zu gelangen, klicken Sie auf die Schaltfläche ⊕. Es erscheint das Fenster, in dem Sie eine Übersicht der angelegten Budgetprofile sehen und neue anlegen können.

7 Customizing

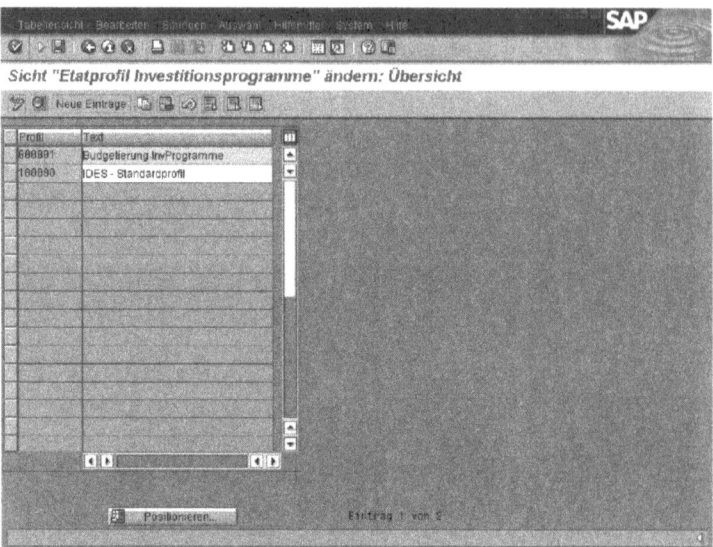

Abb. 7.54 Übersicht Budgetprofile

Durch Doppelklick auf ein bestehendes Budgetprofil gelangen Sie in die Detailsicht des gewählten Budgetprofils.

Über die Schaltfläche Neue Einträge haben Sie die Möglichkeit, neue Budgetprofile anzulegen. Es öffnet sich das Fenster **Neue Einträge: Detail Hinzugefügte**. Es können neue Einträge hinzugefügt werden.

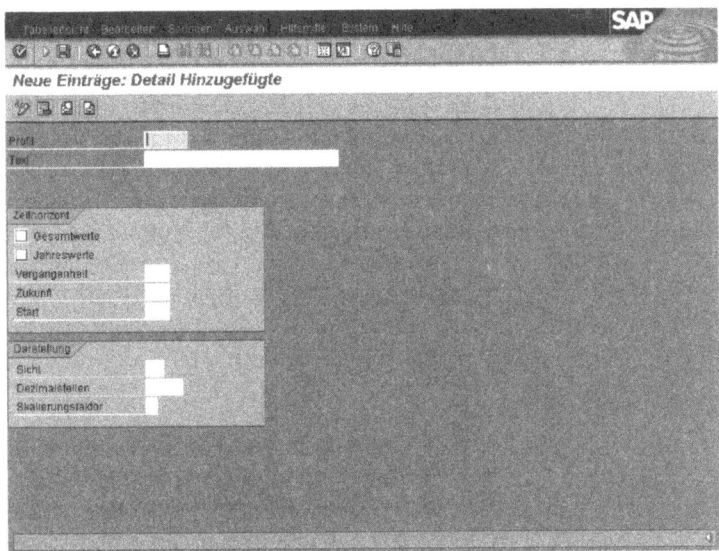

Abb. 7.55 Anlegen eines Budgetprofils

Programmart

Beim Anlegen eines Investitionsprogramms ist neben der Programmbezeichnung und dem Genehmigungsgeschäftsjahr auch die Programmart anzugeben. Die Programmart umfasst das zuvor angelegte Plan- und Budgetprofil. In der Programmart können Sie die Funktion der Budgetverteilung, die Darstellungsform des Investitionsprogramms und für das Konzernberichtswesen die Währung als Vorschlagswert definieren. Die Vorschlagswerte werden auf die hierarchisch untergeordneten Investitionsprogrammpositionen vererbt.

Im R/3 Einführungsleitfaden gelangen Sie über die Verzweigung ***R/3 Customizing Einführungsleitfaden / Investitionsmanagement / Investitionsprogramme / Stammdaten / Programmarten definieren*** in die Programmartendefinition.

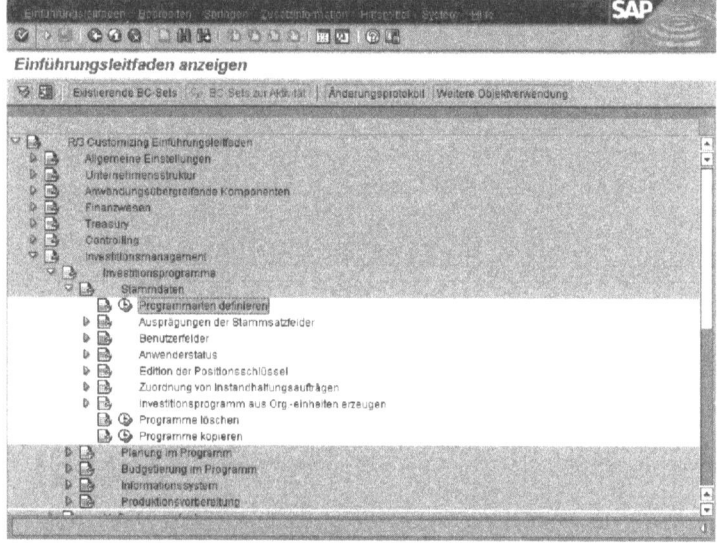

Abb. 7.56 Implementation-Guide

Um in die Programmart zu gelangen, klicken Sie auf die Schaltfläche ⊕. Es erscheint das Fenster, in dem Sie eine Übersicht der angelegten Programmarten sehen und neue Programmarten anlegen können.

Customizingeinstellungen im Modul PS/IM

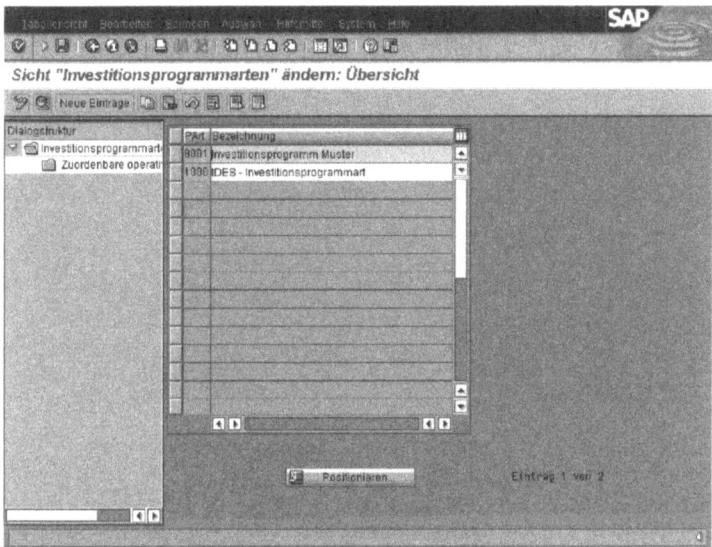

Abb. 7.57 Übersicht Investitionsprogrammart

Durch Doppelklick auf eine bestehende Programmart gelangen Sie in die Detailsicht der gewählten Programmart.

Über die Schaltfläche `Neue Einträge` haben Sie die Möglichkeit, neue Budgetprofile anzulegen. Es öffnet sich das Fenster **Neue Einträge: Detail Hinzugefügte**. Es können neue Einträge hinzugefügt werden.

7 Customizing

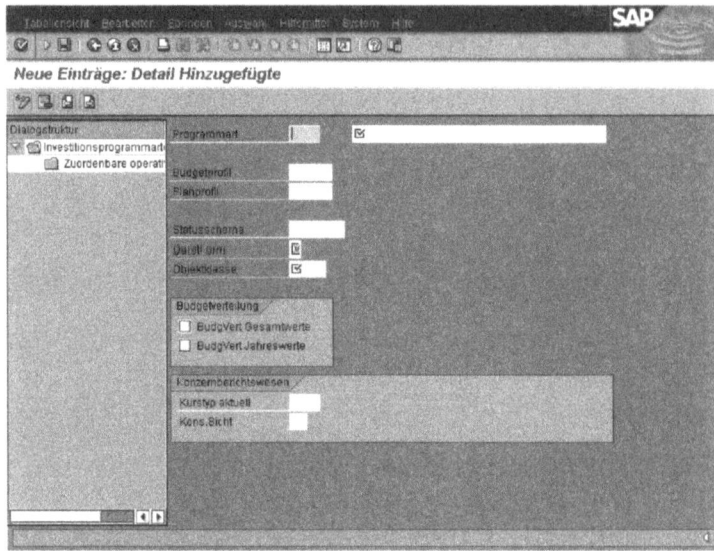

Abb. 7.58 Anlegen einer Programmart

Zuordenbare operative Objekte

Im R/3 Einführungsleitfaden gelangen Sie über die Verzweigung *R/3 Customizing Einführungsleitfaden / Investitionsmanagement / Investitionsprogramme / Stammdaten / Programmarten definieren* zu den operativen Objekten für die Festlegung dieser operativen Objekte.

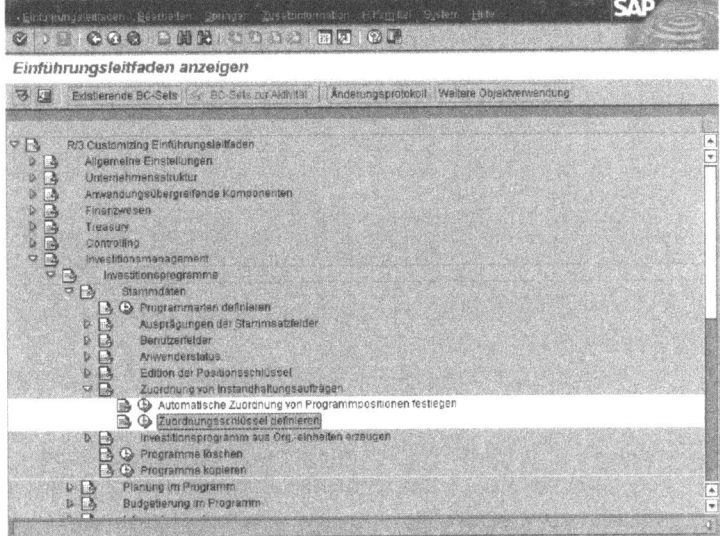

Abb. 7.59 Implementation-Guide

Um in die Programmart zu gelangen, klicken Sie auf die Schaltfläche ⊕ . Es erscheint das Fenster, in dem Sie eine Übersicht der angelegten Programmarten sehen und neue Programmarten anlegen können.

7 Customizing

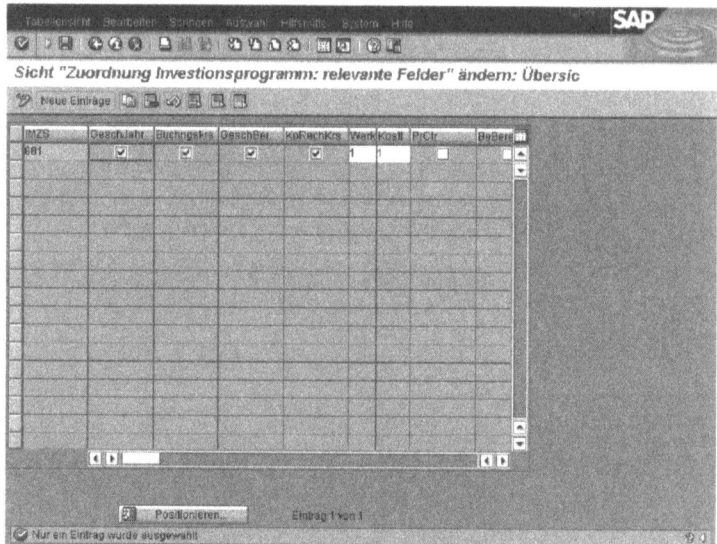

Abb. 7.60 Übersicht Investitionsprogrammart

Durch Markieren der entsprechend angelegten Programmart und dem Betätigen der Schaltfläche ![] im Navigationsfeld legen Sie fest, welche operativen Objekte dem Investitionsprogramm mit der entsprechenden Programmart zugeordnet werden dürfen. Es erscheint dann das Fenster **Sicht „Zuordenbare operative Objekte für Investitionsprogramm:: Relevante Felder" ändern: Übersicht**.

Über die Schaltfläche `Neue Einträge` haben Sie die Möglichkeit, die zuordenbaren Objekte zu definieren.

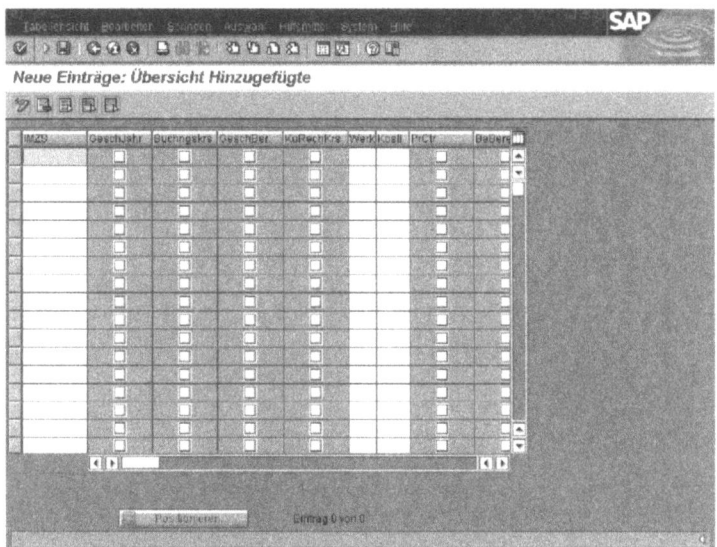

Abb. 7.61 Pflege der zuordenbaren Objekte

Versionsprofil

Im R/3 Einführungsleitfaden gelangen Sie über die Verzweigung ***R/3 Customizing Einführungsleitfaden / Investitionsmanagement / Investitionsprogramme / Planung im Programm / Versionen / Versionen definieren*** zur Definition der Versionen.

7 Customizing

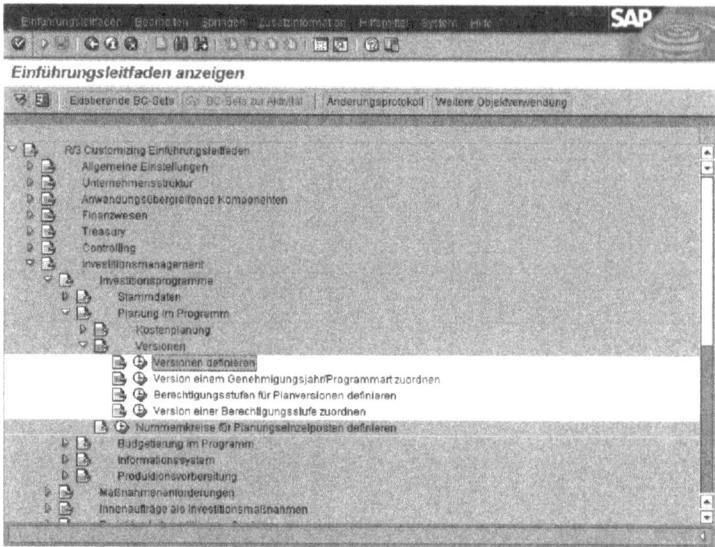

Abb. 7.62 Implementation-Guide

Um in das Versionsprofil zu gelangen, klicken Sie auf die Schaltfläche ⊕. Es erscheint das Fenster, in dem Sie eine Übersicht der angelegten Versionsprofile sehen und neue Versionsprofile anlegen können.

Customizingeinstellungen im Modul PS/IM

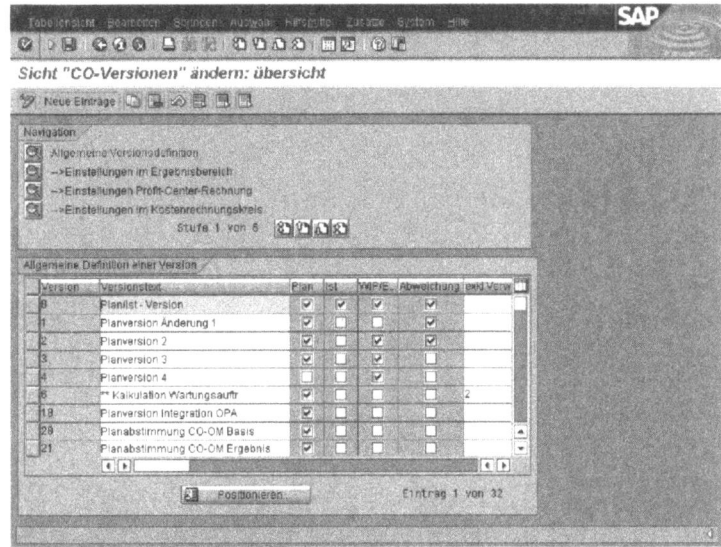

Abb. 7.63 Übersicht Versionsprofil

Die Planversionen werden im Modul CO definiert und gelten durch die Integration auch für das Modul IM. Sie müssen nun die zuvor im Modul CO festgelegte Version dem Genehmigungsjahr und der Programmart zuordnen. Hierzu gehen Sie folgendermaßen vor:

Im R/3 Einführungsleitfaden gelangen Sie über die Verzweigung ***R/3 Customizing Einführungsleitfaden / Investitionsmanagement / Investitionsprogramme / Planung im Programm / Versionen / Version einem Genehmigungsjahr / Programmart zuordnen*** zur Zuordnung Versionsprofil Programmart.

7 Customizing

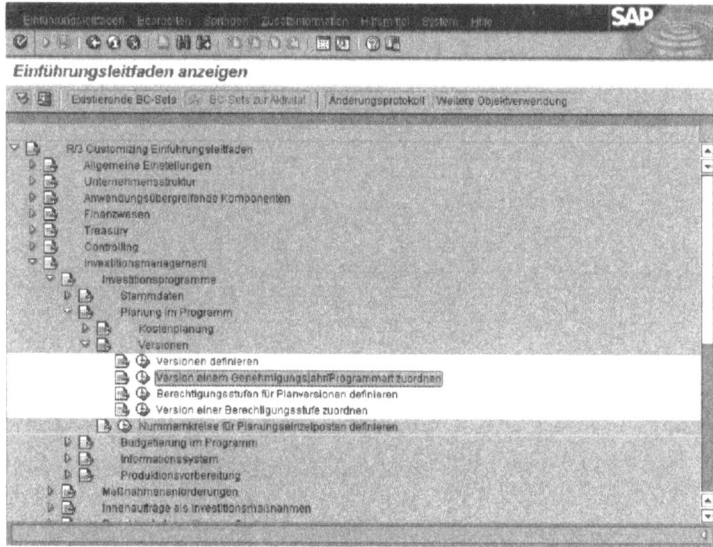

Abb. 7.64 Implementation-Guide

Um in die Versionen zu gelangen, klicken Sie auf die Schaltfläche ⊕ . Es erscheint das Fenster **Sicht „Versionen je Genehmigungsjahr und Programmart - IM" ändern: Übersicht**.

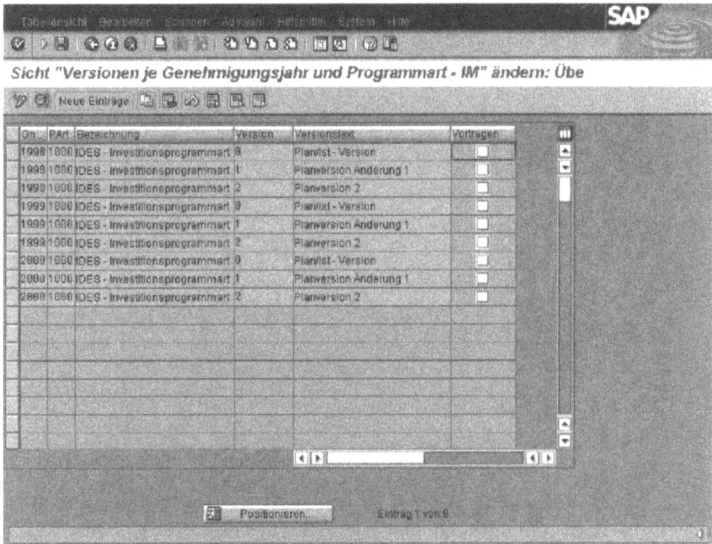

Abb. 7.65 Zuordnung der Planversion zur Programmart und Genehmigungsjahr

Über die Schaltfläche Neue Einträge haben Sie die Möglichkeit, neue Zuordnungen der Planversion zum Genehmigungsjahr und der Programmart vorzunehmen.

Benutzerfelder

Im R/3 Einführungsleitfaden gelangen Sie über die Verzweigung *R/3 Customizing Einführungsleitfaden / Investitionsmanagement / Investitionsprogramme / Stammdaten / Benutzerfelder / Kurzbezeichnung der Benutzerfelder festlegen* in die Definition der Benutzerfelder.

7 Customizing

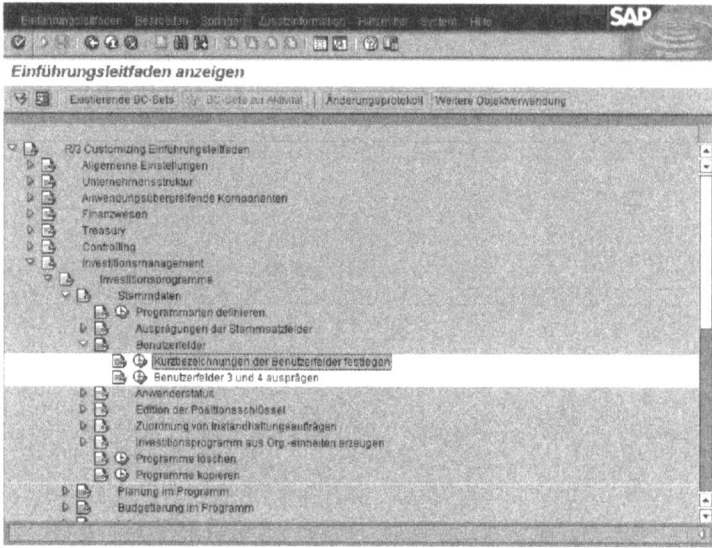

Abb. 7.66 Implementation-Guide

Um in die Benutzerfelder zu gelangen, klicken Sie auf die Schaltfläche ⏱. Es erscheint die Dialogbox **Aktion auswählen**. Wählen Sie die entsprechende Aktion.

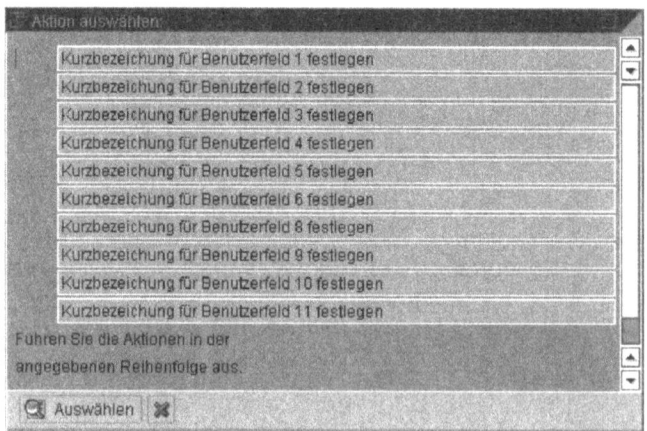

Abb. 7.67 Festlegung der Kurzbezeichnung der Benutzerfelder

Investitionsprofil

Im R/3 Einführungsleitfaden gelangen Sie über die Verzweigung ***R/3 Customizing Einführungsleitfaden / Investitionsmanagement / Investitionsprogramme / Stammdaten / Investitionsprofile definieren*** in die Investitionsprofildefinition.

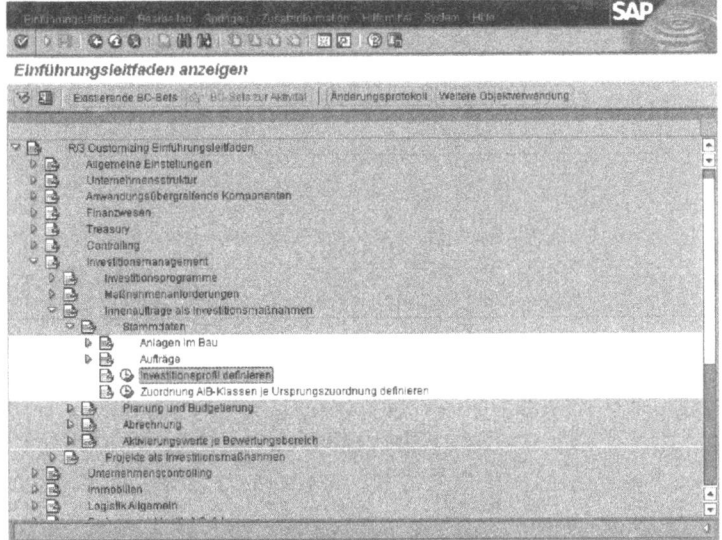

Abb. 7.68 Implementation-Guide

Um in die Investitionsprofile zu gelangen, klicken Sie auf die Schaltfläche ⊕ . Es erscheint das Fenster, in dem Sie eine Übersicht der angelegten Investitionsprofile sehen und neue Investitionsprofile anlegen können.

7 Customizing

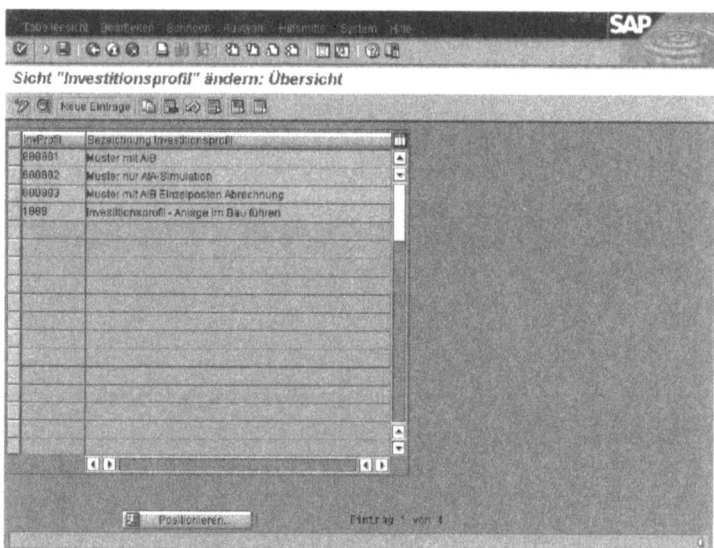

Abb. 7.69 Übersicht Investitionsprofile

Durch Doppelklick auf ein entsprechendes Investitionsprofil gelangen Sie in die Detailansicht des entsprechenden Investitionsprofils.

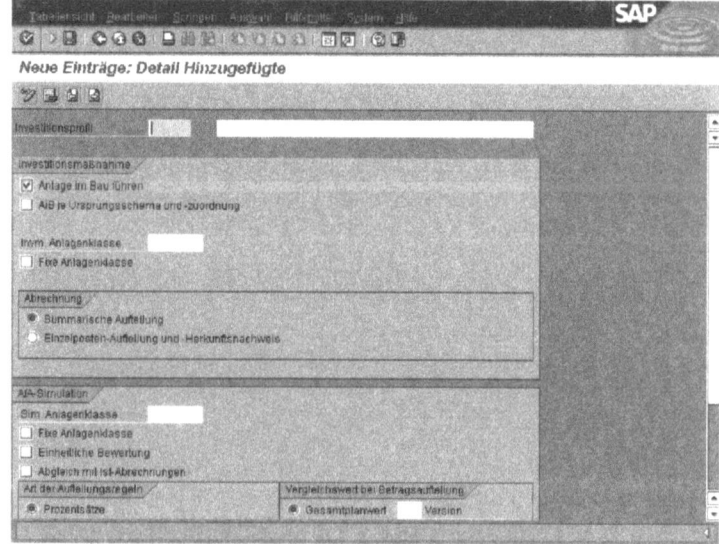

Abb. 7.70 Anlegen eines Investitionsprofils

Customizingeinstellungen im Modul PS/IM

Über die Schaltfläche Neue Einträge haben Sie die Möglichkeit, neue Investitionsprofile anzulegen.

Projektcodierung

Im R/3 Einführungsleitfaden gelangen Sie über die Verzweigung ***R/3 Customizing Einführungsleitfaden / Projektsystem / Strukturen / Operative Strukturen / Projektedition / Projektcodierung für Projekt festlegen*** in die Projektcodierung.

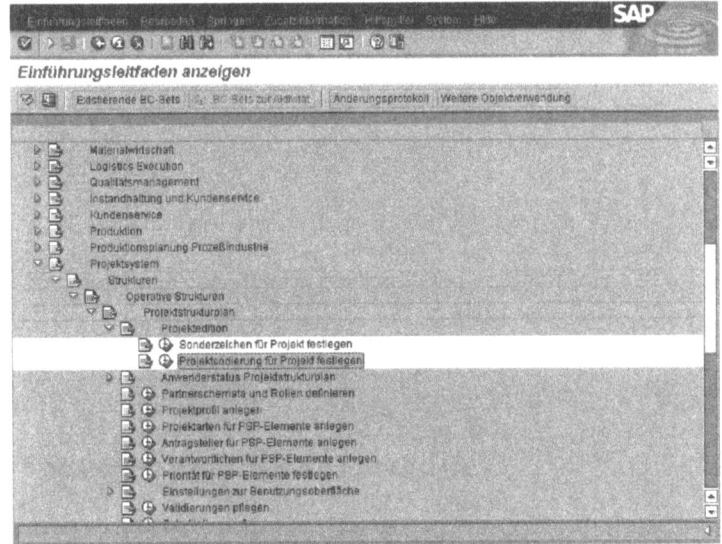

Abb. 7.71 Implementation-Guide

Um in die Projektcodierung zu gelangen, führen Sie einen Doppelklick auf ***Projektcodierung für Projekt festlegen*** aus. Es erscheint das Fenster **Sicht „Edition Projektnummer" ändern: Übersicht**.

7 Customizing

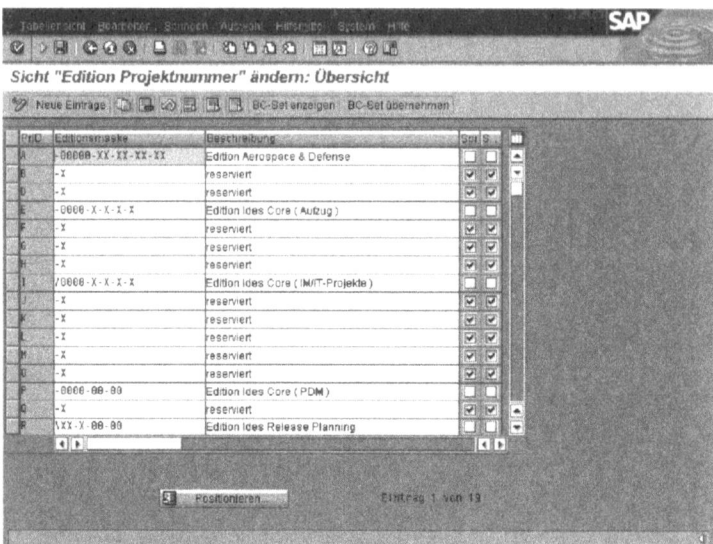

Abb. 7.72 Übersicht der Projektcodierung

Sie erhalten eine Übersicht der bereits angelegten Projektcodierungen. Die Projektcodierung stellt einen Schlüssel dar, der die Codierung der Projektdefinition festlegt. Um eine neue Projektcodierung anzulegen, klicken Sie auf die Schaltfläche Neue Einträge.

Es erscheint das Fenster **Neue Einträge: Übersicht Hinzugefügte**.

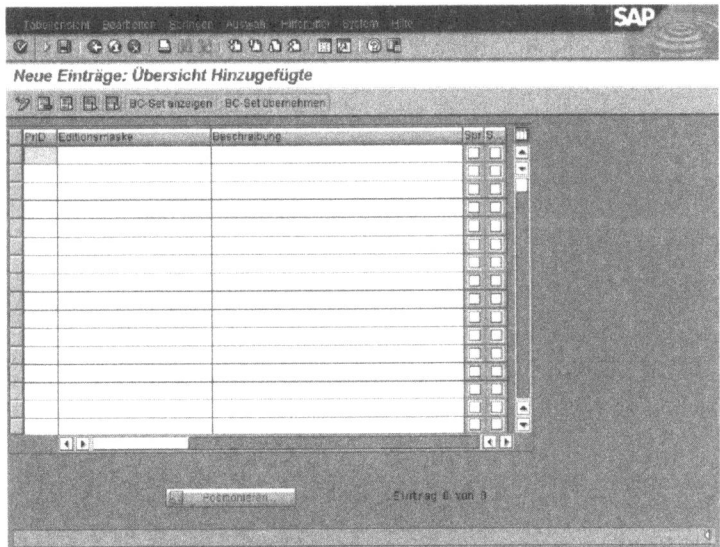

Abb. 7.73 Anlegen einer Projektcodierung

In diesem Fenster haben Sie nun die Möglichkeit, eine neue Projektcodierung anzulegen. Die Maske Codierung schreibt die Form der späteren Eingabe der Projektnummer vor. Es können folgende Platzhalter verwendet werden: „X" für alphanumerische Zeichen und „0" für numerische Zeichen und Sonderzeichen. Zusätzlich müssen Sie den Schlüssel und die Beschreibung für die Projektcodierung festlegen.

Verantwortliche

Im R/3 Einführungsleitfaden gelangen Sie über die Verzweigung *R/3 Customizing Einführungsleitfaden / Projektsystem / Strukturen / Operative Strukturen / Projektstrukturplan / Verantwortliche für PSP-Elemente anlegen* zu den Verantwortlichen.

7 Customizing

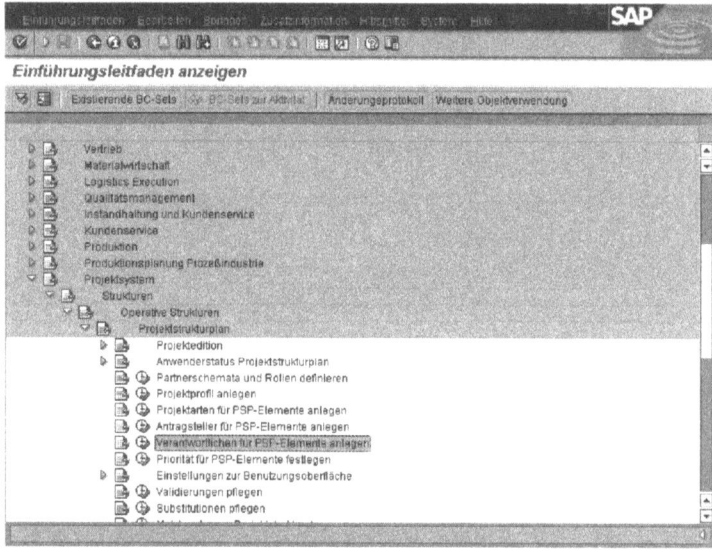

Abb. 7.74 Implementation-Guide

Um zu den Verantwortlichen zu gelangen, führen Sie einen Doppelklick auf Verantwortliche für PSP-Elemente pflegen aus. Es erscheint das Fenster *Sicht „Verantwortliche für Projekte / Investitionsprogramm" ändern: Übersicht*.

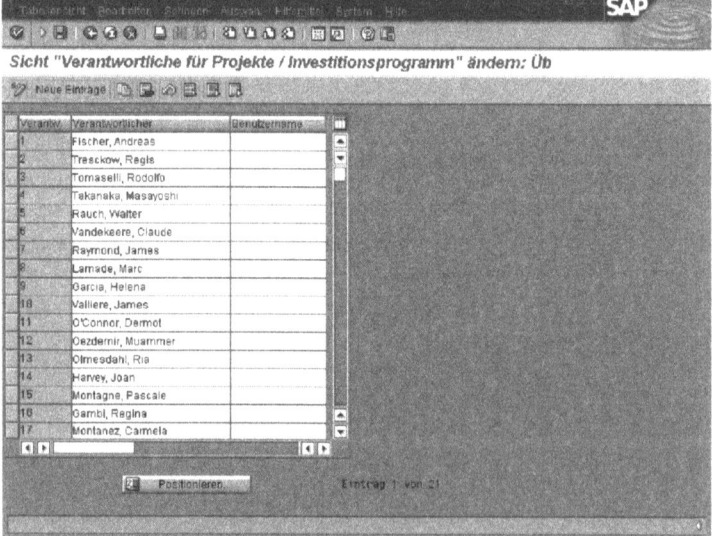

Abb. 7.75 Übersicht der Verantwortlichen

Customizingeinstellungen im Modul PS/IM

Sie sehen eine Übersicht aller bereits angelegten Verantwortlichen. Hierbei handelt es sich um die Namen der Projektverantwortlichen. Sie haben nun auch die Möglichkeit, einen neuen Verantwortlichen anzulegen. Klicken Sie hierzu auf die Schaltfläche Neue Einträge.

Es erscheint das Fenster **Neue Einträge: Übersicht Hinzugefügte**.

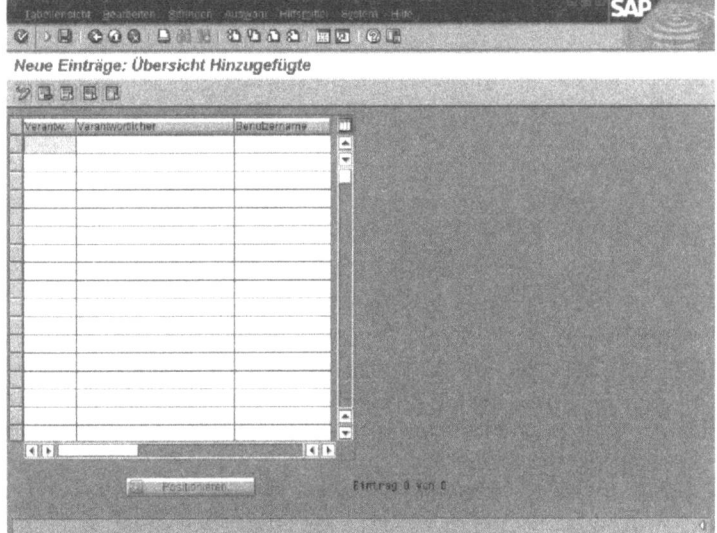

Abb. 7.76 Anlegen eines Verantwortlichen

Hier haben Sie nun die Möglichkeit, einen neuen Eintrag vorzunehmen. Geben Sie eine noch nicht belegte Nummer und den Namen des Projektleiters ein.

Feldschlüssel

Im R/3 Einführungsleitfaden gelangen Sie über die Verzweigung ***R/3 Customizing Einführungsleitfaden / Projektsystem / Strukturen / Operative Strukturen / Projektstrukturplan / Anwenderstatus Projektstrukturplan / Einstellungen zur Benutzeroberfläche / Benutzerfelder für PSP-Elemente definieren*** zum Feldschlüssel.

7   Customizing

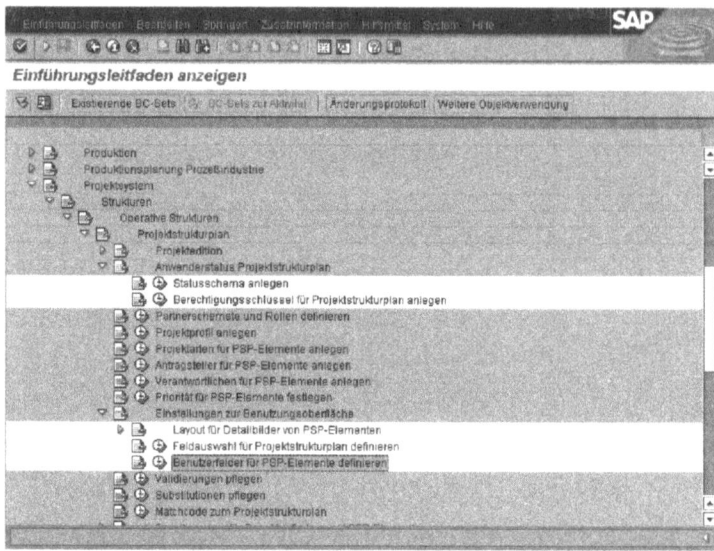

Abb. 7.77 Implementation-Guide

Um zum Feldschlüssel zu gelangen, führen Sie einen Doppelklick auf **Benutzerfelder für PSP-Elemente definieren** aus. Es erscheint das Fenster **Sicht „Benutzerfelder" ändern: Übersicht**.

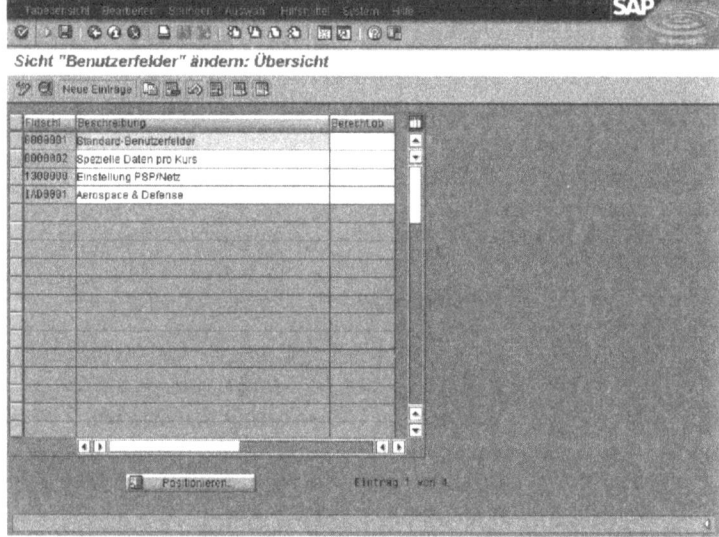

Abb. 7.78 Übersicht Feldschlüssel

282

Sie erhalten einen Überblick aller bereits angelegten Feldschlüssel. Mit Hilfe der Feldschlüssel können Benutzerfelder definiert werden. Bei den Benutzerfeldern handelt es sich um frei definierbare Eingabefelder, die jeweils zu bestimmten Vorgängen von PSP-Elementen gehören. Um einen neuen Feldschlüssel mit den jeweiligen Benutzerfeldern anzulegen, klicken Sie auf die Schaltfläche Neue Einträge.

Es erscheint das Fenster **Neue Einträge: Detail Hinzugefügte**.

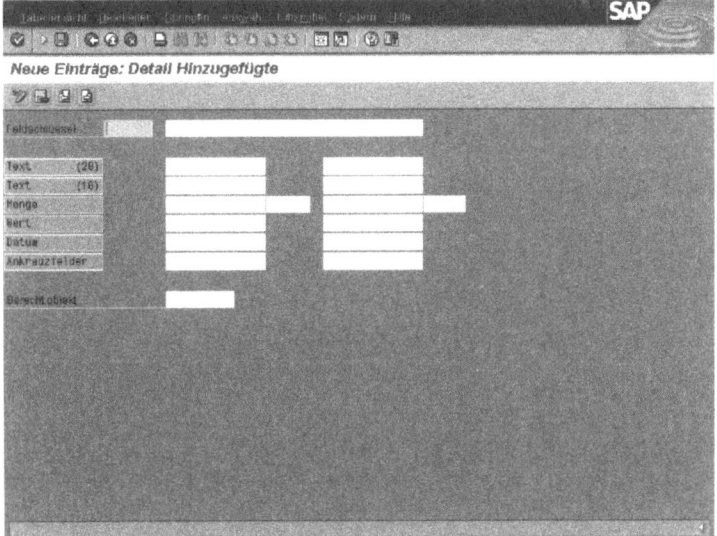

Abb. 7.79 Anlegen eines Feldschlüssels

Hier haben Sie nun die Möglichkeit, einen neuen Feldschlüssel anzulegen. Dazu müssen Sie eine eindeutige Kennung und eine textliche Beschreibung vornehmen.

7 Customizing

Abrechnungsprofil / Verrechnungsschema / Ergebnisschema

Im R/3 Einführungsleitfaden gelangen Sie über die Verzweigung **Werkzeuge / Business Engineer / Customizing** in das **Customizing**. Öffnen Sie folgende Ebenen: **Projektsystem / Kosten / Automatische und periodische Verrechnung / Abrechnung / Abrechnungsprofile**.

Hier kann das Abrechnungsprofil, das Verrechnungsschema und das Ergebnisschema gepflegt werden. Um zu einem dieser Profile zu gelangen, führen Sie einen Doppelklick auf den gewünschten Eintrag durch.

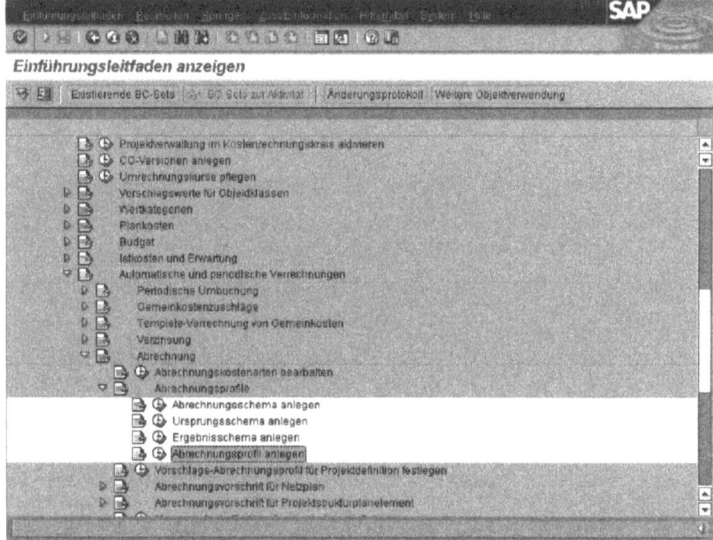

Abb. 7.80 Implementation-Guide

Sie erhalten einen Überblick aller bereits angelegten Abrechnungsprofile, Verrechnungsschemata und Ergebnisschemata. Über „Neue Einträge" haben Sie die Möglichkeit, ein neues Profil anzulegen.

Zu den Autoren

Dipl. Ing. **Stefan Röger** und Dipl. Wirt.-Ing. **Niko Dragoudakis** sind Geschäftsführer der UND GmbH Stuttgart und betreuen im Wesentlichen Einführungsprojekte (SAP, Web-Applikationen, maßgeschneiderte Softwarelösungen mit Schnittstellen zu relevanten Systemen wie Browsern oder SAP R/3) im IT-Bereich vom Konzept über Umsetzung bis zur späteren Betreuung und der Kommunikation.

Prof. Dr. **Frank Morelli** lehrt und forscht am Fachbereich Wirtschaftsinformatik der Fachhochschule Pforzheim.

Sachwortverzeichnis

Ablauforganisation...................4
Abrechnungsempfänger........49
Abrechnungskostenart.... **19**, **45**
Abrechnungsparameter.......**205**
Abrechnungsprofil. **19**, **20**, **284**
Abrechnungsschema.**19**, **45**, **49**
Abrechnungsvorschrift... **19**, **45**, **46**
Abrechnungszuordnung........**45**
Abschreibungsparameter....**132**, **185**, **203**
Abschreibungssimulation ...**131**, **185**, **202**
Abschreibungsvorschau......**131**, **185**, **202**
Aktive Verfügbarkeitskontrolle **206**
Änderungsbelege.. **29**, **97**, **101**, **106**
Anfangsfolge **35**
Ankreuzfelder **19**
Anlage im Bau **205**
Anlagenbuchhaltung... **133**, **197**
Anlagenklasse **203**
Anordnungsbeziehung **35**
Anwenderstatus **23**, **54**, **55**, **131**, **182**
Anwenderstatusschema ..**241**
Arbeitspaket **16**
Aufteilungsregel **49**
Belastungskostenart...............**45**
Benutzerfelder **18**, **19**, **126**, **144**, **145**, **273**
Berichtsbaum **208**
Berichtswesen.... **127**, **132**, **207**
Buchungskreis **18**, **216**
Buchungssätze **27**
Budgetorientierte Berichte ..**208**

Budgetprofil **258**, **261**
Budgetverteilung **178**, **201**
Business Intelligence...............**1**
Claim Management.................**7**
Customer Relationship Management **1**
Customizing **213**
Direktaktivierung................**204**
Dokumentation.....................**28**
Download **31**, **111**
Earned-Value-Analyse **14**
Earned-Value-Methode **10**
Ecktermin................................**36**
Eigenbearbeitete Vorgänge ...**34**
Einzelkalkulation **21**
Einzelposten **27**, **209**
Einzelpostenbericht.**27**, **80**, **84**, **85**
Endfolge **35**
Erfassungsvariante **68**
Ergebnisschema........... **21**, **284**
Fabrikkalender......................**44**
Fakturierungselement...........**18**
Feldschlüssel **281**
Fortschrittsanalyse **24**
Freier Puffer...........................**36**
Fremdbearbeitete Vorgänge.. **34**
GANTT-Diagramm...................**33**
Genehmigungsgeschäftsjahr**125**
Gesamtabrechnung **206**
Gesamtpuffer **36**
Geschäftsbereich **18**
Geschäftsjahresvariante **125**
Geschäftsjahreswechsel......**133**, **193**
Grunddaten............................**43**
Implementation-Guides (IMG) **213**

287

Informationssystem....127, **189**, **207**
Initialstatus **23**
Innenaufträge......**126**, **198**, **203**
Integration............................**197**
Integrationsmodell...............**197**
Investitionsmanagement.**V**, **123**
Investitionsmaßnahmen......**126**, **127**, **132**, **133**, **198**, **199**
Investitionsplanung ...**128**, **156**, **199**
Investitionsprofil **275**
Investitionsprogramm.**124**, **133**
Investitionsprogrammbudgetierung..........................**175**, **200**
Investitionsprogrammposition **199**
Investitionsprojekte **198**
Investitionssystem................**132**
Ist-Einzelpostenbericht .. **27**, **80**, **81**
Ist-Termine **37**
Jahreswechsel **193**
Knowledge Management **11**
Konfigurationsmanagement **8**
Konsistenzprüfung..........**28**, **96**
Kontenplan **228**
Kontierungselement...............**18**
Kostenarten **225**
Kostenartenorientierter Bericht **26**, **77**, **78**
Kostenartenplanung **21**
Kostenplanung............... **21**, **22**
Kostenrechnungskreis .. **18**, **218**
Kostenstelle **223**
Kostenvorgänge **34**
Kritischer Pfad........................**36**
Langtext........................ **28**, **93**
Leistungsart **229**, **231**
Leistungsbeschreibung **4**, **28**
Maßnahmenanforderung.....**127**
Maßnahmenbudget.....**130**, **174**

Maßnahmenbudgetierung..**130**, **174**
Maßnahmenplanung **200**
Meilenstein..............................**37**
Mengenfelder.........................**19**
Multi-Projektmanagement **7**
Nachtragsbudget..................**130**
Navigationsblock **26**, **77**
Netzplanprofil **249**
Normalfolge **35**
Obligo-Einzelpostenbericht . **27**, **84**
Operative Kennzeichen **17**
Organisationsdaten......... **17**, **18**
Originalbeleg **209**
Originalbudget....................**130**
Passive Verfügbarkeitskontrolle **207**
Pflicht- und Lastenheft **4**
Plan-Einzelpostenbericht**27**, **84**, **85**
Planprofil **252**, **255**
Plantafelprofil **246**
Planungselement **17**
Planungshistorie **84**, **85**
Planversionen **31**, **129**, **170**, **171**
Planwertorientierter Bericht **190**, **208**
Prognosetermin **36**
Programmart **125**, **264**
Programmbudget.................**130**
Programmbudgetierung **129**, **174**
Programmdefinition... **125**, **135**, **136**
Programmpositionen. **124**, **126**, **139**
Projektart.............................**234**
Projektberichte......................**25**
Projektbudgetprofil..............**125**
Projektcodierung **41**, **277**
Projektcontrolling **1**, **9**, **10**

Projektdefinition **15**, **39**
Projekte **3**
Projektinformationssystem ... **11**, **24**
Projektkontrolle **6**
Projektlenkung **4**
Projektmanagement ... **1**, **4**, **5**, **6**, **15**
Projektnummer **41**
Projektplantafel **33**, **115**
Projektplanung **12**
Projektprofil **42**, **44**, **55**, **231**
Projektrealisierung **24**, **67**
Projektsteuerung **14**
Projektstrukturplan **4**, **12**, **16**, **17**
Projektstrukturplanelemente . **17**
Projektsystem .... **V**, **15**
Projektüberwachung **4**
Projektverdichtung. **23**, **63**, **235**
Projektversion **12**, **31**
Projektziel **10**
Prozessplanung **13**
PSP-Terminierung **238**
PS-Text **28**, **89**
PS-Textkatalog **89**
Pufferzeit **36**
Realisierung **24**, **67**
Review **14**
Risikoanalyse **11**
Rückgabebudget **130**
Rückmeldung **67**
Rückwärtsterminierung **35**
Schnittstellen **31**
Sprungfolge **35**
Stammdaten **18**, **19**, **43**, **125**
Stammdatenfelder **126**
Stammdatenprüfprogramm .. **28**, **96**
Statusschema **23**, **55**

Statusverwaltung **22**, **51**, **131**, **182**
Steuerungsdaten **17**
Strukturdaten **17**
Strukturorientierter Bericht .. **26**, **74**, **75**
Strukturplanung **21**
Strukturübersichtsbericht **26**, **70**
Stundenrückmeldung **67**
Supply Chain Management **1**
Systemstatus .. **22**, **52**, **131**, **182**, **183**
Teilprojekt **16**
Termindaten **17**
Terminfelder **19**
Terminierung **35**
Terminkreis **36**
Terminplanung **33**, **38**, **115**, **118**
Textfelder **19**
Textvorlagen **28**
Time-Based-Management **14**
Verantwortlicher **44**
Verantwortlichkeit **279**
Verdichtungshierarchie **24**
Verdichtungsmerkmale .. **24**, **63**
Verfügbarkeitskontrolle **206**
Verfügbarkeitsorientierter Bericht **208**
Verrechnungsschema ... **20**, **284**
Versionsprofil. **244**, **245**, **269**
Vorgang **16**
Vorgangsplanung **34**
Vorgangsrückmeldung **37**
Vorwärtsterminierung **35**
Werk **18**, **221**
Wertfelder **19**
Zielvereinbarung **4**
Zuordnung **149**
Zuständigkeiten **17**, **18**

Bestseller aus dem Bereich IT erfolgreich nutzen

Rudolf Fiedler
Controlling von Projekten
Projektplanung, Projektsteuerung und Risikomanagement
2001. XVI, 221 S. mit 149 Abb. Br. € 34,90   ISBN 3-528-05740-8
Inhalt: Aufgaben des Projektcontrolling - Einführung und Organisation eines Projektcontrolling, Integration in das Projektmanagement - Strategisches Projektcontrolling (insbesondere Risikomanagement) - Instrumente der Projektplanung - Instrumente der Projektkontrolle und Projektsteuerung - Informationsbereitstellung und Berichtswesen - DV-Unterstützung - Praktische Anwendungsbeispiele

Das Buch zeigt, wie ein wirkungsvolles Projektcontrolling aufzubauen und in das Projektmanagement zu integrieren ist. Praxiserprobte Instrumente und Werkzeuge für das Projektcontrolling werden ausführlich beschrieben. Dazu kommen praktische Anwendungsbeispiele aus Unternehmen. Großer Wert wird auf eine verständliche Darstellung gelegt. An vielen Stellen werden konkrete Handlungsanweisungen gegeben.

„Der Autor legt ein besonders benutzerfreundliches Lehrbuch vor, das sich durch Übersichtlichkeit und Verständlichkeit auszeichnet."

Controller Magazin, 3/02

Abraham-Lincoln-Straße 46
65189 Wiesbaden
Fax 0611.7878-400
www.vieweg.de

Stand 1.10.2002. Änderungen vorbehalten.
Erhältlich im Buchhandel oder im Verlag.

MIX
Papier aus verantwortungsvollen Quellen
Paper from responsible sources
FSC® C105338

If you have any concerns about our products,
you can contact us on
ProductSafety@springernature.com

In case Publisher is established outside the EU,
the EU authorized representative is:
**Springer Nature Customer Service Center GmbH
Europaplatz 3, 69115 Heidelberg, Germany**

Printed by Libri Plureos GmbH
in Hamburg, Germany